铁路职业教育铁道部规划教材

（中　专）

现代通信概论

及德增　主　编

黄欣萍　主　审

中国铁道出版社有限公司

2019年·北京

内容简介

全书共分为8章，主要内容包括：通信网的基本知识、交换技术与电话网、数据通信、光纤通信、无线通信、图像通信、铁路专用通信、支撑网等，较全面地介绍了现代通信的基本概念和现代通信技术的重要基础知识。特别是根据铁路行业的特点，重点介绍了通信新技术在铁路运输系统中的应用。

本书可作为铁路中专院校通信专业的教材或学习参考用书，也可作为相关专业职工培训教材或参考用书。

图书在版编目(CIP)数据

现代通信概论/及德增主编．—北京：中国铁道出版社，2011.1（2019.8重印）

铁路职业教育铁道部规划教材．中专

ISBN 978-7-113-12454-0

Ⅰ.①现… Ⅱ.①及… Ⅲ.①通信技术-专业学校-教材 Ⅳ.①TN91

中国版本图书馆CIP数据核字(2011)第003972号

书　　名：**现代通信概论**

作　　者：及德增

责任编辑：武亚雯　李慧君　　**电话**：010-51873134　　**电子信箱**：tdjc 701@126.com

封面设计：崔丽芳

责任校对：张玉华

责任印制：陆　宁

出版发行：中国铁道出版社有限公司（100054，北京市西城区右安门西街8号）

网　　址：http://www.tdpress.com

印　　刷：三河市兴达印务有限公司

版　　次：2011年1月第1版　2019年8月第4次印刷

开　　本：787 mm×1 092 mm　1/16　**印张**：14.5　**字数**：362千

书　　号：ISBN 978-7-113-12454-0

定　　价：34.00元

前言

本书由铁道部教材开发小组统一规划，为铁路职业教育铁道部规划教材。本书是根据铁路中专教育铁道通信专业教学计划“现代通信概论”课程教学大纲编写的，由铁路职业教育铁道通信专业教学指导委员会组织，并经铁路职业教育铁道通信专业教材编审组审定。

随着现代通信及互联网技术的高速发展和普遍运用，传统的通信网向着宽带、IP、移动方向快速演进。通信网近年来发生了翻天覆地的变化，现代通信网的功能变得越来越强大，人类社会的发展与进步对通信技术的依赖程度也越来越高，通信技术深刻地影响着社会经济和人们的生活。

铁路是国家的重要基础设施和国民经济的大动脉，它在我国的交通运输系统中起着十分重要的作用。作为铁路运输的重要组成部分，铁路通信被人们比喻为铁路的神经系统，可见通信在铁路运输中具有极为重要的地位。随着铁路运输装备的现代化，铁路通信技术及设备近年来也得到了快速发展。

本书的编写目的是使读者掌握现代通信的基本概念，理解通信网中关键技术的基本原理；针对铁路运输的特点，结合铁路通信技术应用现状和发展情况，对现代通信技术在铁路运输中的运用建立起全面、整体的概念，为学习后续专业课程打下良好的基础。

本书以现代通信网为主线，系统地讲述了通信网的概念、结构及现代通信技术的基本知识，全书共分 8 章，具体如下：

第一章介绍了现代通信网的基本概念、分类、结构、传输技术基础等内容，简要介绍了现代通信网的发展历史、现状和趋势。

第二章介绍了交换的基本概念、数字交换原理、数字交换机的组成、呼叫接续过程、信令系统、电话通信网、综合业务数字网、软交换的基本知识。

第三章介绍了数据通信的基本概念、数据信号的传输方式、数据交换、数据通信规程和协议、计算机通信网。

第四章介绍了光纤通信的基本概念，光纤、光缆的结构、分类和传输原理，光纤通信系统组成。

第五章介绍了无线通信的基本概念、无线通信系统的组成和工作方式、微波通信的基本概念和系统组成、卫星通信的概念和系统组成、移动通信系统的组成、GSM 系统结构和网络结构、CDMA 系统的基本原理等。

第六章介绍了图像通信概述、图像通信关键技术简介、可视电话、数字电视、会议电视系统。

第七章介绍了铁路专用通信的基本概念、站场通信、区段通信与数字调度通信系统、铁路移动通信。

第八章介绍了支撑网的基本知识，包括信令网、同步网、电信管理网的概念、组成及网络功能、铁路应急通信的概念与铁路应急通信系统的组成。

本书的主要特点为：

(1)内容丰富。比较全面地介绍了现代通信网的基本知识，并力求反映通信网的最新发展状况。

(2)联系实际。结合铁路通信技术应用现状和发展情况组织教材内容，有利于提高读者的学习兴趣、激发他们的学习热情。

(3)叙述问题力求简明扼要、深入浅出、循序渐进，以利于读者逐步掌握和提高。各章节既有联系，又有一定的独立性。读者可根据需要选读有关内容。

本书由天津铁道职业技术学院及德增主编，柳州铁道职业技术学院黄欣萍主审。编写分工为及德增编写第一章、第二章、第七章(第六节)，祖晓东编写第三章，冯宪慧编写第四章、第五章，刘阳编写第六章，贺明华编写第七章(第一节至第五节)，庞高荣编写第八章。谨向相关参考文献的作者和给予本书编写工作大力支持与帮助的天津铁道职业技术学院邵汝峰、卜爱琴、李立功等老师表示感谢。

由于时间仓促，加之编者水平所限，书中难免存在疏漏与不当之处，敬请读者指正。

编　者

2010 年 10 月

目 录

第一章

通信网的基本知识

【学习目标】

1. 掌握通信系统的组成及各部分的作用；
2. 了解通信网的发展；
3. 掌握通信网的基本概念、构成要素和拓扑结构；
4. 了解通信网的分类；
5. 了解通信协议和技术指标的概念。

第一节　通信系统的概念

一、什么是通信

通信实际上就是消息的传递。通信中所传递的消息，有各种不同的形式，如语言、符号、文字、数据、图像等。通信的目的就是解决人与人、人与机器、机器与机器之间的沟通问题。

通信的历史已相当久远，通信的方式也是多种多样的，如古代的烽火传“信”、击鼓为“号”、快马传“书”，现代的电报、电话、数据、广播电视以及遥感控制等。通信的方式虽种类繁多，但我们可将其分为电通信与非电通信两大类。顾名思义，电通信就是以电信号的形式来传递信息（借助电磁波的传播来实现消息的传递）。通常，如不加特殊说明，人们所指的通信就是“电”通信，简称“电信”。

在电通信中，首先是在发送端将原始信息转换成电信号，然后通过信道进行传输，在接收端再将收到的电信号还原为原始信息。现代通信技术，就是随着科技的不断发展，采用最新的技术不断优化通信的各种方式，让人与人的沟通变得更为便捷，有效。现代通信实现了人们在异地快速进行信息交流的愿望，即使双方远隔千山万水，信息瞬间即到，大大缩短了时间与空间距离。在当今的社会生活中，通信与人们的生活息息相关。通信的发展离不开科学技术的进步，同时通信也在人类生活中发挥着越来越重要的作用，毫不夸张地说，现代通信技术把人类带入了一个全新的信息时代，通信技术的发展标志着人类社会的文明与进步。

二、通信系统的基本模型

一般将完成通信任务的全部技术设备和设施称为通信系统。通信系统的功能是对原始信号进行转换、处理和传输。由于完成通信任务的通信系统种类繁多，因此它们的具体设备和业务功能也就不尽相同，经过抽象概括，可以得到通信系统的基本模型，如图 1-1 所示。从总体上看，通信系统一般由信源、发送变换器、信道、接收变换器和信宿五部分组成。其中的每一部分完成一定的功能，每一部分都可能包括很多的电路，甚至是一个庞大的设备。噪声是干扰人们休息、学习和工作的声音。通信系统的噪声会影响通信质量，如话音清晰度降低、数据传输错误等。

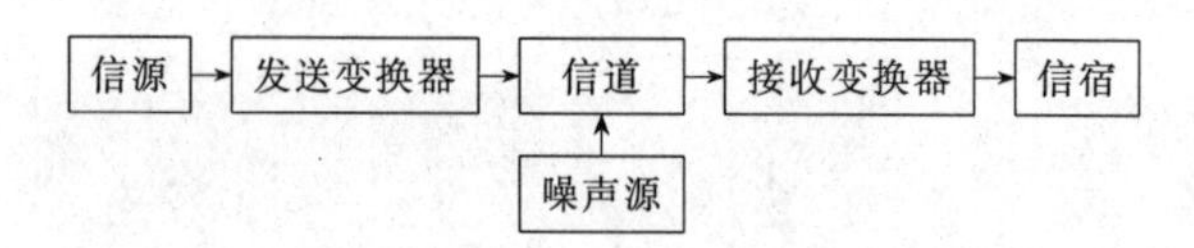

图 1-1　通信系统的基本模型

1. 信源

信源是指发出信息的源头（基本设施）。在人与人之间直接进行通信时，信源指的是发出信息的人。在设备与设备之间进行通信时，信源指的就是能够发出信息的设备，其作用是将输入的原始信息变换为电信号，此信号通常称作基带信号。

根据所产生信号性质的不同，信源可分为模拟信源和数字信源。模拟信源（如电话机、传真机等）输出连续幅度的模拟信号；数字信源（如电传机、计算机等）输出离散的数字信号。

2. 发送变换器

发送变换器的基本功能是将信源和信道匹配起来，即将信源产生的基带信号变换为适合在信道上传输的信号。不同信道有不同的传输特性，而由于要传送的信息种类很多，它们相应的基带信号参数各异，往往不适于在信道中直接传输，故需要变换器进行变换。

在现代通信系统中，为满足不同的需求，需要不同的变换处理方式，如放大、模/数转换、纠错、编码、加密、调制、多路复用等。

3. 信道

信道是指信号的传输媒介，即信号是经过信道传送到接收变换器的。信道一般分为有线信道（如双绞线、同轴电缆、光纤等）和无线信道（如长波、中波、短波、微波等）两类。

信道既给信号提供通路，也会对信号产生各种噪声和干扰。传输信道的固有特性和干扰直接关系到通信的质量。

4. 接收变换器

接收变换器的工作过程是发送变换器的逆工作过程。发送变换器把不同形式的基带信号变换成适合信道传输的信号，通常这种信号不能为信息接收者接收，需要用接收变换器把从信道上接收的信号再变换成原来的基带信号。接收变换器的主要处理方式有多路分解、解调、解密、解码、数/模转换等。

实际上，由于信号在收/发设备中均会产生失真并附加噪声，在信道中传输时也会混入干扰，所以接收端与发送端的基带信号总会有一定的差别。

5. 信宿

信宿是传输信息的归宿，也就是信息的接收者，如听筒、显示屏等。其作用是将复原的基带信号转换成原始形式的信息。信宿可以与信源相对应构成人—人通信或机—机通信；也可以与信源不一致，构成人—机通信或机—人通信。

6. 噪声源

噪声源是信道中的噪声以及分散在通信系统中其他各处的噪声的集中表示。通信系统都是在有噪声的环境下工作的，因此噪声源在实际的通信系统中是客观存在的。

应当指出，以上模型是点对点的单向通信系统。对于双向通信，通信双方都要有发送和接收变换器。若想要完成多个用户中的任意两个用户之间的双向通信，还需要通过通信网将所有用户连接起来，以实现相互通信的目的。

三、现代主要通信技术简介

现代的主要通信技术范围广泛，如数字通信技术、程控交换技术、信息传输技术、移动通信技术、图像通信技术、数据通信技术等。

数字通信即传输数字信号的通信，它可传输电报、数字数据等数字信号，也可传输经过数字化处理的语声和图像等模拟信号。数字通信以其抗干扰能力强、通信质量不受距离的影响、能适应各种通信业务的要求、便于采用大规模集成电路、便于实现保密通信和计算机管理、便于存储、便于处理和交换等特点，已经成为现代通信网中的最主要的通信技术基础，广泛应用于现代通信网的各种通信系统。

程控交换技术是指根据需要把预先编好的程序存入计算机后控制通信中各种链路的按需交换（连接）。程控交换最初是由电话交换技术发展而来，由当初电话交换的人工转接，自动转接和电子转接发展到现在的程控转接技术，到后来，由于通信业务范围的不断扩大，交换技术已经不仅仅用于电话交换，还能实现传真、数据、图像通信等交换。程控数字交换机处理速度快、体积小、容量大、灵活性强、服务功能多、便于改变交换机功能、便于建设智能网，向用户提供更多、更方便的通信服务。随着电信业务从以话音为主向以非话业务为主转移，交换技术也相应的从传统的电路交换技术逐步转向基于分组的数据交换和宽带交换，以及适应下一代网络基于 IP 的业务综合特点的软交换方向发展。

信息传输技术主要包括光纤通信、数字微波通信、卫星通信等。光纤是以光波为载体，以光导纤维为传输介质的一种通信方式，其主要特点是频带宽、损耗低、中继距离长；具有抗电磁干扰能力、重量轻、耐腐蚀、不怕高温等优点。数字微波中继通信是指利用波长为 1～100 mm 范围内的电磁波通过中继站传输信号的一种通信方式，其主要特点为信号可以“再生”、便于数字程控交换机的连接、便于采用大规模集成电路、保密性好和可用频带较宽。卫星通信简单而言就是地球上的无线电通信站之间利用人造地球卫星作中继站而进行的通信，其主要特点是：通信距离远、投资费用和通信距离无关、工作频带宽、通信容量大、适用于多种业务的传输、易于实现广播和多址传送、不受陆地灾害影响等。

移动通信是移动体之间的通信或移动体与固定体之间的通信。移动体可以是人，也可以是汽车、火车、轮船、收音机等在移动状态中的物体。移动通信系统由空间系统和地面系统两部分组成。移动通信的优点是可以在移动的时候进行通信、方便、灵活、经济效益明显等，因此近年来得到了迅速的发展。现在的移动通信系统主要有全球数字移动通信系统（GSM）、码分多址蜂窝移动通信系统（CDMA），第三代移动通信系统（3G）也已投入商用，即 WCDMA、CDMA2000、TD-SCDMA 和 WiMAX。

图像通信是传送和接收图像信息的通信。它与目前广泛使用的声音通信方式不同，传送的不仅是声音，而且有看得见的图像、文字、图表等信息，这些可视信息通过图像通信设备变换为电信号进行传送，在接收端再把它们真实地再现出来。图像通信是可视信息的通信。动态图像通信对信道带宽要求很高。

数据通信网是一个由分布在各地的数据终端设备、数据交换设备和数据传输链路所构成的网络，在通信协议的支持下完成数据终端之间的数据传输与数据交换。数据通信网是计算机技术与近代通信技术发展相结合的产物，它将信息采集、传送、存储及处理融为一体，为实现广义的远程信息处理提供服务。典型应用有：文件传输、电子信箱、可视图文、信息检索与查询、智能用户电报以及遥测、遥控等。

第二节 现代通信网的组成与特点

现代通信网(以下简称通信网)是由分布在不同地点的多个用户通信设备、传输设备、交换设备用通信线路互相连接,在相应通信软件支持下所构成的传递信息的系统。

通信网是由硬件和软件组成的庞大系统,其中硬件部分的结构和布局称为网络的拓扑结构,而软件部分决定着网络的体系结构。随着通信高新技术的不断涌现,通信网得到了快速发展,通信业务日益丰富。

一、通信网的构成要素

通信网一般由终端设备、传输系统、交换设备三大要素构成。将终端设备、交换设备通过传输系统(设备)连接起来,就构成了完整的通信网。图 1-2 所示为汇接式电话通信网的一般组成示意图,交换设备间的传输设备称为中继线路(简称中继线),用户终端设备至交换设备的传输设备称为用户路线(简称用户线)。

1. 终端设备

终端设备(又称用户设备)是通信网最外围的设备,一般供用户使用,它是用户与通信网之间的接口设备,其主要的功能是“变换”,它将用户(信源)发出的各种信息(如声音、数据、图像等)变换为适合在信道上传输的电信号,以完成发送信息的功能。或者反之,把对方经信道送来的电信号变换为用户可识别的信息,完成接收信息的功能。此外终端设备还能产生和识别网内所需的信令信息,以便相互联系和应答。

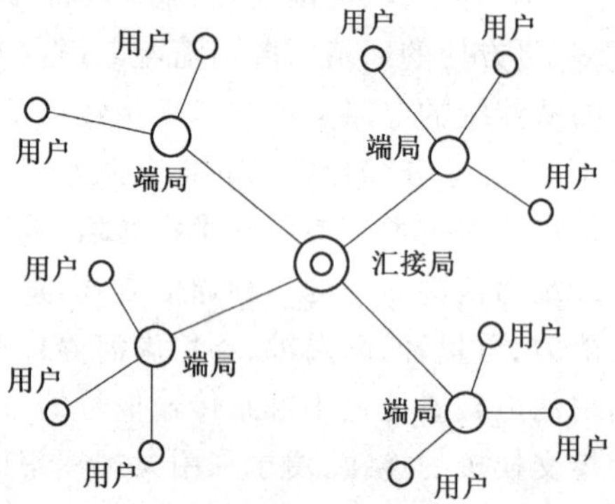

图 1-2 汇接式电话通信网的组成示意图

终端设备的种类有很多,如电话机、电报机、移动电话机、微型计算机、数据终端机、传真机、电视机等。有的终端本身也可以是一个局部的或小型的通信系统,但它们对于公用通信网来说是作为终端设备接入的,如局域网、办公自动化系统、专用通信网、用户交换机(PBX)等。

2. 传输系统

传输系统是传输信息的通道,也称为通信链路。传输系统包括传输媒质和延长传输距离及改善传输质量的相关设备,其功能是将携带信息的电磁波信号从发出地点传送到目的地点。传输系统将终端设备和交换设备连接起来,形成网络。

从网络结构上可将传输系统分为用户环路和干线。用户环路也称为本地线或用户线,是一个节点和用户设备或用户分系统之间简单的固定连接。两个节点之间通过干线连接。干线连接通常是以交换为基础,包括由许多用户复用或用户分系统复接的大容量传输通路。

按传输媒质的不同,传输系统可分为有线传输和无线传输两大类。有线传输系统包括明线、电缆、光缆传输等几种类型;无线传输系统又包括长波、短波、超短波和微波(地面微波、卫星通信)等几种类型。

3. 交换设备

交换设备是通信网的核心(节点),起着组网的关键作用。交换设备根据主叫用户终端所发出的选择信号来选择被叫终端,使这两个或多个终端间建立连接,然后,经过交换设备连通的路由传递信号。

概括地说,交换设备的基本功能就是对所接入的链路进行汇集、接续和分配(路由选择和接续控制)。不同的业务,如话音、数据、图像通信等对交换设备的要求也不尽相同。

终端设备、交换设备和传输系统相连在一起,构成了一个通信网的硬件部分。但是只有这些硬件设备还不能很好地完成信息通信,还需有网络的软件,才能使由设备所组成的静态网变成一个协调一致、运转良好的动态体系。通信网的软件包括网内信令、协议和接口以及网络的技术体制、标准等。

二、通信网的拓扑结构

从通信网的拓扑结构划分,通信网可有五种基本结构形式,如图 1-3 所示。

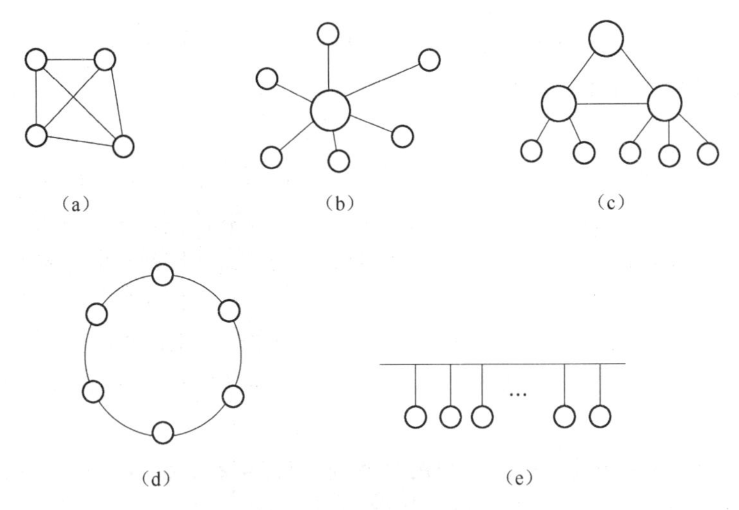

图 1-3　通信网的基本结构形式

(a)网型网;(b)星型网;(c)复合网;(d)环型网;(e)总线型网

1. 网型网

网型网是将网内节点实现完全互连的一种结构,例如有 N 个节点,则需要有 $N(N-1)/2$ 条传输链路才能实现各节点互连。所以当 N 较大时,传输链路的数量很大,基本建设和维护费用都很高。由于链路的利用率很低,故这种网路结构的经济性较差。但由于每个通信节点间都有直达电路,网路的冗余度大,其中任何一条电路发生故障时,均可以通过其他电路保证通信畅通。故路由的选择灵活性高,有利于提高传输质量和可靠性。网型网适用于通信节点数较少而相互间通信量较大的情况。

2. 星型网

星型网需设置转接交换中心,由转接交换中心将各节点连接起来,因此在 N 个节点的网中只需要 $N-1$ 条传输链路即可。星型网的优点是网络结构简单,虽然转接交换中心的设立增加了一些费用,但往往能节省大量的传输链路,基本建设和维护费用少,故是一种比较经济的网络结构。星型网的缺点是当转接交换中心设备转接能力不足或发生故障时,会对网络的接续质量和可靠性产生影响。相邻两点的通信也需经中央节点转接,电路距离增加。可以看出,这种网络结构适用于节点数量比较多、位置比较分散、相互之间通信量不大的情况。

3. 复合网

复合网由星型网和网型网复合而成。它是以星型网为基础并在通信量较大的区域或在重要的节点间构成网型网结构，这种网兼具网型网和星型网的优点，比较经济合理且有一定的可靠性，是目前通信网的主要结构形式。

4. 环型网

如果通信网各节点被连接成闭合的环路，则称为环型网。在环型网中，任何两个节点都通过闭合环路互相通信。

环型网的主要优点是允许网中任一工作站(节点)直接与其他工作站通信，每个节点的地位和作用是相同的，每个节点都可以获得并行使控制权，不需要进行路径选择，控制比较简单，很容易实现分布式控制，而不需中央控制器来控制网络的访问操作，接口线路及连接结构比较简单，有利于实时控制，易于信息的广播式传送及可加入再生装置使覆盖面拓宽等。其缺点是单个环网的节点数有限，增删工作站较复杂，由于信息绕环单向传输，当一个工作站出现故障时，会使整个环路工作中断，故为可靠起见常采用双环结构。这种网络结构主要用于计算机局域网和其他实时性要求较高的环境。

5. 总线型网

总线型网是把所有的节点(工作站和服务器)连接在同一条总线上。各节点地位平等，无中心节点控制，公用总线上的信息多以基带形式串行传递，其传递方向总是从发送信息的节点开始向两端扩散，如同广播电台发射的信息一样，因此又称广播式计算机网络。各节点在接收信息时都进行地址检查，看是否与自己的工作站地址相符，相符则接收网上的信息。它是一种通路共享的结构，任何两个节点间通信的信息都经过同一条总线传输。如果一条总线太长，或者节点太多，可以将一条总线分成几段，段间再通过中继器互连起来。

总线型网的优点是结构简单，信道利用率较高，节点扩展灵活方便；使用的电缆少，且安装容易；使用的设备相对简单，不需要中央控制器，有利于分布式控制；一般节点故障不会造成整个网络的故障，可靠性高。缺点是网络对总线的故障比较敏感，网络的延伸距离有限，同一时刻只能由两台计算机通信，容易产生信道占用冲突，通信实时性差，维护较难。这种网络结构主要应用在计算机局域网以及对实时性要求不高的环境。

三、现代通信网的主要特点

近年来，随着科技的不断发展，先进的科学技术成果优先在通信领域推广和应用，为通信网的快速发展提供了强大的物质基础。现代通信网的快速发展，为更多的用户提供了方便、快捷、安全可靠和灵活多样的通信服务功能，现代通信网主要有以下特点。

(1)使用方便

功能强大的通信终端可为用户提供方便的使用条件。电话机、传真机、计算机等通信终端使用非常便利，使用者通过简单的操作，即可向远方传递信息，达到信息交流的目的。

(2)安全可靠

现代通信网是社会的神经系统，已成为社会活动的主要机能之一，人们迫切希望现代通信网传递信息安全、可靠。现代通信网的服务功能充分考虑了用户传递信息的安全和可靠因素，采用了大量的有效措施。例如，对传输信息的传输链路加密、网络进入的认证等方式，有效地防止了信息的误传；对网络结构的安排有效地解决了部分设备故障带来的信息传递的延误等。

(3)功能灵活多样

在现代通信网络中,双方既可以进行文字的交流,也可以交换和共享数据信息;既可以进行语音交流,也可以进行富有感情色彩的多媒体信息交流。总之,现代通信网提供了丰富多彩、灵活多样的信息服务。

(4)覆盖范围广

现代通信网拉近了人与人之间的距离。无论你身在何方,现代通信网都能为你提供广泛的信息交流服务。

(5)可提供各种智能化新业务

根据用户需要灵活地引入多种新业务,便于用户使用,如大众服务业务、可选记账业务、通用号码业务等。

从技术层面上看,融合将体现在话音技术与数据技术的融合、电路交换与分组交换的融合、传输与交换的融合、电与光的融合。三网融合不仅使话音、数据和图像这三大基本业务的界限逐渐消失,也使网络层和业务层的界限变得模糊,网络边缘各种业务层和网络层正走向功能乃至物理上的融合,整个网络正在向下一代的融合网络演进。最终则将导致传统的电信网、计算机网和有线电视网在技术、业务、市场、终端、网络乃至行业管制和政策方面的融合。

从业务需求和市场应用的角度看,电信业务最大和最深刻的变化是从话音业务向数据业务的根本性转变,作为基础的网络技术也随之发生了重大变革。电信网正逐步从电路交换向分组交换转变,窄带接入、铜线接入向移动接入转变,传送技术从点到点通信向光联网转变,有线无线接入都将完成从窄带向宽带的转变。

第三节　通信网的分类

通信网是一个非常庞大的综合通信系统,它包括了所有的通信设备和通信规程。从不同的角度出发,通信网可分成许多类别,下面介绍几种较常用的分类方法。

一、按业务类别划分

1. 电话网

电话网用以实现网中任意用户间的话音通信,它是目前通信网中规模最大、用户最多的一种通信网。

2. 电报网

电报网用来在用户间以电信号形式传递文字(稿),电报机(终端)完成文稿与电码的转换,电码经电报电路及电报交换机实现异地传送。

3. 数据网

在数据终端(计算机)之间传送各种数据信息,以实现用户间的数据通信。我国目前有数字数据网(DDN)、分组交换网、帧中继网、ATM 网等。

4. 传真网

利用光电变换把照片、图表、文件等资料传送到远方,使对方收到与原件相同的真迹,故称为传真通信。

5. 多媒体通信网

多媒体通信网可提供多媒体信息检索、点对点及点对多点通信业务、局域网互联、电子信函，各种应用系统如电子商务、远程医疗、网上教育及办公自动化等，我国的多媒体通信网可通过网关与 CHINANET/Internet 互连。

6. 电视网

电视网应该称为广播电视网络，用以实现广播、电视信号的传送与控制。

7. 综合业务数字网

把话音及各种非话业务集中到同一个网中传送，并实现了用户到用户间的全数字化传输，有利于提高网络设备的使用效率及方便用户的使用，综合业务数字网有宽带（B-ISDN）和窄带（N-ISDN）之分。

二、按通信服务的对象划分

1. 公用网

公用网也称为公众网，它指的是向全社会开放的通信网。

2. 专用网

专用通信网是相对于公用通信网而言的，它是各专业部门为内部通信需要而建立的通信网，专用通信网有着各行业自己的特点，如公安通信网、军用通信网、铁路通信网等。

三、按传输信号的形式划分

1. 模拟网

通信网中传输的是模拟信号，即时间与幅度均连续或时间离散而幅度连续的信号。

2. 数字网

通信网中传输的是时间与幅度均离散的信号。

3. 数模混合网

在通信网中，数字与模拟设备并存。数模混合网是通信网由模拟网向数字网过渡时期的产物。

四、按通信终端的活动方式划分

1. 固定通信网

其通信终端的位置固定，如传统的固定电话网、电报网等。

2. 移动通信网

通信网的终端（如手持终端、车载终端等）设备位置可发生移动。如 GSM 通信网、CDMA 通信网等。

五、按传输媒质划分

1. 有线网

有线网传输媒质包括（架空）明线、（同轴、对称）电缆、光缆等。

2. 无线网

无线网包括移动通信网、卫星通信网和微波通信网等。

应该说通信网的分类方法还有很多，例如还可分为主（骨）干网和接入网、业务网和支撑网、长途网与本地网、市话网与长话网、局域网和广域网等，限于篇幅，不再一一列举。

第四节　传输技术基础知识

一、传输的基本概念

通信网的传输系统完成各节点间的信号传输，达到信息从一地传送到另一地的目的。如果没有传输系统，各节点间的信号就不可能实现互通，可见传输系统在整个通信网中有着举足轻重的地位。为实现长距离、大容量、迅速、准确而可靠的通信，对传输系统提出了很高的要求。传输系统由各种传输线路和传输设备组成，其中传输线路完成信号的传递，传输设备完成信号的处理。

为了更好地了解传输系统和各种传输方式，本节将对传输技术的基础知识进行简单介绍。传输设备的功能将在本书后续章节介绍，本节将主要介绍传输线路的功能和特点以及各种不同的传输方式。

1. 传输线路

完成信号传输的传输线路可以是不同的传输媒质，如铜线、光纤和空间等，传输线路可以分为有线和无线两大类，目前常用的传输线路有：

(1)对称电缆

对称电缆是由若干条扭绞成对或扭绞成组的绝缘导线缆芯和外面的护层组成，导线材料通常是铜。对称电缆的幅频特性是低通型，串音随频率升高而增加，一般用来传输较窄频带的模拟信号，或较低速率的数字信号。但随着数字处理技术的发展，高质量对称电缆传输速率可达几兆字节每秒甚至几十兆字节每秒。

(2)同轴电缆

同轴电缆主要是由若干个同轴对和护层组成。同轴对由内、外导体及中间的绝缘介质组成，导线材料通常是铜。由于同轴电缆外导体的屏蔽作用，当工作频率较高时可以认为同轴电缆内的电磁场是封闭的，基本不引入外部噪声、干扰和串音，也没有辐射损耗。因此，同轴电缆适用于高频信号的传输。但同轴回路特性阻抗的不均匀影响传输质量，且同轴电缆耗铜量大、施工复杂，建设周期长。

在光纤应用于通信传输之前，同轴电缆是应用最普遍的一种传输介质，目前仍在广泛应用。它被用于长距离电话和电视传输、电视分配、局域网以及短距离传输系统链路中。采用频分复用技术，一根同轴电缆可同时提供 1 万条以上的电话信道。在有线电视(CATV)网中同轴电缆更是占有主导地位，典型的同轴电缆的频带可达 400 MHz 以上。同轴电缆种类很多，有大、中、小不同的类型以及综合型同轴电缆。

(3)光纤光缆

光缆主要由缆芯、加强构件和护层组成。光缆中传送信号的是光纤，若干根光纤按照一定的方式组成缆芯。光纤由纤芯和包层组成，纤芯和包层是折射率不同的光导纤维，利用光的全反射原理使光能够在纤芯中传播。

光纤光缆具有频带宽、传输速率高；传输距离长；重量轻、体积小；成本低；低衰减、低误码率；不受电磁场影响；保密性能好等主要优点。因此光纤光缆一般是大容量、长途、干线传输线路的首选。

(4)无线传输

无线传输是利用地球上层的空间作为信号的传输信道，信号通过这个空间信道以电磁波的形式传播。

根据所利用电磁波的波长的不同，无线传输的信号可分为“光”和“电”两种形式。电信网主要利用无线电传输信号，在宇宙通信领域目前主要应用激光通信。用来传输无线电信号的电磁波，称为“无线电波”。根据波长的不同无线电波还可以细分为长波、中波、短波、超短波和微波等不同波段。

不同波段的无线电波的传播特性和传输容量是不同的，在电信传输系统中，通常利用微波来实现长距离、大容量的传输。微波地面中继传输系统和卫星通信系统就是利用微波实现无线电传输的。

2. 模拟传输和数字传输

电信号的波形可以用幅度和时间两个参量来描述。根据信号的波形，可分为数字信号和模拟信号两大类。

幅值为离散的信号被称为数字信号。“离散”的概念是指幅值被限定在有限个数值之内，它不是连续的。数字信号一般在时间上、幅度上都是离散的。属于数字信号的信源有电报信号和数据信号等。

如果信号的幅值是连续的而不是离散的，则称为模拟信号。信号的幅值模拟着信号的变化。例如电话的话音信号和传真、电视的图像信号都是模拟信号。

判断数字信号与模拟信号，是根据信号幅度取值是否离散而定。一个信息，既可用模拟信号来表示，也可以用数字信号来表示，模拟信号和数字信号都可以通过适当的处理实现相互转换。

对于模拟信号与数字信号而言，信号的传输通路也不同。传输模拟信号的系统称为模拟传输系统，传输数字信号的系统称为数字传输系统。

为了适应信道传输频带的要求，需要将待传的信号经过调制搬移到某一高频范围内，再送上信道传输，这种传输方式称为频带传输；而未经调制，直接将待传信号送上信道传输的传输方式称基带传输。除电缆可以直接传输基带信号外，其他各种传输介质都工作在较高的频段上，能以频带的方式传输信号(电缆上也可以实现频带传输)。由于数字传输可以克服传输中的噪声积累，便于加密、便于纠错、便于流量控制、能实现综合业务传输、便于实现网管等一系列优点，而被广泛应用。

3. 数字传输(通信)的特点

(1)抗干扰能力强，无噪声积累

信号在传输过程中必然会受到各种噪声的干扰。在模拟通信中，为了实现远距离传输，需要及时地把已经受到衰减的信号进行放大(增音)。信号放大的同时，串扰进来的噪声也被放大，难以把信号与干扰噪声分开。随着传输距离增加，噪声累加越来越大，信噪比越来越小。所以模拟通信的通信距离越远，通信质量越差。

在数字通信中，信息不是包含在脉冲的波形上，而是包含在脉冲的有无之中。为了实现远距离传输，可以通过再生的方法对已经失真的信号波形进行判决，从而消除噪声积累。所以数字通信抗干扰能力强，易于实现高质量的远距离传输。这是数字通信的重要优点之一。

(2)灵活性强，能适应各种业务要求

在数字通信中，各种消息(电报、电话、图像和数据等)都可以变换成统一的二进制数字信号进行传输。数字信号的传输可以与数字电子时分交换结合起来，组成统一的综合业务数字网(ISDN)，对来自不同信源的信号自动地交换、综合、传输、处理、存储和分离。而且数字通信可以很方便地利用计算机实现复杂的远距离大规模自动控制系统和自动数据处理系统、实现以计算机为中心的自动交换通信网，通过计算机对整个数字通信网络进行高度智能化的监测。

(3)便于加密处理

数字通信的加密处理比模拟通信容易得多，通过逻辑运算即可实现。

(4)设备便于集成化、小型化

数字通信通常采用时分多路复用，设备中大部分电路都是数字电路，可以用大规模和超大规模集成电路实现，这样设备体积小，功耗也较低。

(5)占用频带宽

这是数字通信的最大缺点。一路模拟电话约占 4 kHz 带宽，而一路数字电话大约需 64 kHz 带宽。随着编码技术的不断发展，虽然一路数字电话的带宽可降到 32 kHz，甚至 16 kHz，但仍然远大于模拟通信。当然，随着光纤等宽带传输信道的逐步采用，数字通信和光纤传媒的优点得到了最好的结合，这点不足已变得微不足道。

二、PCM 通信的概念

PCM(脉冲编码调制)通信是数字通信系统中的主要形式之一，采用基带传输的 PCM 单向通信系统如图 1-4 所示。

发信端的主要任务是完成模数变换，其主要步骤为抽样、量化、编码。

收信端的主要任务是完成数模变换，其主要步骤为解码、低通滤波。

信号在传输过程中要受到衰减和干扰，所以每隔一段距离加一个再生中继器，使数字信号获得再生。

为了便于在信道上传输，并有一定的误码检测能力，在发信端加有码型变换电路，收信端加有相应的码型反变换电路。

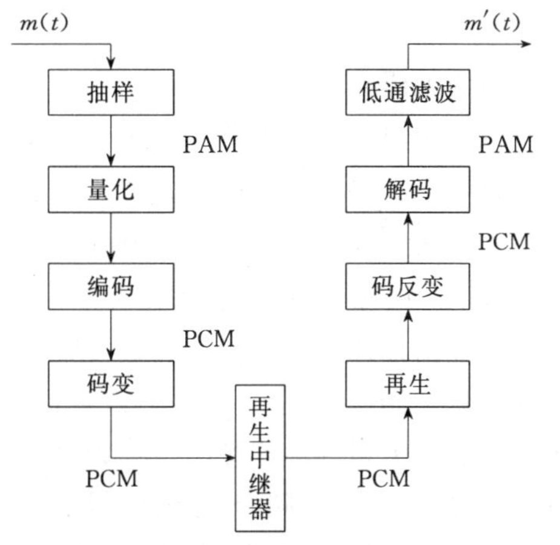

图 1-4　基带传输 PCM 通信系统

1. 抽样

抽样是对模拟信号进行时间上的离散化处理。其做法为将时间上连续的模拟信号 $m(t)$ 送到抽样门开关电路，每隔一段时间抽取模拟信号一个瞬时幅度值(样值)。理论上证明，只要抽样脉冲的频率($fs=1/T$)达到一定要求，样值序列就包含了抽样前的模拟信号的信息。在 PCM 通信中，fs 一般取为 8 000 Hz，即每秒钟抽取 8 000 个样值。经过抽样后，模拟信号的信息被调制到了脉冲序列的幅度上，因此样值序列被称为脉冲幅度调制信号，简写为 PAM。

PAM 信号尽管在时间上离散，但在幅度上仍然连续，因此还是属于模拟信号。要变为数字信号，需要进一步进行幅度上的离散化处理，即量化。

2. 量化

量化是将 PAM 信号在幅度上离散化，即把幅度上有无穷多种取值的 PAM 信号用有限个幅度值来代替。其做法是将 PAM 信号的幅度变化范围划分为若干小间隔，每一个小间隔叫做一量化级。当样值落在某一量化级内时，就用这个量化级的中间值、或最小值和最大值来代替。该值称为量化值，对应的量化方法称为四舍五入法、或舍去法和补足法。

用有限个值表示无限个值，总会有误差的。由于量化而导致的量化值和样值的差称为量化误差，量化误差最终的效果是引入了量化噪声。量化噪声是话音信号在量化过程中引入的。由于接收端无法确切知道量化误差，所以量化噪声产生后将无法消除。它是数字通信中特有的噪声，也是主要的噪声。减小量化噪声的方法是使量化级差 d 减小，但量化级差 d 减小，会使量化级数 N 增大，将增加设备的复杂性，因此要进行综合考虑。

量化有均匀量化和非均匀量化两种。均匀量化的量化间隔是相等的，要想达到信噪比的要求，在整个动态范围内需有 2 048 级，需用 11 位二进制数码表示，占据频带太宽。非均匀量化的量化间隔是不均匀的，随着幅度增大而增大，这样可使码位数减小而达到要求。

在非均匀量化中，有两种压扩特性：A 律和 μ 律，我国是采用 A 律压扩特性的国家。按 A 律 13 折线压扩特性进行量化，只需 256 个量化级。

PAM 信号经过量化后的信号称为量化 PAM，量化 PAM 在时间上和幅度上都是离散的，属于数字信号，可以认为是多进制数字信号，相应的码为多进制码，但在实际中通常用二进制码来表达和传送，所以还需要编码。

3. 编码

编码的任务是将量化 PAM 转化成相对应的二进制码组，获得 PCM 信号。

n 位二进制码可表示 2^n 个状态，因此量化级数 N 可用 2^n 个状态来表示，即量化值的数量与所编二进制码码位 n 的关系为 $N=2^n$，或者说，N 个量化值可用 n 位二进制码来表示，这个过程即为编码。

按 A 律 13 折线压扩特性进行量化，只需 256 个量化级，用 8 位二进制码编码。经过非均匀量化后的编码是非线性码。这 8 位码用 $x_1 \sim x_8$ 表示，x_1 为极性码，$x_2 \sim x_8$ 为幅度码，其中 $x_2 \sim x_4$ 为段落码，$x_5 \sim x_8$ 为段内电平码。

4. 码型变换和码型反变换

模拟信号经过抽样、量化、编码后，已经变成只有 0 和 1 两种状态组成的二进制数字码流。在这种数字码流中，每一位码的占空比为 100%，1 用高电平来表示，0 用低电平来表示，反过来表示也是可以的。这种码型称为 NRZ 码(单极性非归零码)。NRZ 码具有包含直流成分、低频成分大、无时钟频率成分、码间干扰大、码型无规律等一系列缺点，不适于在线路上传输。为此必须通过码型变换电路将 NRZ 码进行码型变换，方可通过线路进行传输。

码型变换的任务是将 NRZ 码变为双极性、连零个数小于一定值、每位码占空比为 50% 的 AMI 码(传号极性交替反转码)或 HDB3 码(高密度三阶双极性码)。接收端进行相反的变换，即码型反变换。

5. 再生中继

信号在传输过程中会受到衰减，并伴随有失真和干扰。但只要判决再生正确，则传输过程中的噪声干扰也就被消除而不会积累，这是数字通信的重要优点之一。

6. 解码

解码的任务与编码相反。它是将 PCM 信号还原为 PAM 信号。经过解码后得到的信号称为重建 PAM(或解码 PAM)。

7. 低通滤波

重建 PAM 信号的包络线与原始的模拟信号的波形相似。所以，要想还原为模拟信号，仅需检出 PAM 信号的包络线(即低频分量)即可，在实际中是通过低通滤波器滤除高频成分，得到平缓的低频信号波形束而实现的。

三、PCM30/32 路系统

1. 时分多路复用(TDM)

时分多路复用就是在一条信道的传输时间内,将若干路离散信号的脉冲序列,经过分组、压缩、循环排序,成为时间上互不重叠的多路信号一并传输的方式。模拟信号经过抽样后,信息已调制到脉冲幅度信号上(即 PAM)。在 PAM 信号中,信息是表示在波形的幅度高低上,而不是 PAM 脉冲的时间宽度上。同一路信号的相邻两个样值之间都有一定的时间间隔。在这个间隔中插入其他路样值,就能以时间分割的方式实现多路复用。显然,样值脉冲越窄,同一路的两个样值之间的时间间隔越大,中间能插入的其他路的样值就越多。当然,同一话路的相邻两个样值的时间间隔有一定的限制,从抽样定理中已经知道,这个时间间隔为 125 μs。

图 1-5 为时分多路复用原理示意图。甲、乙两地共有 n 对用户要同时进行通话,可线路却只有一对,于是在收、发双方各加了一对快速旋转的电子开关 SA_1 和 SA_2(这两个开关实际上就是一组抽样门和分路门,它们的开闭受抽样脉冲控制),SA_1、SA_2 旋转频率相同,初始位置相互对应(称之为同步动作)。

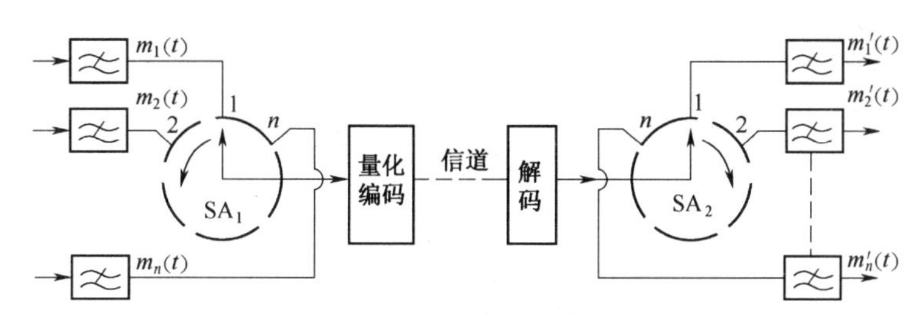

图 1-5 时分多路复用原理示意图

目前的数字通信一般是以时分的方式实现多路复用的。ITU-T 推荐的有两种系列:一个是欧洲和我国使用的 PCM30/32 路系列;另一个是北美和日本使用的 PCM24 路系列。

在 PCM 通信的发端,多路信号经各自抽样、量化、编码后进行汇总,最后得到的是由"0"和"1"组成的数码流。对接收端来说,这是一串无头无尾的数字码流,因而无法把它们分离到对应的话路上。为此,需在这种数字码流中每隔一段时间加上一些标记,如同步、监视码等,供接收端识别。这种多路语言数字码以及插入的各种标记码按照一定的时间顺序排列的数字码组合就是帧结构的概念。在 PCM 通信中,信号是按一帧一帧传送的。每帧(Frame)中包括了多路语声数字码以及各种插入的标记码。

同一个话路抽样两次的时间间隔或所有话路都抽样一次的时间称为帧长。每个话路在一帧中所占的时间称为时隙,用 TS(Time Slot)表示。通常,一个样值又编为 n 位码。

反映帧长、时隙、码位的位置关系的时间图就是帧结构。

显然,帧长 Ts 的倒数就是抽样频率 fs,即 $fs=1/Ts$。下面介绍我国采用的 30/32 路 PCM 基群帧结构。

2. 30/32 路 PCM 基群帧结构

(1)帧结构

PCM30/32 路系统的帧结构如图 1-6 所示,帧长 $Ts=125$ μs,即抽样频率 $fs=8\ 000$ Hz。每帧分为 32 时隙,用 $TS_0 \sim TS_{31}$ 表示。其中 $TS_1 \sim TS_{15}$ 传前 15 个话路的语声数字码;$TS_{17} \sim TS_{31}$ 用于传后 15 个话路的语声数字码;TS_0 用于传同步、监视、对端告警码组(简称对告码);

TS_{16}用于传信令码等。显然每个 $TS=125/32\approx3.91(\mu s)$。

这样在 32 个 TS 中，只有 30 个 TS 用于传送话路语声，称为 30 话路 32 时隙，记作 PCM30/32。每个样值又编为 8 位码，用 $x_1\sim x_8$ 表示。x_1 称作极性码，$x_2\sim x_8$ 称作幅度码，每个码位占据时间为 $3.91/8\approx488(ns)$。

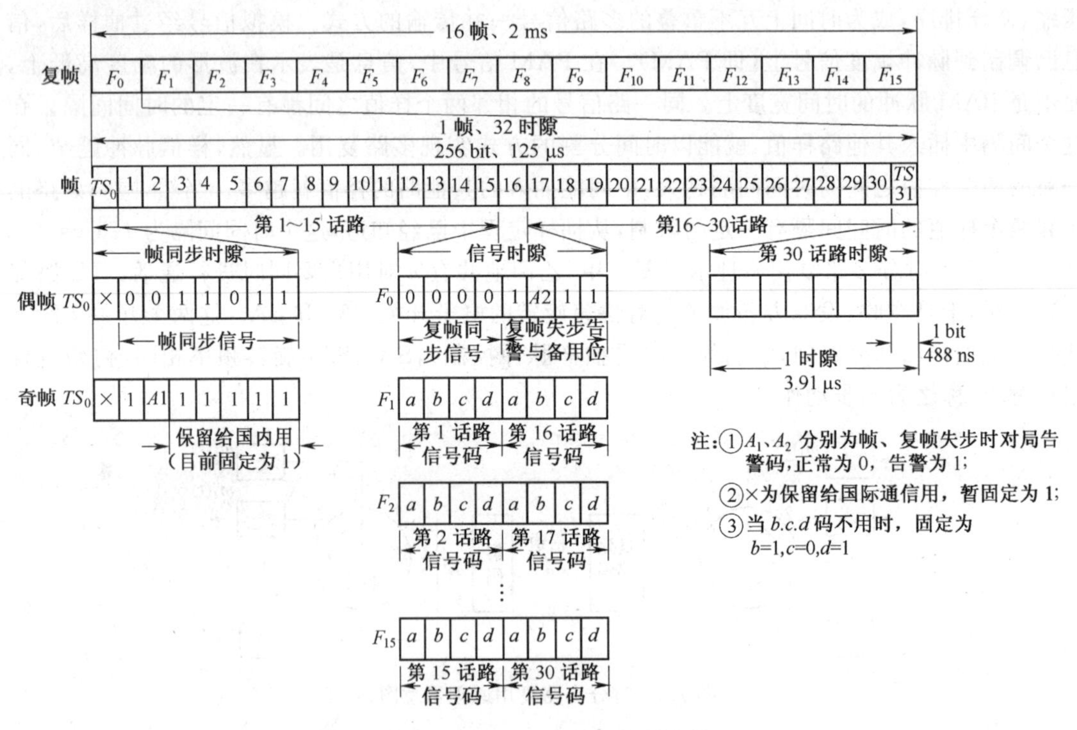

图 1-6　PCM30/32 路系统帧结构

(2)TS_0

偶帧 TS_0 用于传帧同步码，其中 $x_2\sim x_8$ 固定发 0011011，这七位码组就是帧同步码。收端通过检测帧同步码组来实现同步。x_1 留作国际通信用(也可用作 CRC 功能)。不用时暂定为 1。

奇帧 TS_0 用于传监视码、对告码等。其中 x_2 固定发“1”，称作监视码，它用于辅助同步过程的实现。$x_3=A_1$ 用于传对告码，正常同步时发“0”，失步时发“1”。其他几位码 x_1、$x_4\sim x_8$ 可用于低速数据通信，不用时都暂定为“1”。

对告码的作用是：通话要正常进行，必须两个方向都畅通，如果一个方向有故障，就必须通过对告码来告诉对方。如甲、乙两方向进行通信，甲方发乙方收方向出现线路中断、失步等故障，乙方发就把奇帧 TS_0 的 x_3 置为“1”发给甲方收，告诉甲方该支路出现故障；或者是乙方发甲方收方向出现故障，甲方发就把奇帧 TS_0 的 x_3 置为“1”发给乙方收，告诉乙方该支路发生故障。在正常情况下，$x_3=0$。

显然，同步、监视、对告码周期都为 250 μs。

(3)TS_{16}

要建立一个通话过程，信令信息的正确传送是必需的。在以前的模拟传输及模拟交换中，信令主要是直流或直流脉冲信号，如摘机、挂机信号、拨号脉冲信号等，也就是说，信令是以模拟信号方式传送的。而在 PCM 通信中，信令信息也是借助于数字通道来传送的。在 30/32

路 PCM 基群中，30 个话路的信令借用 TS_{16} 来传送。

理论和实践表明：对每一路信令，抽样频率 fs 取 500 Hz，即每隔 2 ms 抽取一次就足够了。在实际中，每路信令在进入 PCM 信道传输之前，先经过信令接口电路将交换机或话机送来的非数字信令变为数字信令，占用 TS_{16} 的 4 位码。这样一个 8 位码的 TS_{16} 可传两路信令，30 路共需 15 个 TS_{16}。于是 30/32 路 PCM 系统中，又将 16 帧按一定时间顺序组合起来，构成一个复帧，这个复帧称为信令复帧，它所含的 16 帧称为子帧，分别用 F_0～F_{15} 表示。

F_0～F_{15} 的 TS_{16} 是这样安排的：

F_0 TS_{16} 的 x_1～x_4 传复帧同步码组“0000”，其作用为保证信令正确传送，即保证收、发信令同步；$x_6=A_2$ 传复帧对告码，$x_6=0$ 表示复帧同步，$x_6=1$ 表示复帧不同步；x_5、x_7、x_8 备用，不用时暂定为“1”。

F_1 中，TS_{16} 的 x_1～x_4 传第 1 路信令，x_5～x_8 传第 16 路信令。

F_2 中，TS_{16} 的 x_1～x_4 传第 2 路信令，x_5～x_8 传第 17 路信令……，其余依此类推。这样一个信令复帧正好把 30 路信令传一遍，其周期为 2 ms。

3. PCM30/32 路系统的构成

图 1-7 为集中编码方式 PCM30/32 路系统方框图。

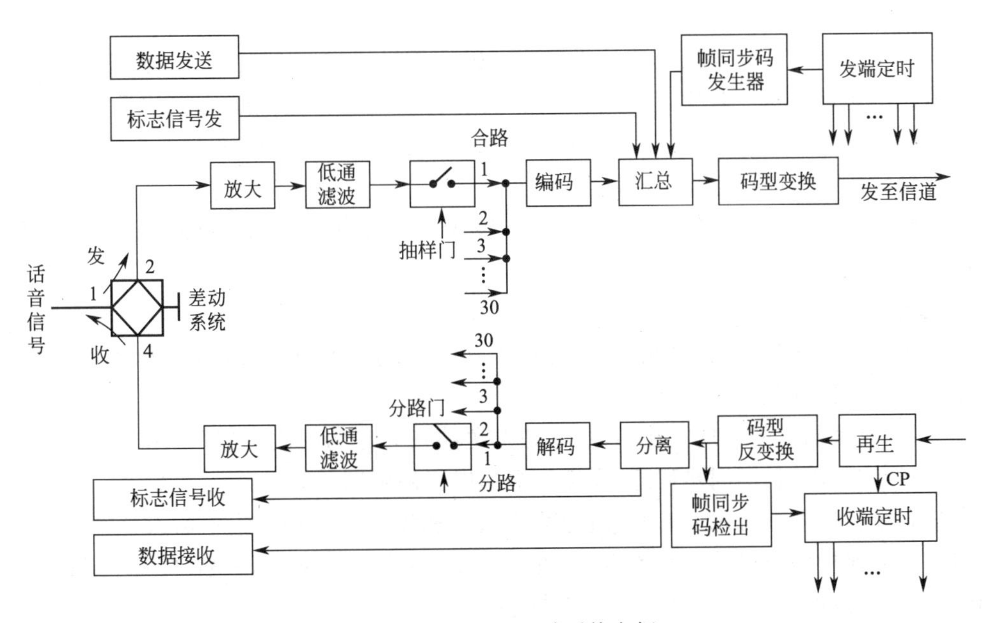

图 1-7　PCM30/32 路系统方框

PCM30/32 路系统工作过程简述如下：用户话音信号的发与收是采用二线制传输，但端机的发送支路与接收支路是分开的，即发与收是采用四线制传输的。因此用户的话音信号需要经过 2/4 线变换的差动变量器，经 1→2 端送入 PCM 系统的发送端。差动变量器 1→2 端与 4→1 端的传输衰减要求越小越好，但 4→2 端的衰减要求越大越好，防止通路振鸣。话音信号再经过放大(调节话音电平)、低通滤波(限制话音频带，防止折叠噪声的产生)、抽样、合路及编码。编码后的信息码与帧同步码、信令码(包括复帧同步码)在汇总电路中按各自规定的时隙进行汇总，最后经码型变换电路变换成适合于信道传输的码型送往信道；在接收端首先将接收到的信号进行整形再生，然后经过码型反变换电路恢复成原始的编码码型，由分离电路将话音信息码、信令码等进行分离。分离出的话音信码经解码，分路门输出每一路的重建 PAM 信号，然后经低通滤波器恢复出每一路的模拟话音信号。最后经过放大，差动变量器 4→1 端送到用户。从再生电路中提取的时钟，除了用于抽样判决识别每一个码元外，还由它来控制收端定时系统的位脉冲(解码用)与接收码元出现的时间完全同步(位同步)。帧同步码经帧同步系统检出并控制收端定时系统的路脉冲，使接收端能正确分辨出哪几位码是属于哪一个话路。

4. PCM 基群同步

在接收端为了正确地恢复原来的信号，需保证正确的分路和解码。但是，对一个随机的数字码流，应如何判断一组码的开始和结束，所需的码字在何位置等，这就需要接收端与发送端保持同步。

另外，在构成综合数字通信系统中，还需考虑实现系统间的同步以及通信网的整体协调一致，即网同步。

(1)同步的含义

PCM 基群终端机同步包括三方面内容：

①位同步

位同步的含义是收、发双方时钟频率要完全相同，收定时系统的主时钟相位要与接收信码流相对应，以保证正确判决。简单地说，收定时系统的主时钟脉冲要与接收信码流同频同相。

②帧同步

帧同步的含义是在发端第 n 路抽样量化编码的信号一定要在收端第 n 路解码滤波还原，以保证语声的正确传送。若实现位同步后，虽可保证判决正确，但是正确判决后的信码流是一串无头无尾的数字码流，仍不能还原。为此要加帧同步码以保证接收端区分数字码流的首尾。

③复帧同步

复帧同步的含义是发端第 n 路的信令一定要送列收端第 n 路，以确保信令正确传送。

(2)同步的实现

①位同步

位同步又称时钟同步，收信端的主时钟 CP 是从发端送来的信码流中提取而得来的。

②帧同步、复帧同步

帧同步、复帧同步的实现方法相似，都是发送端在固定的时间位置(包括子帧、时隙、比特位)上插入特定的码组，即同步码组；在接收端加以正确识别。

同步码组的插入方法主要有两种：分散插入法和集中插入法。集中插入是指在一帧的开始集中插入 n 比特码组成的特殊码组，接收端按帧的周期连续数次检测该特殊码组，这样便获得同步信息，分散插入是每帧只插入一位作为帧同步码。

30/32 路 PCM 基群即采用集中插入方式。PCM 基群中，帧同步码组“0011011”是集中插入到每个偶帧 TS_0 时隙的 $x_2 \sim x_8$ 中；复帧同步码组“0000”是集中插入到 F_0 帧 TS_{16}时隙的 $x_1 \sim x_4$ 中。

四、高次群数字复接

集成电路技术的发展及光缆等新的传输媒介的出现，为大量信息的高速传输创造了十分有利的条件。PCM 通信的传输容量已由基群 2.048 Mbit/s 的 30/32 路系统向 120 路的二次群，480 路的三次群、1920 路的四次群及更高次群的方向发展。传输信道已由传统的电缆和微波中继发展到光缆和卫星信道。这些信道可开通电话、电报、数据、传真、可视电话、彩色电视等多种业务。在 PCM 通信中，高次群是由若干个低速低次群通过数字多路复接方式构成的。

1. PCM 复接系列

CCITT 推荐了两类数字速率系列和数字复接等级。北美和日本采用了 1.544 Mbit/s(即 PCM24 路)作基群的数字速率系列;欧洲和我国则采用了 2.048 Mbit/s(即 PCM30/32 路)作基群的数字速率系列。此两类速率系列和数字复接等级如表 1-1 所示。

表 1-1　数字群速率和复接等级表

群路等级	欧洲和中国		日　本		北　美	
	话路数	传输速率	话路数	传输速率	话路数	传输速率
一次群	30	2.048 Mbit/s	24	1.544 Mbit/s	24	1.544 Mbit/s
二次群	120	8.448 Mbit/s	96	6.312 Mbit/s	96	6.312 Mbit/s
三次群	480	34.368 Mbit/s	480	32.064 Mbit/s	672	44.736 Mbit/s
四次群	1 920	139.264 Mbit/s	1 440	97.728 Mbit/s	4 032	274.176 Mbit/s
五次群	7 680	564.992 Mbit/s	5 760	397.200 Mbit/s	8 064	560.160 Mbit/s

2. 复接原理

数字复接设备的组成如图 1-8 所示,包括发送的数字复接器和接收的数字分接器两大部分。数字复接器是把两个或两个以上的支路数字信号按时分复用方式合并成为单一的合路数字信号的设备;数字分接器是把一个合路数字信号分解为原来支路数字信号的设备。

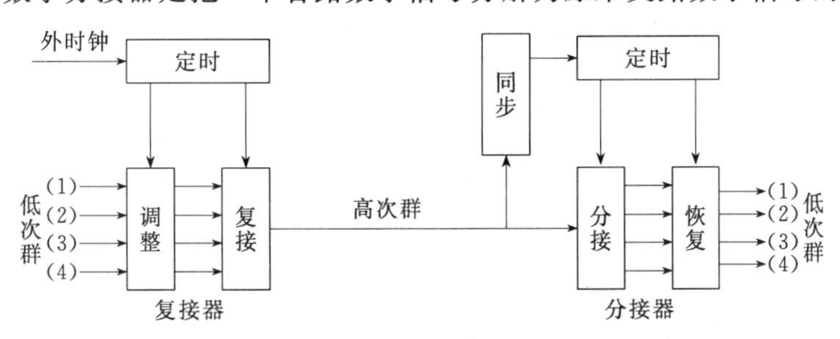

图 1-8　数字复接设备

数字复接器由发定时、调整和复接等三部分组成。其中定时单元给复接器提供一个统一的基准时钟;调整单元是把速率不同的各支路的数字信号进行必要的调整,使各支路数字信号的速率完全一致;复接单元是将速率一致的各支路数字信号按规定顺序复接为高次群。

数字分接器由同步、定时、分接和恢复等四部分组成。分接器的定时单元由接收信号序列中提取的时钟来推动;同步单元控制分接器的基准时钟与复接器的基准时钟保持正确的相位关系,即保持同步;分接单元将合路的数字信号实施时间分离形成同步支路数字信号,然后恢复单元把它们恢复成原来的支路数字信号。

3. 数字复接方式

(1)复接中数字码排列方式

数字复接实质上是对数字信号的时分多路复用(如图 1-9 所示)。在复接时各低次群支路的数码,在高次群中排列方式有三种:

①按位复接:也叫比特单位复接。这种方法是对每个复接支路的信号每次只复接一位码。复接后的码序排列如图 1-9(b)所示。按位复接方式的设备比较简单,目前比较常用。

②按路复接:也称按字复接。1 条支路时隙有 8 位码,4 条支路轮流复接,每次按顺序复接 8 位码。复接后的码序排列如图 1-9(c)所示。该方式的优点是保留了完整的字结构,有利于

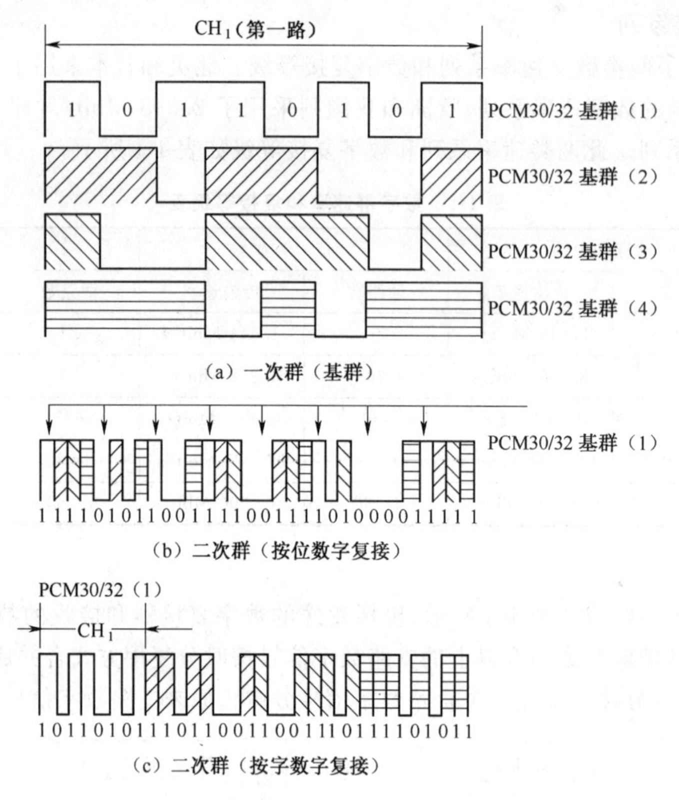

图 1-9　按位复接与按字复接示意图

多路合成处理和交换。缺点是要求有较大的存储容量，故电路较复杂。

③按帧复接：每次按顺序复接一帧的数码（一帧有 256 个码位）。这种方法的优点是不破坏原来各支路的帧结构，有利于复接，但缺点是它要求更大的存储容量，因此极少使用。

(2)复接方式

数字多路复接的实现都是通过在时间上的重新排列而进行的，这就要求有一个统一的时钟控制。但是，在复接时，各低次群的时钟情况是会有差别的，因此复接方式可分为两大类：

①同步复接

被复接的各低次群支路使用同一个时钟源，称为同步复接。同步复接要求各支路数字流和复接后的群路数字流的时钟源为同一来源，其间具有稳定的相位关系。

②异步复接

被复接的各低次群支路使用各自的时钟，这种复接方式称为异步复接，也称为准同步复接。这种复接方式必须在复接前对各支路的码速进行调整。

五、同步数字体系 SDH

1. SDH 概述

脉冲编码调制(PCM)原理奠定了现代数字通信的理论基础。自 20 世纪 60 年代以来，准同步数字体系 PDH 迅速成为代替模拟通信的主要传输手段。进入 20 世纪 70 年代，随着光纤通信和超大规模集成电路等相关技术的进步，PDH 向着大容量、长距离、网络化更快地发展。但是到 80 年代中期，随着电信网的进一步扩大和用户不断提出新的业务要求，基于点到点传输的 PDH 暴露出一系列固有的弱点，已经不能在原有的技术体系内继续发展，促使网络经营决策者努力寻找一种新的技术体制。对这种新体制的要求是：既能使电信网迅速经济地为用户提供电路和业务，又能为电路带宽和业务提供实时控制；既能兼容原有网络的业务，又能支撑新一代电信网和容纳新的业务。由微处理器支持的智能网络技术和高速大容量光纤传输技术的结合，产生了一种新体制，这就是同步数字体系 SDH(Synchronous Digital Hierarchy)

SDH 用于同步信息的传输、复用和交叉连接。它具有标准化的信息结构，称为同步传送模块(STM)。它不仅用于光纤传输，也适用于微波和卫星传输。

2. SDH 的特点

PDH 基于点对点传输以及设备构成的固有弱点，已经不能继续发展，而 SDH 正是针对 PDH 存在的缺点，在更高的基础上进行发展，所以具有许多与 PDH 不同的特点。

(1)具有世界性统一标准

PDH 网只有地区性数字信号速率和帧结构标准，而不存在世界性统一标准。北美、日本、欧洲三个地区性标准电信网互不相容，造成国际互通的困难。

SDH 网能使两大数字体系三个地区标准在基本传送模块 STM-1 等级上获得统一。因此数字信号在跨越国界通信时，不再需要转换成另一种标准，第一次真正实现了数字传输体制的世界性标准。

(2)具有相同的同步帧结构

PDH 网高次复用采用异步复接方式，支路信号需要增加塞入比特与复用设备同步。这样在高速信号中就无法识别和提取低速信号。为了取出支路信号，必须使设备一步一步地解复用取出所需的低速支路信号，还需要把其他通信信号一步一步再复用上去，称为背对背复用。同时，为了各群之间维护和交叉连接，还需要许多数字配线架，这种工作方式需要复用设备多，结构复杂，连线多，上下话路繁琐，缺少灵活性。

SDH 网将光电设备综合成一个网络单元 NE，在 NE 中使用相同的同步帧结构。在帧结构内，各种不同等级的码流排列在统一规定的位置上，而且净负荷与网络是同步的。因而只需要利用软件就可以将高速信号中的低速信号一次直接分插出来，即所谓一步复用特性，这样避免了对全部高速信号进行解复用，省去了全套背对背复用设备和数字配线架，使上下业务变得十分容易，也使得设备内部各信号之间相互交叉连接简单易行。

(3)具有世界性统一标准光接口

PDH 网中没有世界性统一的标准光接口，导致各个厂家自行开发专用光接口设备。这些光接口设备不能在光路上互通，必须经过光/电转换变成标准电接口(G. 730)才能互通。这样不但增加了网络复杂性，而且限制了光路联网的灵活性。

为了能使各个厂家的产品可以在光接口上直接互通，而不局限于特殊的传输媒质和特殊的网络节点，ITU-T 建立了一个统一的网络节点接口 NNI 规范。由于有了统一标准光接口信号和通信协议，各厂家产品可以在基本光缆段上实现横向兼容。

(4)具有强大的网管能力

PDH 网络的运行、管理和维护主要靠人工进行数字信号交叉连接和停业务测试，复用帧结构中只安排很少的网络开销比特。但是这种先天不足的状况严重阻碍了运行、管理和维护(OAM)的进一步发展，使 PDH 无法适应不断演变的电信要求，更难以支持新一代网络的发展。SDH 吸取了 PDH 的经验教训，在帧结构中安排了丰富的开销比特，大约占信号的 5%，因而在网络的 OAM 基础上形成了强大的网管能力。另外，由于 SDH 的数字交叉连接设备 DXC 等网络单元是智能化的，可以使部分网络管理能力通过软件分配到网络单元，实现分布式管理。

(5)具有信息净负荷的透明性

SDH 净负荷装入虚容器 VC 后就成为一个独立的传输、复用和交叉连接信息单元。网络内所有设备只需要处理虚容器即可，而不需要问虚容器内具体的信息内容如何，这样就减少了管理实体的数量，简化了网络管理。

(6)具有定时透明性

理想地说，SDH 各网络单元均接至同一个高精度基准时钟并处于同步工作状态。由于互通的各种网络单元可能属于不同的业务提供者，这样尽管每一个业务提供者所在的范围内是同步的，但在两个范围之间却是准同步的，可能有频偏或相位差。SDH 通过采用指针调整技术，使 SDH 网具有定时透明性，能很好适应在准同步环境下工作。

(7)具有完全的后向兼容性和前向兼容性

SDH 网不但能完全兼容现有 PDH 各种速率，同时还能容纳今后发展的各种新的业务信号。ATM、MAN 和 FDDI 是三种蓬勃发展的新体制和业务。异步传递模式 ATM 是宽带综合业务数字网 B-ISDN 的传递模式，通过 ATM 信元可以映射到任何虚容器中。MAN 表示城域网，可采用 ATM 信元传递信息。FDDI 是局域网的光纤分布式数据接口，其信息可以映射进 ATM 净负荷中进行传送。

(8)具有世界性统一的速率

同步数字传输网是由一些 SDH 网络单元(NE)组成的，并在光纤上进行同步信息传输、复用和交叉连接的网络。它有一套标准化的信息结构等级，称为同步传送模块 STM-N，并有对应规定的标准速率。

上面讲述了许多优点，其中最核心的是同步复用，标准光接口和网管能力三条，对发挥 SDH 的优越性起着关键作用。

3. SDH 帧结构

SDH 的帧结构必须适应同步数字复用、交叉连接和交换的功能，同时也希望支路信号在一帧中均匀分布、有规律，以便接入和取出。ITU-T 最终采纳了一种以字节为单位的矩形块状(或称页状)帧结构，如图 1-10 所示。

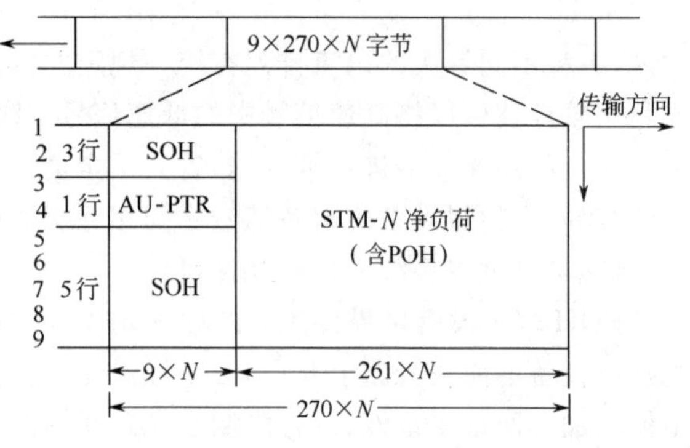

图 1-10 SDH 帧结构

STM-N 由 270×N 列 9 行组成，即帧长度为 270×N×9 bit 或 270×N×9×8 bit。帧周期为 125μs(即一帧的时间)。

对于 STM-1 而言，帧长度为 270×9=2 430 bit，相当于 19 440 bit，帧周期为 125 μs，由此可算出其速率为 $270\times9\times8/125\times10^{-6}=155.520$ Mbit/s。

这种块状(页状)结构的帧结构中各字节的传输是从左到右、由上而下按行进行的，即从第 1 行最左边字节开始，从左向右传完第 1 行，再依次传第 2、3 行等等，直至整个 9×270×N 个字节都传送完再转入下一帧，如此一帧一帧地传送，每秒共传 8 000 帧。

SDH 帧结构可分为三个主要区域：

(1)段开销(SOH)区域

段开销是指 STM 帧结构中为了保证信息净负荷正常、灵活传送所必需的附加字节，是供网络运行、管理和维护(OAM)使用的字节。帧结构的左边 $9\times N$ 列 8 行(除去第 4 行)分配给段开销。对于 STM-1 而言,它有 72 byte(576bit),由于每秒传送 8 000 帧,因此共有 4.608 Mbit/s 的容量用于网络的运行、管理和维护。

(2)净负荷(Payload)区域

信息净负荷区域是帧结构中存放各种信息负载的地方,图 1-10 中横向第 $10\times N\sim270\times N$,纵向第 1 行到第 9 行的 $2\ 349\times N$ 个字节都属此区域。对于 STM-1 而言,它的容量大约为 150.336 Mbit/s,其中含有少量的通道开销(POH)字节,用于监视、管理和控制通道性能,其余载荷业务信息。

(3)管理单元指针(AU-PTR)区域

管理单元指针用来指示信息净负荷的第一个字节在 STM-N 帧中的准确位置,以便在接收端能正确地分解。帧结构第 4 行左边的 $9\times N$ 列分配给指针用。对于 STM-1 而言它有 9 byte(72 bit)。采用指针方式,可以使 SDH 在准同步环境中完成复用同步和 STM-N 信号的帧定位。这一方法消除了常规准同步系统中滑动缓存器引起的时延和性能损伤。

六、通信系统的技术指标

通信网是为用户服务的,应能迅速、准确、安全、经济地传递各种信息。为此,必须规定某些技术标准。这些技术标准一般包括传输标准、接续标准和稳定标准等方面。

传输标准(准确性)表示通信的再现质量,电话通信用清晰度等指标来量度,电报、数据通信用误码率来量度。接续标准(迅速性)表示接通的难易程度,用呼损率和延迟时间来量度。稳定标准(安全性)表示在发生故障和异常现象时维持通信的程度,用可靠性、可用性等指标来量度。由于通信网是众多通信系统连接的整体,故通信网的性能评价是以通信系统的性能评价为基础的。

1. 通信系统的性能指标

一般通信系统的性能指标归纳起来有以下几个方面。

(1)有效性:指通信系统传输消息的“速率”问题,即快慢问题。

(2)可靠性:指通信系统传输消息的“质量”问题,即好坏问题。

(3)适应性:指通信系统适用的环境条件。

(4)经济性:指系统的成本问题。

(5)保密性:指系统对所传信号的加密措施。这点对军用通信系统尤为重要。

(6)标准性:指系统的接口、各种结构及协议是否合乎国家、国际标准。

(7)维修性:指系统是否维修方便。

(8)工艺性:指通信系统各种工艺要求。

通信的任务是快速、准确地传递信息。因此,从研究消息传输的角度来说,有效性和可靠性是评价通信网络优劣的主要性能指标,也是通信技术讨论的重点。

通信系统的有效性和可靠性,是一对矛盾。一般情况下,要增加网络的有效性,就得降低可靠性,反之亦然。在实际中,常常依据实际网络的要求采取相对统一的办法,即在满足一定可靠性指标下,尽量提高消息的传输速率,即有效性;或者在维持一定有效性的条件下,尽可能提高网络的可靠性。

对于模拟通信系统来说,其有效性和可靠性可用频带利用率和输出信噪比来衡量。对于数字通信系统而言,其有效性和可靠性可用传输速率和差错率来衡量。本书只介绍数字通信系统的有效性指标和可靠性指标。

2. 数字通信系统的有效性指标

数字通信系统的有效性可用传输速率和频带利用率来衡量，传输速率和频带利用率越高，系统的有效性越好。

(1)传输速率

通常可从以下两个不同的角度来定义传输速率：

①码元传输速率 R_B

码元传输速率简称码元速率，又称为传码率、波特率等，用符号 R_B 来表示。码元速率是指单位时间(每秒钟)内传输码元的数目，单位为波特(Baud)，常用符号“B”表示。例如，某系统在 2 s 内共传送 4 800 个码元，则该系统的码元速率为 2 400 B。

数字信号一般有二进制与多进制之分，但码元速率 R_B 与信号的进制数无关，只与码元宽度 T_b 有关。

$$R_B = \frac{1}{T_b} \tag{1-1}$$

通常在给出系统码元速率时，有必要说明码元的进制。

②信息传输速率 R_b

信息传输速率简称信息速率，又称为传信率、比特率等，用符号 R_b 表示。信息速率是指单位时间(每秒钟)内传送的信息量，单位为比特/秒(bit/s)，简记为 b/s 或 bps。例如，若某信源在 1 s 内传送 1 200 个符号，且每一个符号的平均信息量为 1 bit，则该信源的信息速率 $R_b=$ 1 200 bit/s。

因为信息量与信号进制数 N 有关，因此，R_b 也与 N 有关。

③R_b 与 R_B 之间的关系

信息速率 R_b 与码元速率 R_B 在数值上存在一定的关系。在二进制码元系统中，每个码元含有 1 bit 的信息量。因此，信息速率与码元速率在数值上相等，只是单位不同。

在多进制码元系统中，每个码元所含有的信息量大于 1 bit。因此，码元传输速率与信息传输速率是不相等的。在 N 进制下，信息速率 R_b 与的码元速率 R_B 之间的关系为

$$R_b = R_B \log_2 N \tag{1-2}$$

(2)频带利用率

频带利用率是指单位频带内的传输速率。在比较不同通信系统的传输效率时，单看它们的传输速率是不够的，还应该看在这样的传输速率下所占的频带宽度。所以，用来衡量数字传输系统传输效率的指标应当是单位频带内的传输速率，单位是(bit/s)/Hz。

3. 通信网的可靠性指标

衡量数字通信系统可靠性的指标，可用信号在传输过程中出错的概率来表述，即用差错率来衡量。差错率越大，表明系统可靠性愈差。差错率通常有两种表示方法。

(1)码元差错率 P_e

码元差错率 P_e 简称误码率，是指发生差错的码元数在传输总码元数中所占的比例，更确切地说，误码率就是码元在传输系统中被传错的概率。用表达式可表示成：

$$R_e = \frac{\text{接收的错误码元数}}{\text{系统传输的总码元数}} \tag{1-3}$$

(2)信息差错率 P_{eb}

信息差错率 P_{eb} 简称误信率，或误比特率，是指发生差错的信息量在信息传输总量中所占的比例，或者说，它是码元的信息量在传输系统中被丢失的概率。用表达式可表示成：

$$P_{eb}=\frac{\text{接收的错误比特数}}{\text{系统传输的总比特数} } \tag{1-4}$$

(3)信号抖动

在数字通信系统中，信号抖动是指数字信号码相对于标准位置的随机偏移，其示意图如图 1-11 所示，图中实线为信号码标准位置，虚线表示实际信号码位置。信号抖动容易造成信号码元的误判。信号抖动程度与系统时钟性能、传输系统特性、信道质量及噪声等有关。

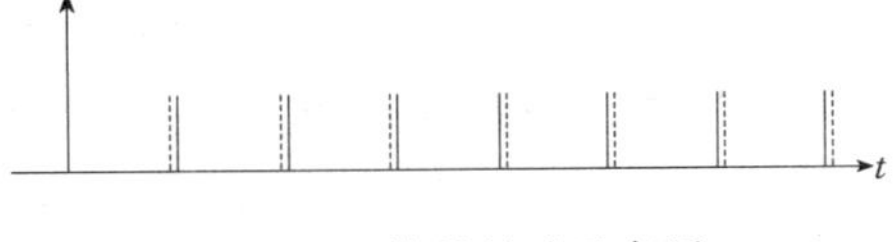

图 1-11　信号抖动示意图

误码率和信号抖动都直接反映了信号通过传输系统的损伤，反映系统的传输质量。显然，从通信的有效性和可靠性出发，希望单位频带的传输速率越大越好，误码率和抖动越小越好。

第五节　通信网的发展

一、通信网的发展过程

通信网日益成为现代社会的基础结构，人类的活动越来越多地依赖于通信网。通信网对人类社会发展的最重要贡献是，消除了通信用户之间在地理上的距离，解决了在全球范围内信息共享的难题。

人类通信从远古时代的烽火、旗语、信鸽、灯塔等作为主要的通信方式，直至今日传送电话、电报、视频等信息的电通信，已经有了几千年的历史。可以说，人类通信的革命性变化，是从把电作为信息载体后发生的。在技术和市场需求的双重驱动下，仅有一百多年历史的电信网发生了翻天覆地的巨变，取得了令人惊叹的辉煌成就。

通信技术的发展可分为三个阶段：第一阶段是语言和文字通信阶段，在这一阶段，通信方式简单、内容单一；第二阶段是电通信阶段，利用电磁波不仅可以传输文字，还可以传输语音，由此大大加快了通信的发展进程；第三阶段是电子信息通信阶段，也是通信技术高速发展的阶段。

通信技术发展史上非常值得纪念的事件和时间有：

1837 年，莫尔斯发明电报机并设计莫尔斯电报码。

1876 年，贝尔发明电话机，开创了人类话音通信的历史。

1895 年，马可尼发明无线电设备，开创了无线电通信发展的道路。

1946 年，世界上第一台电子计算机在美国研制成功，开创了一个科技新时代，也激发了电信领域又一次新的革命。

1958 年，世界上第一颗通信卫星上天。并于 1965 年开创了卫星商用通信的新时代。

1962 年，第一次跨大西洋的电视转播和传送多路电话试验。

1965 年，美国贝尔公司开通了世界第一部程控电话交换机。

1966 年，英籍华人高锟博士最早提出以玻璃纤维进行远距离激光通信的设想。

1970 年，美国康宁公司研制出第一根具有实际应用价值的光纤。

1970 年，法国开通了世界上第一部程控数字电话交换机。

1978 年，第一个模拟蜂窝移动通信系统在美国芝加哥试验获得成功，并于 1983 年正式投入商用,此即第一代移动通信系统。进入 80 年代后,数字蜂窝移动通信系统开发成功,此为第二代移动通信系统。

20 世纪 80 年代初,光纤通信技术达到实用阶段。目前,光纤通信已经成为现代通信网中最主要的信息传输手段。

进入 90 年代后,以 GSM 和 CDMA 为代表的数字蜂窝移动电话系统投入商用,移动电话业务以出人意料的速度迅猛增长,彻底改变了通信业务的格局。从进入到 21 世纪后,移动通信系统由第二代向第三代过渡。第三代移动通信系统(3G)与前两代的主要区别是在传输声音和数据速度上的提升,它能够在全球范围内更好地实现无缝漫游,并提供高速的语音、数据、视频等多种媒体业务。ITU 目前一共确定了全球三大 3G 标准,它们分别是 WCDMA、CDMA2000和 TD-SCDMA。

近年来,随着全球经济、政治、文化、科技等各个领域的交流日益活跃,对信息通信的需求持续增长,电子商务、电子政务、远程教育、远程医疗等社会信息化的浪潮风起云涌,各种需求大大推动了互联网(Internet)的普及和发展。

互联网起源于 20 世纪 60 年代美国国防部建设的世界上第一个计算机网络,1983 年为实现计算机通信而发明的 TCP/IP 技术进入实用领域,互联网进入快速发展与普及时期。今天的互联网在很大程度上改变或影响着人们的思想观念和生产生活方式。Internet 已经构成全球信息高速公路的雏形和未来信息社会的蓝图。

二、现代通信网技术的发展趋势

近年来,通信技术获得了飞速的发展,通信网正向智能化、个人化、标准化方向发展。随着电信业务和市场需求的变化,通信网技术仍将会发生重大变革,下面对现代通信网技术发展趋势作出预测。

(1)网络传输宽带化

随着信息技术的发展,用户对宽带新业务需求的迅速增加,对链路的传输带宽提出了更高的要求,因此无论是主干网还是接入网都应实现传输的宽带化。

(2)网络业务数据化

现代通信网络是以语音、图像、数据等为主要业务,分布在不同的网络中实现。随着网络宽带化的快速推进和下一代网络(NGN)的发展,以后的各种业务在网络中都可以统一划归为数据化业务,以数据通信的方式进行传送与处理。

(3)网络传输光纤化

鉴于光纤的巨大带宽、低成本和易维护等一系列优点,特别是波分复用(WDM)技术、自动交换光网络(ASON)等新技术的应用,传输系统的光纤化是通信网发展的主要趋势之一。

(4)网络接入多样化

网络接入向多样化的方向发展,如光纤接入网、铜线接入网、混合光纤同轴接入网及无线接入网、高速移动宽带接入和无线局域网等。

(5)网络交换分组化

所谓分组化趋势,目前主要是指 IP 化。IP 交换在下一代网络(NGN)中将成为主流。

(6)三网融合

所谓“三网融合”,是指电信网、广播电视网和计算通信网的相互渗透、互相兼容并逐步整合成为统一的通信网络。“三网融合”是为了实现网络资源的共享,避免低水平的重复建设,形成适应性广、易维护、费用低、高速率、频带宽的多媒体基础平台，向用户提供全方位的综合服务，是多业务、个性化服务的全面融合。

“三网融合”不仅是在物理上融合，而是在网络、内容、用户及业务上都要融合，其核心概念是业务应用上的融合，即在同一个网络上，可以同时开展语音、数据和视频等多种不同的业务，在网络层上实现互联互通，业务层上相互渗透和交叉。

(7)设备管理集中化

目前，我国的各种专业通信网都有各自的网络管理系统，存在着效率低、成本高的问题。网络的集中管理就是为了保证通信网络高效、可靠、安全运行，且建立成本最优化的管理系统，能够对不同地域的交换机等网络设备进行全面的、统一的网络管理。

(8)分布合理化

随着市场运营的规范发展及有序竞争，在网络资源分配上将更趋于合理。运营公司的资源可以相互使用，实现互联互通，避免重复建设。

(9)接口标准化

网络接口要符合国际、国内的相关标准。标准化是网络相互融合、相互开放的前提。在选用网络设备时，应充分考虑是否具备国际标准接口及开放兼容能力。

(10)个人化

所谓个人通信是指以个人为对象，通信到人而不是通信到终端设备。个人通信的每一个用户有一个属于自己的唯一号码。个人通信网的数据库，通过智能控制，随时跟踪并登记用户所在位置。个人通信用户能在通信网中的任何地理位置上，根据其通信要求选择任一移动的或固定的终端进行通信。个人通信的特点为：用户无约束的自由通信；具有安全、保密、确认等功能；可提供用户所预定的不同业务，为用户提供个性化服务。

纵观通信网的发展史，其实就是一部通信技术不断取得突破性进展的历史，也是市场需求不断推动通信网迅速发展的历史。通信技术的每一次重大进步，都给通信网的发展注入了新的活力。特别是随着微电子技术、计算机技术等相关技术的快速发展，极大地增强了通信网的综合通信能力。社会需求是通信网发展的根本动力。从单纯的符号、语音到综合的多媒体业务，从时空受限的固定通信到自由灵活的移动通信，从单一的通信功能到多样化的信息服务，都在推动通信网朝着更快速、更可靠、智能化程度更高的方向发展。

1. 通信、通信系统和通信网各是如何定义的？
2. 通信系统由哪几部分组成，各部分的作用是什么？
3. 通信网有哪些分类方法？
4. 构成通信网要素有哪些？
5. 通信网的主要拓扑结构有哪些？各有何特点？

第二章

交换技术与电话网

【学习目标】

1. 掌握电话通信网的概念、构成和分类；
2. 理解程控数字交换的基本原理；
3. 掌握程控数字交换机的软硬件组成；
4. 掌握程控数字交换机的呼叫接续过程；
5. 掌握现阶段我国电话通信网的结构；
6. 了解电话网路由选择的规则；
7. 了解我国电话网的编号计划；
8. 了解信号系统的概念及信号的分类方法；
9. 掌握综合业务数字网的概念及 ADSL 的接入方法；
10. 了解软交换的基本概念。

第一节 概 述

1876 年，美国人贝尔发明了电话，从此开创了电话通信的历史。随后，交换技术与交换设备的发展就成了电话通信发展的关键。到目前为止，电话交换技术已有百余年的历史，回顾其发展过程，经历了人工、机电自动式(以步进制和纵横制为代表)和电子式(以程控交换机为代表)三个阶段。

一、电话交换的基本概念

1. 人工交换

在人工交换机中，每个用户的电话机都通过一对用户线连到交换机面板上的一个塞孔，与该用户线对应，塞孔旁还有一个表示用户占用情况的信号灯(或其他表示装置)。话务员利用塞绳(电路)可将两个用户的塞孔连接起来，从而实现两个用户的通话。下面以共电交换机如图 2-1 为例介绍完成一次呼叫接续的简单过程。

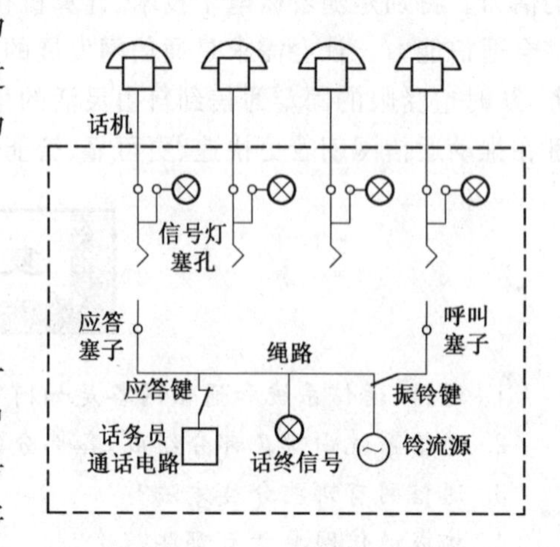

图 2-1 人工交换机示意图

(1)用户呼出

主叫用户摘机后，用户回路接通，使交换机上的用户信号灯亮。话务员发现灯亮后，寻找一条空闲的塞绳，把应答塞子插入主叫用户塞孔，并扳动应答键接入话务员通话电路，即可与主叫用户通话，询问主叫用户的请求。此时信号灯灭。

(2)主叫用户报出被叫用户号码

话务员应答后，主叫用户报出被叫用户号码，并由话务员的大脑记忆下来。

(3)检查被叫用户忙闲和向被叫用户振铃

话务员应检查(观察)被叫用户是否空闲，即其塞孔中是否已有塞子或信号灯亮。若空闲，则将塞绳的另一端即呼叫塞子插入被叫用户的塞孔，扳动振铃键，将铃流接通到被叫用户回路，向被叫用户振铃，振铃时被叫用户信号灯亮，并将主叫用户侧电路与振铃电路隔离。

(4)被叫用户应答通话

被叫用户摘机应答后，被叫信号灯灭，话务员发现后不再振铃。所有键复位，主叫与被叫用户由绳路供电并连接通话，通话期间不需话务员介入，只需监视用户何时挂机即可。

(5)话终拆线

任何一方挂机，相应的信号灯亮，话务员将塞绳从塞孔中抽出，就完成了拆线。

由上述内容可知，塞绳电路的作用是连接两个用户的通话电路，话务员的大脑具有分析判断及记忆功能，眼睛具有监视功能，手具有执行功能，即接续工作是在大脑控制下，通过眼睛的监视作用及手的操作，用塞绳完成的。

2. 自动交换

自动交换是由自动接续设备取代话务员而完成呼叫连接工作，下面以程控交换机为例介绍自动交换的概念。数字程控交换机的基本组成如图 2-2 所示，它是由用户接口电路、中继接口电路、交换网络、信号设备和控制系统这几部分组成的。其中控制系统包括硬件和软件两部分。各部分功能如下。

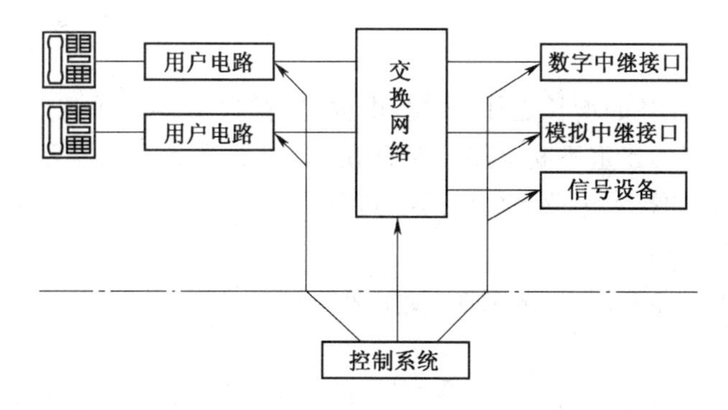

图 2-2　程控交换机的基本结构

(1)用户(接口)电路：用户接口电路是交换机与用户线的接口。

(2)中继接口电路：中继接口电路是交换机与中继线的接口。

(3)交换网络：交换网络用来完成任意两个用户之间，任意一个用户与任意一个中继接口电路之间，任意两个中继接口电路之间的连接。

(4)信号设备：用来接收与发送信号信息。

(5)控制系统：控制系统是程控交换机的控制中心，周期性地检测各个话路设备的状态信息，来确定各个设备应执行的动作，向各个设备发出驱动命令，协调各设备共同完成呼叫处理和维护管理任务。

对自动交换的呼叫接续过程简介如下：

(1)主叫用户呼出

主叫用户摘机后，其用户回路由断开变为闭合，处理机发现这一变化后，通过对该用户数据的分析，作好收号准备，并把信号电路中的拨号音通过交换网络发给用户。

(2)收号

主叫用户听到拨号音后，即可开始拨号，拨号号码由收号器接收并转发给处理机。

(3)检测被叫用户忙闲和向被叫用户振铃

在收齐被叫号码后，处理机检测被叫用户忙闲，若空闲则在交换网络中选择并预占一条可连通主、被叫用户的电路，然后发送振铃命令，向被叫用户送铃流，向主叫用户送回铃音。

(4)被叫用户应答通话

被叫用户应答时，其用户回路由断开变为闭合，处理机发现后，发出命令，切断铃流和回铃音，接通预占的网络通路，双方即可通话。

(5)话终拆线

话终用户挂机时，用户回路由闭合变为断开，处理机发现后，发出命令，拆除交换网络中的连接通路。

3. 对交换机的一般要求

无论是人工交换还是自动交换，对电话交换系统的一般要求可概括为如下几点：

(1)能随时发现用户的呼叫。

(2)能接收并保存主叫用户发送的被叫用户号码。

(3)能检测被叫用户忙闲并寻找相应的空闲通路。

(4)能向被叫用户振铃，发现被叫用户应答时立即接通主、被叫用户间的通话电路。

(5)能随时发现用户挂机并拆除连接通路。

二、交换技术分类

近年来，除了电话业务的增长之外，数据、电报、图像通信等非话业务也在迅速增长，并且在通信业务总量中所占的比重不断增加。因而适合于非话业务交换需要的交换技术也就应运而生了，即交换时采用的技术因业务性质的不同而异。

1. 按交换方式分类

交换技术可分为电路交换、报文交换、分组交换三种形式。

(1)电路交换

电路交换是传统的交换方式，已有100多年的历史，过去电报与电话业务一直使用这种方式。电路交换的特点是主叫与被叫通信期间自始至终要占用一条物理通道，即交换机将主、被叫用户之间的线路接通后，则连接这一对用户的有关交换设备和信道都专为这一对用户服务，且一直到双方通信结束为止。这种交换方式的优点是实时性好、传输时延小，可实现双向传输。缺点是通信量不均匀、高峰时建立通路比较困难、呼损率高，低谷时，甚至通信期间设备的利用率也很低。由于电话通信要求实时性高，且需要采用交互式工作，故电路交换方式最适合电话交换，当然，也可进行数据交换。

(2)报文交换

报文交换是伴随着数据通信业务的发展而产生的一种新的交换方式。其特点是交换机设有缓冲存储器，可把来自输入线路(连接用户或网中其他交换机的线路)的报文信息暂存于存储器中，必要时还可对信息进行一定的处理，等待输出线路空闲时，再将报文发送出去。这种方式的优点是可均匀信息流量，调剂线路忙闲，提高线路与设备的利用率，对用户来讲一般也不存在呼损问题。缺点是要求存储器容量较大，在忙时，报文传送过程中常常要排队等候，故而实时性较差，不能用于会话和实时性要求高的场合，公用电报网常采用此种交换方式。

报文由标题(报头)、正文、报尾三部分组成，标题包括收、发地址和其他辅助信息，正文是信息内容，报尾用来表示一个报文的结束。报文交换也称为信息交换。

(3)分组交换

分组交换与报文交换相类似，但交换时不是将一个完整的报文一次传送完毕，而是先将一个报文分成若干个报文组(可称包)作为存储转发的单位，每个报文组中要加上编号、地址和校验码等。报文组在各节点(交换机)传送比较灵活，各报文组可选不同路径，只要到达同一目的地，再按原来的分组编号重新装配在一起即可得到原报文信息，分组交换方式具有较强的检错和纠错功能，故可靠性高；报文组存储转发时间短，所以实时性较好，也可用于某些会话型场合。此外，分组交换对各节点的存储器容量要求较低。当然，在进行分组时由于每组都要加上地址和其他控制信息，故增加了信码的冗余量，在进行报文的分解与装配时，也增加了处理时间与系统的复杂性。由于分组交换的优点，使其在数据交换与处理系统中，特别是在组建计算机通信网时得到了广泛应用。分组交换也称为包交换。

在分组交换的基础上，又出现了帧中继，帧中继是一种快速分组交换技术，它适用在多点间传送与交换大量数据。

帧中继采用统计时分多路复用(STDM)技术，并定义通过网络的虚电路(VC)、永久虚电路(PVC)和交换虚电路(SVC)，其传输带宽只在有实际数据需要传输时才进行分配，即在以分组为单位的基础上进行分配。当某个连接所要求的带宽暂时超出允许带宽范围时，交换机就将到来的数据暂存于缓存器等待以后发送。与分组交换的区别是帧中继将网络协议的纠错和控制从网络移至终端系统，网络的主要功能在于确定路由和发送分组。由于简化了控制部分，故帧中继的数据传输速度较分组交换更快。

2. 按交换速率分类

按交换速率来分，可有同步交换与异步交换两种。在这里我们仅介绍同步时分交换和异步时分交换的概念。

(1)同步时分交换

目前使用较多的电路交换方式，是按一定周期分配的时隙内依次插入固定数目的比特信息，以实现信息的多路交换(通信)，且以帧信号为基准识别呼叫信号。因帧周期必须一定，故只能以某个速率的整数倍进行通信，而不能根据信息的需要任意设定速率。例如，64 kbit/s 的电路每 125 μs 分配 1 个字节的时隙，384 kbit/s 的电路每 125 μs 分配 6 个字节的时隙等。按固定速率对信息进行交换则称为同步交换。

(2)异步时分交换

不同业务对通信速率的要求差异很大，例如电视信息要求速率为 34 Mbit/s 或 140 Mbit/s，数据通信要求速率为 300 bit/s 至 100 Mbit/s 或更高，话音信息要求速率为 64 kbit/s，用户电报要求速率为 50～300 bit/s 等。使用固定速率交换的同步时分交换方式显然不能满足多种业务对不同速率的要求，因而出现了异步时分交换。异步时分交换也称为异步转移模式(ATM)。

异步时分交换的“异步”与通常所指的异步传输概念完全不同，这一点需要读者尤其注意，它是从速率(时间分隔)的角度来定义的。异步时分交换把信息分为若干个信元，以信元为单位对信息进行交换。每个信元长 53 个字节，其中前 5 个称为信头，用以表示这个信元的收、发地点及类型等。后 48 个字节是有效信息。可见信元的标记与分组交换的分组标记方法是一样的。异步时分交换可看作是电路交换和分组交换的结合，它既可满足信息交换的实时性要求，又可满足不同业务信息动态使用信道的需要，即根据信息的速率高低决定信元的传送频度。异步时分交换可满足宽带综合业务数字网(B-ISDN)的需要。

第二节　数字交换原理

一、数字交换的基本概念

在数字通信基础上发展起来的数字程控交换系统，其交换网络交换的信号是数字信号，连接的线路是时分复用 PCM 线路。数字交换是一种新的交换方式，进行交换的每个话路(用户)在一条公共的导线上占有一个指定的时隙，其信息(二进制编码的数字信号)在这个时隙内传送，多个话路的时隙按一定次序排列，沿这条公共导线传送。

1. 时隙交换的基本概念

如果要将数字链路上的第 1 路和第 5 路进行交换，即把第 1 路传送的信息 a 交换到第 5 路去，就必须把时隙 TS_1 的内容 a 通过数字交换网送到时隙 TS_5 中去，如图 2-3 所示。

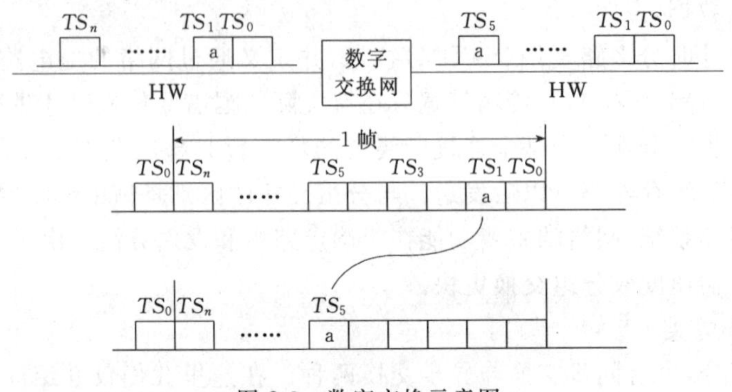

图 2-3　数字交换示意图

确切地说，数字交换的实质是时隙内容的交换。也可以说，数字交换是通过改变信息排队的顺序来实现的。如原来第 1 路的信息 a 排行第 1，通过数字交换网变为排行第 5，占用第 5 个时隙，从而实现了从第 1 路到第 5 路的交换。

这里需要注意的是，当 TS_1 到来时，TS_1 的内容需要等待一段时间(这里的等待时间是 $4\times3.9=15.6\ \mu s$)，等到 TS_5 到达时，才能将信息 a 在 TS_5 送出去。等待时间的长短，视交换时隙的位置而定，但最长不得超过一帧的时间(125 μs)。否则，下一帧 TS_1 的新内容又要到达输入端，而前一个信息尚未送出，这样就会把原来的信息覆盖而产生漏码。

当然，第 1 路与第 5 路的交换，不仅第 1 路发第 5 路能收到，第 5 路发第 1 路也应当能收到，这样两路间才能通话。图 2-4 是实现双向数字交换的示意图，从图中可以看出两个时隙的内容是如何进行交换的。

在图 2-4 中，TS_5 所传送的信息 b 不可能在同一帧的时间内交换至 TS_1 去，原因很明显，因为 TS_5 到来时，同一帧的 TS_1 已经过去，所以 TS_5(第 n 帧)中的信息，必须在下一帧(第 $n+1$ 帧)的 TS_1 到来时，才能传送出去，这样就完成了从 TS_1 到 TS_5 和从 TS_5 到 TS_1 的信息交换。从数字交换内部来看，建立了 $TS_1\sim TS_5$ 和 $TS_5\sim TS_1$ 两条通路，也就是说，数字交换的特点是单向的，要完成双向通话，就必须建立两个通路(一来一去)，即四线交换。

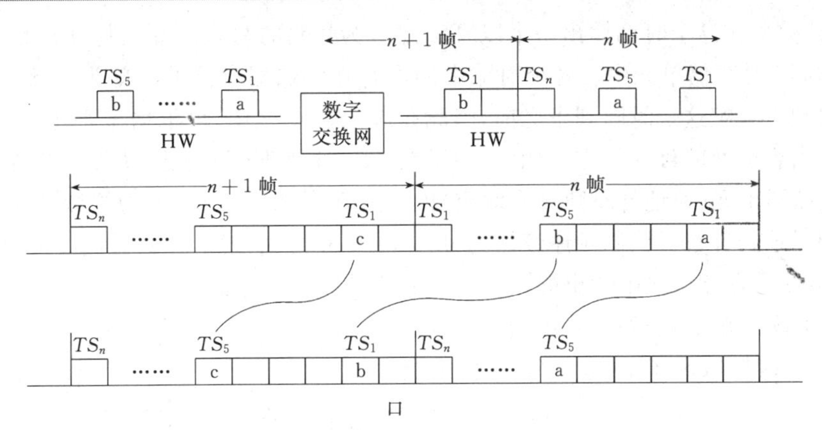

图 2-4　双向数字交换示意图

怎样实现时隙内容的交换呢？这是初学者急于了解的问题，从时隙交换的概念可以看出，当输入端某时隙 TS_i 的信息要交换到输出端的某个时隙 TS_j 时，TS_i 时隙的内容需要在一个地方暂存一下，等 TS_j 时隙到来时，再把它取出来，就可以实现从 TS_i 至 TS_j 的交换了。

二、数字交换网络的基本电路

程控数字交换机的交换功能主要是由数字交换网络完成的。数字交换网络由若干个基本交换单元构成，交换单元主要有 T 型接线器和 S 型接线器等。

1. T 型接线器

T 型接线器的功能是进行时隙交换，即将某一时隙的信息交换到另一时隙中去。在组成数字交换网时，T 型接线器称作时分接线器，简写为 TSW。

从时分交换的基本概念可知，时隙交换的实质是时隙内容的交换。假如要把某一时隙的内容交换到另一时隙中去，只要在这个时隙到来时，把它的内容先存下来，等另一时隙到来时把它取走就可以了，通过一存一取，即可实现时隙内容的交换。时隙内容是数字化了的话音信号或数据，即二进制编码，而能对二进制信息进行存/取，最方便和最经济的器件是随机存储器 RAM。因此可以想象，只要能在某一时隙到来时，把它的内容存放到 RAM 中，而另一时隙到来时，把它从 RAM 中取出，就可以实现两个不同时隙的信息交换了。

实际的时分接线器主要由两个存储器组成，如图 2-5 所示，其中之一用来暂存话音信息，称为数据存储器 DM；另一个用于对数据存储器进行读(写)控制，称为接续控制存储器，简称控制存储器，缩写为 CM。

为了便于说明，假定交换是在 PCM 一次群的 32 个时隙之间进行的。

因为要交换的路数是 32，为了进行交换，每个时隙的内容都要有一个地方存放，所以数据存储器需要 32 个存储单元，每个单元可存放 8 位二进制码。数据存储器的地址，按时隙的序号排列，从 0 到 31。控制存储器的单元数与数据存储器一样，也是 32 个，地址序号也按 0 到 31 编排，但其所存储的内容是数据存储器的读出地址，因此其字长由数据存储器的单元数确定。在所举的这个例子中，数据存储器的单元数为 32，故控制存储器的字长为 5($2^5=32$)。

这里，数据存储器的写入与控制存储器的读出，受同一地址计数器控制，地址计数器与输入的时隙同步。地址计数器有时也称为时钟计数信号。

根据前述原理，要进行交换，首先要把输入各时隙的内容(数字编码)依次存入数据存储器之中，由地址计数器的输出控制写入。因为地址计数器与输入的时隙同步，故当 TS_i 时隙到来时，地址计数器在这个时刻输出一个以 TS_i 序号为号码的写入地址 i，将 TS_i 的内容写入数据存储器的第 i 号存储单元中。各个时隙中的内容在存储器存储的时间为 125 μs（一帧的时间），即保留到下一帧这一时隙到来之前，因此在这 125 μs 之中，可根据需要在任一时隙读出，以达到时隙内容交换的目的。在本例中，为了在 TS_j 时刻把 a 读出去，需要预先在控制存储器的第 j 号存储器单元（地址与时隙序号对应）内写入 TS_i 的序号 i。因为接续控制存储器的读出也是由同一地址计数器控制顺序读出的，所以在 TS_j 时刻，地址计数器把读出地址 j 送给控制存储器，从 j 号存储单元中读出的内容为 i，它作为数据存储器的读出地址送往数据存储器，从 i 号单元中读出在 TS_i 时刻写入的内容 a，这样就实现了从时隙 TS_i 至时隙 TS_j 内容的交换。

从上述说明可以看出，实现交换的关键是地址计数器要和输入时隙严格同步，即当 PCM 输入某个时隙到来时，一定要送出对应这个时隙的地址。

在图 2-5 中也指出了时隙 TS_j 的内容 b 交换至 TS_i 的过程，其中数据存储器的第 j 号单元在 TS_j 时刻将信息 b 写入，而在下一帧的 TS_i 时刻读出。

数据存储器每次只存储一帧的数字信息，每次正常通话约占用上百万帧。在此期间通路一经建立（即控制存储器的有关单元中写入相应的信息），发送时隙的内容将周期地一帧一帧写入到数据存储器中，并在 125 μs（一帧时间）之内读出，保留 125 μs 后被重新改写，这样多次重复循环，直到通话结束。

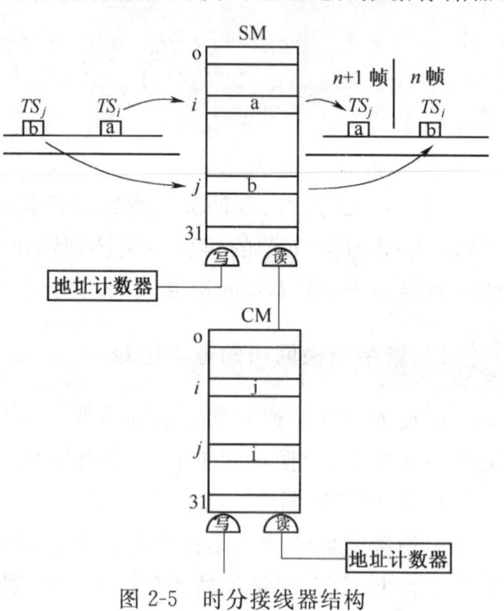

图 2-5　时分接线器结构

2. S 型接线器

S 型接线器称为空间型时分接线器，简称空间接线器。S 型接线器与传统的空分接线器有很大区别，传统的空分接线器的接点一旦接通，在通路接续状态不改变的情况下总是要保持相对较长的一段时间，而 S 型接线器是以时分方式工作的，其接点在一帧内就要断开、闭合多次。

S 型接线器的功能是用来完成不同时分复用线之间的交换，而不改变时隙位置。

S 型接线器由交叉点矩阵和控制存储器组成，如图 2-6 所示。根据控制存储器的配置情况，S 型接线器可有按入线配置控制存储器和按出线配置控制存储器两种方式。

S 型接线器的交叉点矩阵由电子电路实现，用来完成通路的建立，各交叉点在哪些时隙闭合，哪些时隙断开，完全取决于控制存储器，控制存储器采用由处理机控制写入、顺序读出的工作方式。图 2-6 采用 4×4 交叉点矩阵，所以，每个控制存储器控制的交叉接点有 4 个，故每个存储单元只要 2bit 就够了。假设每条时分线上的时隙数是 32 个，下面来分析 S 型接线器的工作原理。

图 2-6(a)是采用按入线配置控存的 S 型接线器，为每条入线配置一个控制存储器，控制存储器各存储单元的内容表示在相应时隙该条入线要接通的出线的号码。假设处理机根据链路选择结果在控制存储器各单元写入了如图所示的内容，当控制存储器受时钟控制而按顺序读

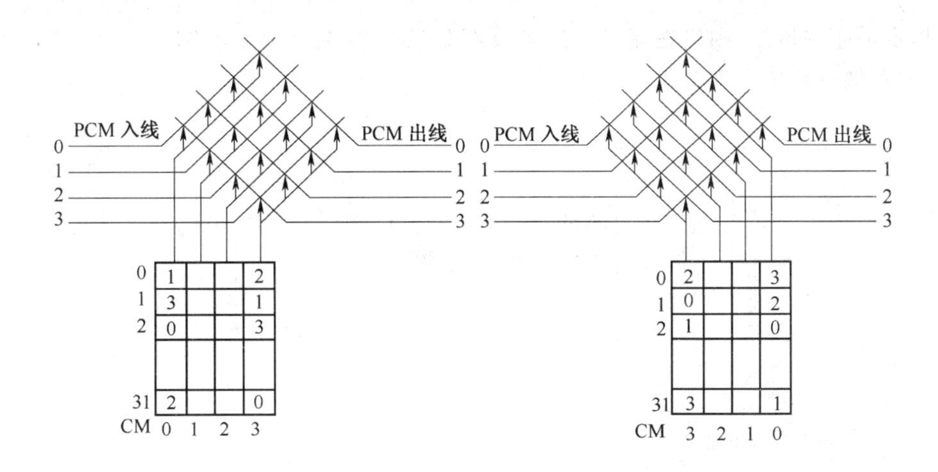

(a) 按入线配置控存　　(b) 按出线配置控存

图 2-6　S 型接线器的组成

出时，接续情况如下：

0 号控制存储器的 0 号单元内容为 1，1 号单元内容为 3，2 号单元内容为 0，31 号单元内容为 2，表示 0 号入线在 TS_0、TS_1、TS_2、TS_{31} 分别与 1 号、3 号、0 号、2 号出线接通。3 号控制存储器的 0 号单元内容为 2，1 号单元内容为 1，2 号单元内容为 3，31 号单元内容为 0，表示 3 号入线在 TS_0、TS_1、TS_2、TS_{31} 分别与 2 号、1 号、3 号、0 号出线接通。图 2-6(b)是采用按出线配置控存的 S 型接线器，为每条出线配置一个控制存储器。

3. 空时结合的交换单元

T 型接线器可完成一条时分复用线上的时隙交换，而 S 型接线器能完成同一时隙复用线间的交换。因此，由 T 型和 S 型接线器进行组合可构成容量较大的数字交换网络。事实上，目前应用的大多数程控交换机的数字交换网络就是由 T 型和 S 型接线器组合而成的。此外，有些程控交换机(例如 S1240)的数字交换网络则是由若干个具有空时结合交换功能的数字交换单元而构成，即每一接线器单元兼具时间与空间交换功能，相当于 T 型与 S 型接线器的组合。

(1)空时结合交换单元的组成

空时结合交换单元的组成如图 2-7 所示，它对外具有 16 个交换端口，可连接 16 条具有 32 个话路(时隙)的 PCM 链路。每个端口都具有发送部分(T)和接收部分(R)，配有相应的发送电路和接收电路。16 个交换端口之间通过并行时分复用(TDM)总线相连，并行时分复用总线包括数据总线、端口总线、话路(时隙)总线、控制总线等。各交换端口之间可进行时空交换，即任一端口接收部分 32 个话路中任一话路，可通过时分复用总线接通任一端口发送部分 32 个话路中任一话路，故此处的空时结合交换单元可完成 512 个输入话路和 512 个输出话路之间的交换，相当于一个 512×512 的全利用度接线器。除 16 个交换端口之外，空时交换单元还具有时钟选择电路，它可从两个 8M 系统时钟信号 A 和 B 中选择一个，并向端口提供所需的各种定时信号，如图 2-8 所示。

(2)空时结合交换单元的工作原理

为了说明空时交换单元的工作原理，假设端口 3 的话路 12 要与端口 6 的话路 18 建立接续，即将由端口 3 话路 12 接收的信息在端口 6 的话路 18 发送出去(此处的话路即时隙)。为了完成指定话路的接续，则应在端口 3 的接收部分(R3)的端口 RAM 和话路 RAM 中对应于话路 12 的存储单元中分别写入 6 和 18。

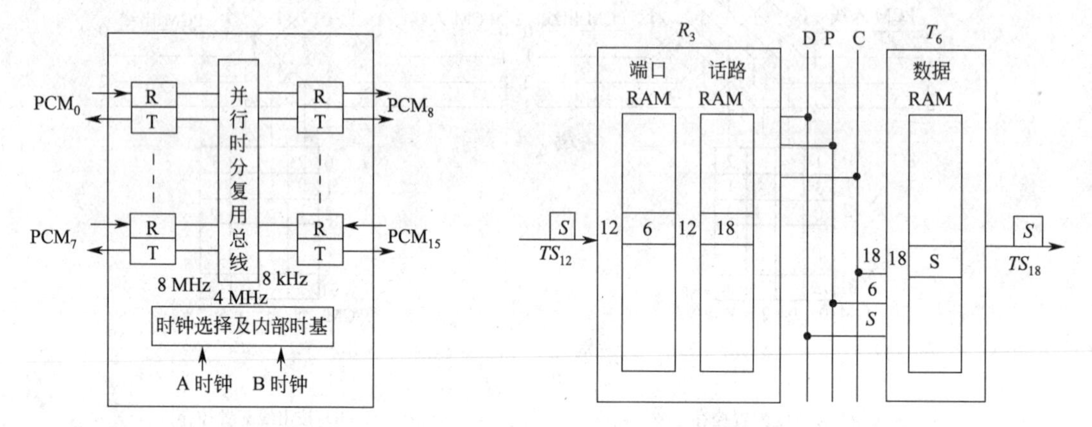

图 2-7　空时结合交换单元的组成　　　　图 2-8　空时结合交换单元的接续

当 TS_{12} 到来时，从 R_3 的端口 RAM 中取出 12 号存储单元的端口号码 6，置于端口总线 P，并从话路 RAM 中取出 12 号存储单元的话路号码 18，置于话路总线 C。每个时隙到来时，各端口对端口总线上的端口号码进行识别，端口 6 发现是自身的号码，就将话路总线上的话路号码 18 接收下来。

TS_{12} 中的话音或数据信息 S 经 R_3 置于数据总线 D，于是端口 6 就将 S 存入其数据 RAM 中(对应于话路 18)的 18 号存储单元中，当 TS_{18} 到来时，从数据 RAM 中取出 S 并予以发送，从而完成了所需的接续任务。

第三节　程控交换机的组成

一、程控交换机的控制方式

程控交换机的控制系统是交换机智能化程度最高的部分，其硬件由处理机组成，按处理机配备方式的不同，可分为集中控制和分散控制两类。

1. 集中控制

如果交换机的全部控制工作均由一台处理机(中央处理机)来承担，即交换机仅配备一台(对)处理机，则称这种控制方式为集中控制，早期的程控交换机多采用这种控制方式。

集中控制方式的优点是处理机对整个交换机的工作状态有全面的了解，程序是一个整体，故修改调试较容易；缺点是软件庞大，所有处理工作事无巨细均由同一处理机完成，故处理机负担太重，系统比较脆弱。

2. 分散控制

分散控制又可分为分级控制和全分散控制两种。

(1)分级控制

为了减轻中央处理机的负担，在程控交换机中配备若干个区域处理机(通常是微处理机)来完成监视用户线、中继线状态及接收拨号脉冲等比较简单而频繁的工作，而中央处理机仅负责智能化程度较高的控制工作，从而使程控交换机在处理机配备上构成两级或两级以上的结构，称为分级控制方式。

分级控制方式的优点是由于区域处理机的设立而减少了中央处理机的工作量，降低了对中央处理机的要求，系统的可靠性也较集中控制方式高。

(2)全分散控制

全分散控制方式的特点是在程控交换机中取消了中央处理机，在终端设备的接口部分配置微处理机来完成信号控制(如用户摘、挂机和拨号脉冲识别等)及网络控制(通路选择与接续)功能，设立专用微处理机来完成呼叫控制功能。

全分散控制的优点是处理机发生故障时影响面小，处理机数量可随交换机容量平滑地增长；缺点是处理机数量多，故处理机之间通信较频繁，降低了处理机的呼叫处理能力和交换网络的有效信息通过能力。全分散控制也称分布控制。

二、分级控制程控数字交换机

分级控制程控数字交换机与其他交换机一样也是由话路系统和控制系统两大部分组成，如图 2-9 所示。话路系统包括用户级话路设备、数字交换网络、各种中继电路、信号设备等。控制系统包括呼叫处理机、管理维护处理机和用于用户级话路设备控制的用户处理机等。

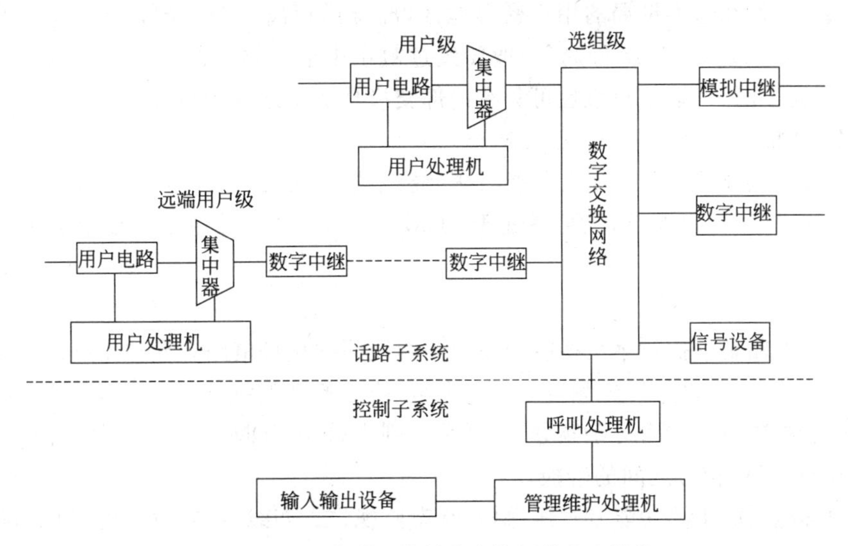

图 2-9　分级控制程控数字交换机的基本结构

1. 数字交换网络

数字交换网络是话路系统的核心，需要建立连接关系的其他话路设备，如用户设备、中继设备、信号设备等都要终接在数字交换网络上。数字交换网络在呼叫处理机控制下可建立任意两个终端(用户电路、中继电路和信号电路等)之间的连接。数字交换网络以时分方式工作，且交换的只能是数字信号。因数字交换网络可完成不同用户组(群)、中继组之间的交换，故也称为选组级交换网络。

2. 用户级话路设备

用户级话路设备由若干个用户电路和集中(线)器组成，受用户处理机的控制完成接口配合与话务集中工作。当用户级设备与母局设备装在一起时，称局端(本地)用户级。当用户级设备装在远离母局的地方时，称为远端用户级。

(1)用户电路

用户电路根据所连接的终端类型可有模拟用户电路与数字用户电路两种，模拟用户电路应具有馈电、回路监视、保护、振铃、二/四线转换与数模转换等功能，以适应交换网络的要求。数字用户电路主要完成馈电、监视、过压保护、电平调整、同步、复用/分路、码型变换等功能，为用户提供 2B+D 通道（B 通道是速率为 64 kbit/s 的通道，可传递话音数字信息或计算机数据信息；D 通道是速率为 16 kbit/s 的通道，它用来传送控制信号）。

(2)集中器

由于每个用户的话务量很低，故若将每个用户电路直接接到数字交换网络时，对网络端子的需求量很大，且网络的利用率也相应会很低，为了提高网络设备的利用率，常采用集中器。

集中器用以实现话务集中功能，即将一群用户线经集中器后接出较少的(PCM)链路连到数字交换网络（选组级）。集中器的入线与出线数量（指通道数量）的比值称为集中系数，集中系数的大小应根据每条用户线的平均话务量来确定。集中器可用一个小型的时分接线器，受用户处理机控制，完成多个用户共用少数链路的任务。有些交换机的集中器兼具内部交换功能，本组（群）用户之间的通信连接在集中器内完成，而不经过选组级交换网络，故减轻了选组级交换网络的负荷，这种安排更为合理，在这种情况下，也称其为用户级交换网络。

(3)远端用户集中器

远端用户级设在远离母局的用户密集地区，离母局距离一般不超过 100 km，其功能与局内用户级相似，不过由于远离母局，一般要经过数字中继电路才能接入母局的选组级交换网络。此外，当需要时，远端用户级也可具有内部交换功能。远端用户级也称为远端用户模块。

3. 数字中继

数字中继是程控数字交换机与数字中继线之间的接口电路，它可以适配于一次群 PCM30/32 和 PCM24 路系统，又可适配于 PCM 二次群系统，其主要功能是码型变换、同步、信号控制等。

4. 模拟中继

模拟中继电路是程控数字交换机与模拟中继线间的接口电路。模拟中继线可以是传送音频信号的实回线，也可以是传送频分复用(FDM)信号的载波线路。对于音频信号，要在模拟中继电路中进行数/模转换；对于频分复用信号，则常采用 FDM-TDM（时分复用）技术直接完成载波信号与 PCM 信号之间的转换。

模拟中继电路的主要功能有过压保护、状态监视、二/四线转换、编译码、测试等。此外，由于中继线话务量高（利用率高），故不需要再进行话务集中。

模拟中继目前已很少采用。

5. 信号设备

这里所讲的信号设备仅限于音频信号的产生与接收两部分。

信号音发生器产生交换机工作时所需要的各种音频信号。这些信号可分为单频、双频和语音通知信号等三类。单频信号是由交换机送给用户，用以和用户进行“对话”的信号音，其种类有很多，例如拨号音、回铃音、忙音及通知音等；双频信号主要是通过中继线发往对方交换机，用于交换机之间的“对话”，作为接续过程中与对方交换机沟通与配合的工具；语音通知信号则用来对用户进行辅导，指导用户正确操作和使用电话机以及将交换设备工作状态通知用户，以提高交换设备使用效率。

发往中继线的双频信号有两种情况，当本局出中继电路经中继线连到对方局的入中继电路（选组级）时，应发送多频互控(MFC)信号；当连至对方局的用户电路时，应发送双音多频(DTMF)信号。

程控数字交换机对于用户拨号数字的接收有两种方式。对于拨号直流脉冲，由处理机通过扫描器监视用户电路的状态变化来识别；对 DTMF 信号，则需专门的收号器来接收。与局间双频信号的发送类似，视中继线连接方式的不同，程控数字交换机接收的双频信号也有 MFC 和 DTMF 两种。

MFC 和 DTMF 都是以某两个频率的信号组合来代表一个具体的数字，它们在话音频带内，故可通过话路传送。接收器能够识别信号的频率值从而判明其代表的数字，并以二进制数字的形式送往处理机。MFC 和 DTMF 的区别是 MFC 是从一组音频信号中任取两个代表一个数字或某种特定含义；而 DTMF 是从两组音频信号的每一组中各取一个代表一个数字。

MFC 和 DTMF 所取的频率是不同的，故这两种信号要分别设置专门的接收电路。需要指出的是：信号设备与数字交换网络直接相连，工作在数字环境下，故其产生、接收、发送的均为数字化的信号。此外，信号设备中的任何电路与话路（包括用户电路与中继电路）的连接一般均经过数字交换网络才能建立通路。

6. 用户处理机

用户处理机是用户级的控制部分，其主要功能是完成对用户电路的扫描与驱动，控制集中器通路的连接与释放，向呼叫处理机报告信息，从呼叫处理机接收指令。

扫描的任务是监视各种话路设备的状态，并定时提供给用户处理机，对用户电路的扫描称为用户扫描，对中继电路、信号电路等电路的扫描称为中继扫描。处理机应定时执行扫描程序。回路的状态只有通和断两种，因此可用一位二进制码表示，例如用 0 代表通，1 代表断（反之亦可）。处理机读取表示回路状态的逻辑信号 0 或 1，就能判断电路状态，作出相应处理。

驱动的基本功能是根据处理机发出的指令，控制有关话路设备的动作，使相关电路建立连接或释放。

扫描电路和驱动电路与处理机之间都设有信息缓存器，以解决速度的差异。

7. 呼叫处理机

呼叫处理机是完成呼叫接续工作的控制核心，其主要功能是接收来自用户处理机及其他设备如收号器等的报告，进行有关数据的分析并作出处理决定，向用户处理机等设备发出命令，完成对通路的选择及对选组级交换网络的控制。

8. 管理维护处理机

管理维护处理机主要完成对系统资源的管理，与输入输出设备相连完成人—机通信，实现管理与维护功能。

用户、呼叫、管理维护处理机都设有相应的存储器，且在有些情况下呼叫处理与维护管理可合用一台（对）处理机，称中央处理机，使之兼具呼叫处理、系统管理、人—机通信和系统维护等功能。

三、全分散控制程控数字交换机

全分散控制是一种先进的控制方式，S1240 就是全分散控制交换机的典型代表，它采用以数字交换网络（DSN）为核心，各种终端模块和辅助控制单元为外围电路的蟹式结构。从提高可靠性出发，这种交换系统去掉了功能集中的中央处理机，只保留了功能相对弱化的辅助控制单元 ACE，而把它所承担的大部分控制功能分散到各个模块（终端）的控制单元 TCE 之中，这样处理机的故障将只影响它所管的那一部分设备的运行，而不会影响全局。国内不少机型也采用这种设计思想，但做了较大改进。S1240 程控数字交换机的系统结构如图 2-10 所示。

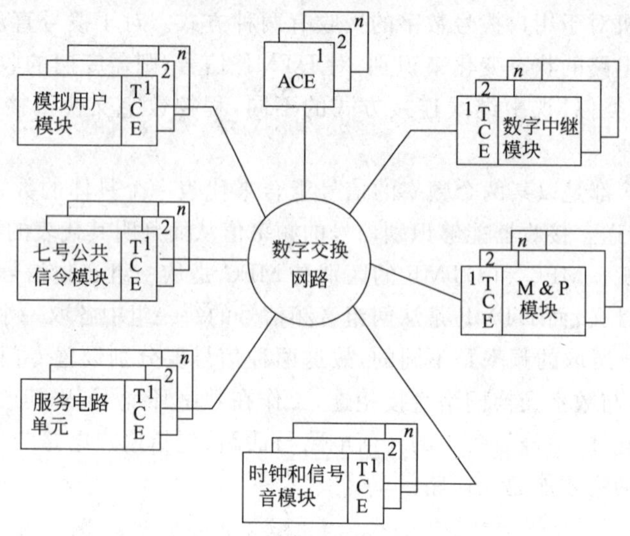

图 2-10　S1240 程控数字交换机的系统结构

四、软件分系统

程控交换机的软件分系统由程序与数据两部分构成。从运行情况看，又可分为运行软件和支援软件两大类。

1. 运行软件

运行软件驻存在计算机的存储器内，按其功能与操作特点可分为操作系统与应用程序两大类，而操作系统与应用程序又包括若干个子系统。

(1)操作系统

操作系统是处理机硬件与应用程序之间的接口，用来对系统中的所有软硬件资源进行管理。程控交换机应配置实时操作系统，以便有效地管理资源和支持应用软件的执行。操作系统主要具有任务调度、通信控制、存储器管理、时间管理、系统安全和恢复等功能。

(2)应用程序

应用程序系统通常包括呼叫处理程序、维护和管理程序。呼叫处理程序主要用来完成呼叫处理功能，包括呼叫的建立、监视、释放和各种新业务的处理。在一次呼叫过程中，要监视主叫用户摘机，接收用户拨号数字，进行号码分析，接通通话双方，监视双方状态，直到双方用户全部挂机为止。维护和管理程序的主要作用是对交换机的运行状况进行维护和管理，包括及时发现和排除交换机软硬件系统的故障，进行计费管理，管理交换机运行时所需的数据，对设备配置和电路功能进行调整，统计话务数据等功能。

2. 支援程序

支援程序又称为脱机程序，这是为了提高程控交换机软件的设计、生产、维护质量而配备的支援性软件系统。

3. 数据

在程控数字交换机中，所有有关交换机的信息都是通过数据来描述的，如交换机的硬件配置、使用环境、编号方案、用户当前状态、资源（如中继、路由等）的当前状态、接续路由地址等。根据信息存在的时间特性，数据可分为半固定数据和暂时性数据两类。

半固定数据用来描述静态信息，它有两种类型：一种是与每个用户有关的数据，称为用户数据；另一种是与整个交换局有关的数据，称为局数据。这些数据在安装时一经确定，一般较少变动，因此也叫做半固定数据。半固定数据可由操作人员输入一定格式的命令加以修改。

暂时性数据用来描述交换机的动态信息，这类数据随着每次呼叫的建立过程不断产生变化，呼叫接续完成后也就没有保存的必要了，如忙闲信息表、事件登记表等。

五、程控交换机的终端设备

1. 电话机

通信就是信息的传递。最简单的通信就是人与人的对话，声音通过空气传递给对方。通信的种类繁多，在过去的100余年来，电话通信是应用最广泛和最重要的通信方式。

电话机是电话通信网的终端设备，故也称电话(用户)终端。电话机的作用就是将人们所说的话音(电流)通过导线传送到对方，使收发双方进行即时的交流。因此，电话机的功能就是完成话音与电信号之间的转换。

电话机有磁石式电话机、共电式电话机和自动电话机。

(1)电话传输频带

经研究，人类话音频率范围是80～8 000 Hz，其中的低频部分包含能量较多，而话音频谱的高频部分对清晰度比较重要。特别是1 000～3 000 Hz是保证清晰度必须传输的部分。选用的电话传输频带，既要保证一定的能量，又要兼顾清晰度，故最初电话传输频带确定为300～2 700 Hz。随着通信技术的不断发展和社会生活的实际需要，电话用户对电话通信中的“逼真度”的要求越来越高，以使其具有足够好的音色。实验证明，电话频谱中2 500 Hz以上频率虽然对清晰度作用不大，但对音色的表现十分重要，现代通信电话传输频带规定为300～3 400 Hz。

(2)电话机的部件

下面简单介绍双音频按键式电话机的结构特点及工作原理。按键电话机的电路框图如图2-11所示。

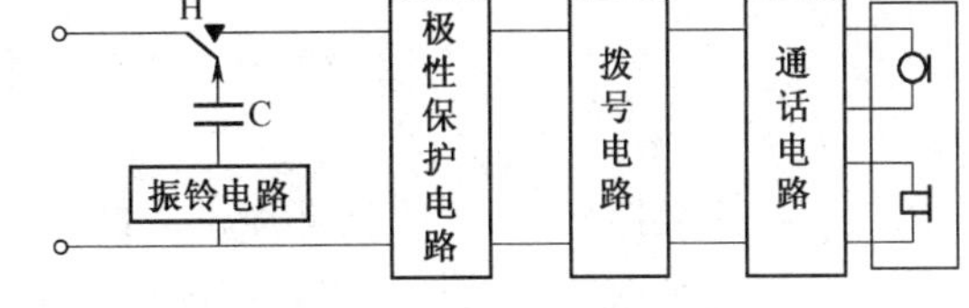

图2-11 按键电话机的电路框图

①叉簧开关H

叉簧开关H的主要作用是转换振铃电路和通话电路。挂机时将电话机的振铃电路和外线连接，摘机时断开振铃电路，将通话电路接在外线上。

②振铃电路

按键式电话机的振铃电路，多数采用音频振铃器或称之为电子铃的电路。它把来自交换机的交流铃流滤波转换变为28 V左右直流电压后，使用振铃集成电路及外围电子器件组成的音频振荡器振荡，经电/声转换，在扬声器内发出悦耳动听的铃声。

③极性保护电路

极性保护电路的主要作用，是把电话a/b、b/a线上不确定的电压变成极性固定的电压，以确保发号电路和通话电路所要求的电源极性。

④拨号电路

拨号电路又称发号电路，它是由发号专用集成电路、键盘(按键板)和外围电路组成。它可以把键盘输入的号码转换成相应的直流脉冲(P)或双音频信号(T)送到线路上。

⑤通话电路

随着电子技术的发展，通话集成电路已在通话电路中得到广泛的应用。通话电路由集成电路和其他电子元器件构成。

⑥送话器和受话器

送话器的作用是完成声/电转换，把语音信号转换成能在电话线上传送的电信号；受话器的作用是完成电/声转换，是把语音电信号转换成声音。

不管是何种电话机，作为通信的终端设备都应该由三个基本部分组成。转换设备：也就是叉簧。信号设备：包括发信设备和收信设备，发信设备即用户通过号盘或键盘发出被叫用户的号码或其他信息；收信设备的任务就是接收交换机送来的铃流电流，通过话机中的电铃或扬声器发出振铃声。通话设备：由送话器、受话器及相关电路组成。

2. 传真机

传真机是应用扫描技术，把固定的图像（包括相片、文字、图表等）转换成电信号再进行收发的终端设备。

随着多种业务的发展，只能传送语音信号的电话机显得十分单调，人们需要实现更多种类的通信就必须有新的设备。传真机就能实现文字、图表、图像的通信。传真是 facsimile(fax)的译名，本意是“按原稿进行摹写，复印”。传真是把记录在纸上的文字、图表、图像等通过扫描从发送端传输出去，再在接收端的记录纸上重现的通信手段。也就是说，传真通信实际是一种传送静止图像的“记录通信”，有人把它称为“远程复印”。

传真通信是使用传真机，借助通信网或其他通信线路传送图片、文字等信息，并在接收方获得发送原件副本的一种通信方式。传真通信是现代图像通信的重要组成部分，它是目前采用公用电话网传送并记录图文真迹的方法，获得了广泛的应用。

自 20 世纪 60 年代以来，随着经济的发展和科学的进步，许多国家的邮电通信部门相继允许公用通信网开放非话业务，即允许在原本只进行语音通信的公用电话交换网上进行传真等非话业务的通信，传真通信因此得到了飞速的发展，已成为非常普及的通信手段。

第四节　呼叫接续过程

在数字程控交换机中，呼叫处理程序是数字程控交换机软件中的一个重要组成部分，实现电话的呼叫接续是由呼叫处理程序控制硬件设备，二者互相配合完成的。

呼叫处理是指：从主叫用户摘机呼出开始，到与被叫用户通话结束，双方挂机复原为止，处理机执行呼叫处理程序，进行呼叫接续的操作。为了说明呼叫处理在呼叫过程中的作用，下面先介绍在程控交换机内是如何对本局呼叫进行处理的过程。

一、局内（本局）呼叫接续的简单过程

1. 主叫摘机到送拨号音

主叫摘机以前，与其对应的话路设备处于空闲状态。处理机周期性地对用户线进行监视扫描，即按一定周期执行用户线扫描程序，以便及时发现用户的呼叫要求。

主叫摘机时，其用户回路发生了状态变化（回路状态由断开变为闭合），当扫描程序发现了用户回路状态的改变并判明为主叫摘机后，先识别出主叫用户的设备号码（用户电路的安装位置），然后据此从数据存储器中调出该用户的用户数据。用户数据中包括该用户的电话（簿）号码、运用类别、服务等级和话机类型等内容。

去话分析程序对用户数据中的有关内容进行分析，若是一个有呼出权的用户呼叫，对于DTMF(T)型话机，要为其寻找一个空闲的收号器，并将其用户电路与收号器连通，而对于脉冲(P)型话机，则由处理机通过脉冲扫描程序对用户回路状态进行监测，收号准备工作完毕，向主叫送出拨号音。

2. 收号与数字分析

听到拨号音后，主叫即可开始拨号，由收号器接收或由脉冲扫描程序监视用户拨号，收到第一位号码时，立即停送拨号音，并将号码按位储存起来。

对于收到的号码进行分析，以确定呼叫局向、类别、应收号码位数等。

若是本局接续(主、被叫属于同一话局的用户)，则要进行来话分析，即对被叫用户的数据进行分析，并检查被叫忙闲，当被叫空闲时，即为主、被叫在交换网络中选择(预占)一条通话电路。若为出局呼叫则应在有关中继群中选择一条空闲的出中继电路，并在选定的中继电路与主叫用户间经交换网络选择一条通话电路。应该说明的是，上述工作是由数字分析程序和通路选择程序完成的。

3. 振铃

向被叫用户振铃，向主叫用户送回铃音，并监视主、被叫用户的回路状态。

4. 通话

当被叫用户摘机应答时，立即停送铃流和回铃音，接通事先已选好(预占)的通话电路，双方用户即可通话。通话期间，仍由扫描程序监视主、被叫用户的状态。

5. 挂机复原

通话结束后，任一方用户挂机，均引起通路复原(假定为互不控制复原方式)，另一方用户被锁定并听忙音，直到其也挂机为止。

二、呼叫阶段划分

从上述呼叫过程可以看出，一个完整呼叫过程是分为若干个阶段进行的，这是电话交换的一个特点，为了便于说明呼叫处理的过程，这里需要引入三个重要的概念：状态、事件与状态迁移。

状态是稳定状态的简称，用以表述一个呼叫过程中相对稳定的阶段，例如上述呼叫过程中，用户空闲时称为“空闲状态”，通话阶段称为“通话状态”等。

两个相邻状态之间的转换称为状态迁移。引起状态迁移的是外来信号，这些外来信号主要是由用户摘机、挂机和拨号等用户的动作引起的，也可由超时、设备故障等交换机内部因素引起。为了与其他信号区分开，常把这种引起状态转移的信号(或原因)叫做事件。

至此，我们可以将一个呼叫划分为许多不同的状态，而把一个呼叫过程视为一系列状态有序迁移的过程，而呼叫处理就是执行呼叫处理程序，控制状态有序迁移的操作。

三、用状态迁移图描述呼叫处理过程

要正确地描述复杂的呼叫处理过程，最好的方法是使用状态迁移图。状态迁移图是ITU-T建议的SDL/GR(功能和描述语言/图形)中以图形来描述通信处理过程的方法，在各种程控交换机的功能描述方面起着很大的作用。由于它结构简洁精练、可读性强和适应性广，既可以对系统做概括性描述，也能够运用到局部的详细描述中去。所以在程控交换机的软件开发、设计、生产、维护、学习与培训等各阶段都可应用，描述呼叫处理过程也非常合适。

SDL/GR 常用的图形符号如图 2-12 所示。

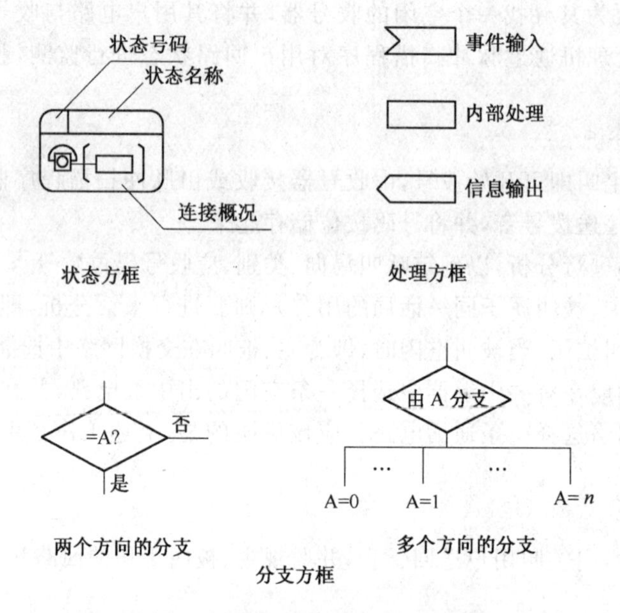

图 2-12 SDL/GR 常用的图形符号

图 2-13 画出的是使用 SDL/GR 描述本局呼叫处理过程的例子。图中共有 7 个状态,每个状态都有一个状态号码,每个状态都对应着引起该状态迁移的若干个有效事件,在每个状态下,任一有效事件的出现,都会引起状态的转移,在转移过程中,同时进行一系列操作,控制相应的硬件动作,修改有关的数据。

图中各种图形框内的文字是处理操作的名称,说明状态转移中要做的处理工作。状态方框之中,除了标明状态名称和编号外,还画了在此状态下,硬件的连接关系和有关信号的传送流向,说明在这个稳定状态为用户提供了哪些条件进行接续服务。

从图 2-13 可看出状态迁移,即呼叫处理的全过程如下。

1. 用户摘机呼出,出现"摘机"事件,呼叫处理程序执行的任务有:

①接收号器。

②送拨号音。

③启动时间监视。

④修改用户状态数据等操作。

状态从"空闲"迁移到"等待收号"状态。

2. 在"等待收号"状态,可能出现的事件有:

①主叫用户拨号。

②主叫用户久不拨号,超过规定时间(超时)。

③主叫用户挂机。

根据事件性质,呼叫处理执行不同的操作。

(1)主叫用户拨号

①收到第一位号,停拨号音。

②停久不拨号时间监视。

③号码存储。

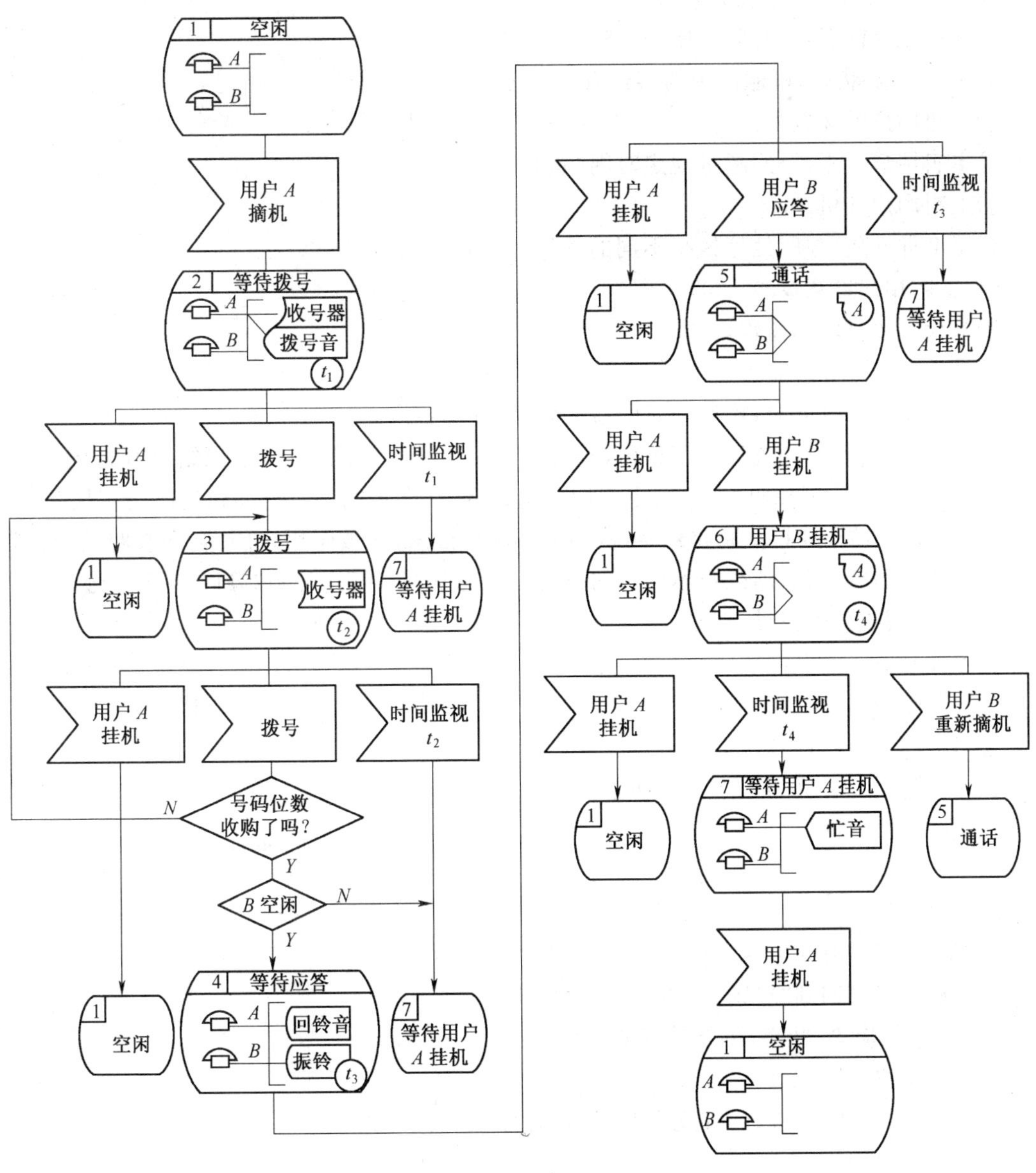

图 2-13　本局呼叫的状态迁移图

④在号码没有收齐时，再启动时间监视。

状态从“等待收号”迁移到“收号”状态。

(2)主叫用户久不拨号，超时

①停拨号音。

②复原收号器。

③向主叫用户送忙音。

状态从“等待收号”迁移到“听忙音”状态

(3)主叫用户挂机

①停拨号音。

②复原收号器。

③停久不拨号时间监视。

状态从“等待收号”回到“空闲”状态。

3. 在“收号”状态，可能出现的事件有：

①主叫用户继续拨号。

②主叫用户久不拨号，超过规定时间(超时)。

③主叫用户挂机。

根据事件性质，呼叫处理执行不同的操作

(1)主叫用户继续拨号

①停久不拨号时间监视。

②号码存储。

③在号码没有收齐时，再启动时间监视，继续存储号码。

④在号码收齐后，则进行数字分析，分析结果有几种可能(图 2-13 仅以结果 b 为例)：

a. 号码是空号，复原收号器，向主叫用户送忙音，状态从“收号”迁移到“听忙音”状态。

b. 号码是本局呼叫，复原收号器，检测被叫用户忙闲，如被叫用户闲，则向被叫用户振铃；向主叫用户送回铃音；启动久叫不应时间监视。状态从“收号”迁移到“等待应答”状态。

(2)主叫用户久不拨号，超时

①停拨号音。

②复原收号器。

③向主叫用户送忙音。

状态从“收号”迁移到“听忙音”状态

(3)主叫用户挂机

①停拨号音。

②复原收号器。

③停久不拨号时间监视。

状态从“收号”回到“空闲”状态。

4. 在“等待应答”状态，可能出现的事件有：

①被叫用户摘机应答。

②被叫用户久叫不应，超过规定时间(超时)。

③主叫用户挂机。

根据事件性质，呼叫处理执行不同的操作。

(1)被叫用户摘机应答

①停振铃。

②停送回铃音。

③停久叫不应时间监视。

④接通通话电路。

状态从“等待应答”迁移到“通话”状态。

(2)被叫用户久叫不应，超过规定时间(超时)

①停振铃。

②停送回铃音。

③向主叫用户送忙音。

状态从“振铃”迁移到“送忙音”状态。

(3)主叫用户挂机

①停振铃。

②停送回铃音。

③停久不拨号时间监视。

状态从“振铃”回到“空闲”状态。

5. 在“通话”状态,可能出现的事件有:

①主叫用户挂机。

②被叫用户挂机。

③根据事件性质,呼叫处理执行不同的操作。

(1)主叫用户挂机

①拆除通话电路。

②向被叫用户送忙音。

主叫用户状态从“通话”回到“空闲”状态。

被叫用户状态从“通话”迁移到“听忙音”状态。

(2)被叫用户挂机

①拆除通话电路。

②向主叫用户送忙音。

被叫用户状态从“通话”回到“空闲”状态。

主叫用户状态从“通话”迁移到“听忙音”状态;直到主叫用户挂机,回到“空闲”状态。

由图 2-13 可以看出,用 SDL/GR 语言画出的状态迁移图非常直观,对于理解程控交换机呼叫处理过程非常有用。

第五节　信号系统

为了保证通信网的正常运行,完成网络中各部分之间信息的正确传输和交换,以实现任意两个用户之间的通信,必须要有完善的信号系统。信号系统是通信网中各个交换局在完成各种呼叫接续时所采用的一种“通信语言”。就像人们在相互交流时所使用的语言,该语言必须为双方都能理解,才能顺利地进行交流。因此信号在通信中起着举足轻重的作用。信号系统也称为信令系统。

一、信号的基本概念

在一次电话通信中,话音信息之外的信号统称为信号。电话通信网将各种类型的电话机和交换机连成一个整体,为了完成全程全网的接续,在用户与电话局的交换机之间以及各电话局的交换机之间,必须传送一些信号。对各交换机而言,要求这些信号从内容、形式及传送方法等方面,协调一致,紧密配合,互相能识别了解各信号的含义,以完成每个电话接续。

下面以不同城市的两个用户之间,进行一次电话呼叫为例,说明电话接续过程中所需的基本信号及其传送顺序。其过程如图 2-14 所示。

为了简化讨论,该图中采用市话和长途合一的交换机,它们能直接将用户线连接到长途中继线上。实际上,一般情况下(尤其在大城市)用户线应经过市话交换机,再通过长途交换机才

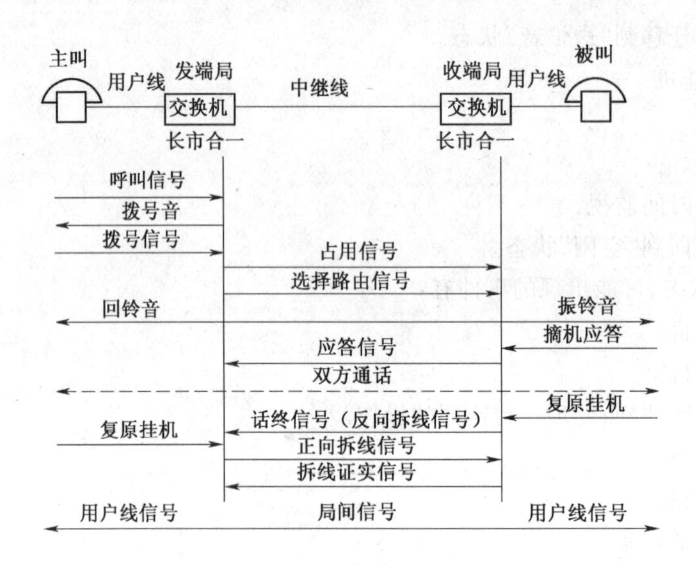

图 2-14　电话接续的基本信号

能连到长途中继线上。从图中可以看出，在电话接续过程中有以下基本信号：

当主叫摘机时，向发端局发出呼叫信号；发端交换机立即向主叫送出拨号音；主叫用户听到拨号音随即拨号。接续方式中，如是长途接续，应根据长途网编号原则拨号；如是市内电话，则需拨被叫的市内号码。拨号过程中，话机把号码以多频形式或脉冲方式送给发端交换机。

发端交换机根据被叫号码选择局向路由及空闲中继线。然后从已选好的中继线向收端交换机送出占用信号，再将有关的路由信号及被叫号码送给收端交换机。

收端交换机根据被叫用户号码将呼叫接到被叫用户，若被叫话机是空闲的，则向被叫用户送振铃信号，同时向主叫用户送回铃音；被叫用户摘机应答时，一个应答信号送给收端交换机，再由收端局交换机将此信号送给发端交换机，这时发端交换机开始统计通话时长，并计费。随后，双方用户进入通话状态，线路上传送话音信号，它不属于控制接续的信号，而是用户讲话的语音信息；话终时，若被叫用户先挂机，由被叫用户向收端局交换机送出挂机信号，然后由收端局将这信号送给发端局。此挂机信号是由被叫发出的，故称为话终信号或称反向拆线信号；若主叫用户先挂机，由主叫用户向发端局交换机送出挂机信号，再由发端交换机向收端交换机送出主叫挂机信号。此信号又称为正向拆线信号。收端局交换机收到正向拆线信号后，开始复原并向发端交换局回送一个拆线证实信号，发端交换机收到此信号后也将机键全部复原。

以上只是长话网中一次电话接续的最基本信号，当电话经过多个交换机的转接时，信号的流程比图 2-14 的情况复杂得多。

二、信号的分类

根据以上所述，电话网中所需的信号是多种多样的。分析图 2-14 的基本信号，可看到不同的区域使用了不同的信号，各信号所起的作用也不同。为了认识各类信号，将电话网中的信号从以下几个方面进行分类。

1. 按信号的工作区域分类

按信号的工作区域划分，可分为用户线信号（简称用户信号）和局间信号。

(1)用户线信号

用户线信号即在用户线上传送的信号,它是用户话机与交换机对话的一种特殊语言。用户线信号既包括由话机发出的用户状态信号及选择信号,如摘机信号、挂机信号、应答信号、拨号信息(拨号脉冲或双音多频信号);还包括由交换机送给用户话机的各种提示信号,如铃流、拨号音、回铃音、忙音等。用户线信号是一种比较简单的信号。

(2)局间信号

局间信号是在交换机之间传送的信号,它在局间中继线上传送,用来控制局间呼叫接续的建立和拆线,它涉及各种信号系统的具体应用,是本章讨论的主要内容。

2. 按信号信道与话音信道的关系分类

按信号信道(通路)与话音信道(通路)之间的关系分类,可分为随路信号和公共信道信号两种。

(1)随路信号

随路信号方式是传统的信号方式,它是指一条话路(信道)所需要的占线、应答、拆线、选择等业务信号均由话路本身(或与之固定联系的一条信号通道)来传送,即用传送话音的通路来传送它所需的各种业务信号。

(2)公共信道信号

公共信道信号方式又称为局间共路信号方式,它是将一群话路(局间中继线)所需要的各种业务信号汇集到一条与话路分开的公共信号数据链路上传送,图 2-15 是公共信道信号方式的示意图。

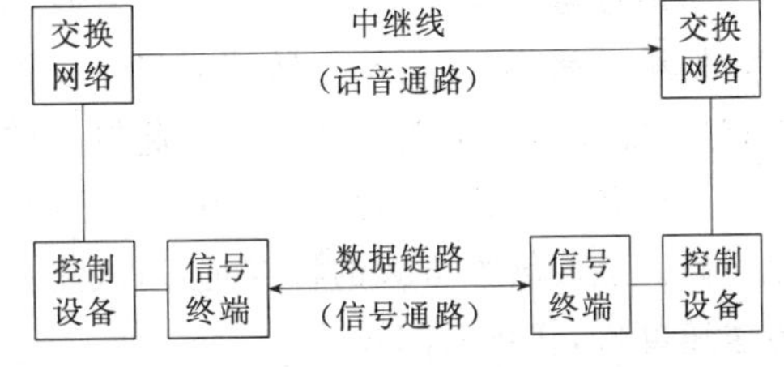

图 2-15　公共信道信号方式的示意图

3. 按信号的功能分类

按信号的功能划分,信号可分为监视、选择和网络管理信号。

(1)监视信号

监视信号反映用户或中继线的状态,并在需要时改变线路的状态。对用户线而言,监视信号可称为用户状态信号;对中继线而言,常称为线路信号。

(2)选择信号

为了进行用户之间的通信,主叫用户要向交换机发送被叫用户的号码,作为交换机进行路由选择和接续的依据,因此,表示被叫用户号码的数字即称为选择信号。当主被叫用户不属于同一个交换局时,表示被叫(地址)号码的信息(或其中的一部分)还要在交换局之间的中继线上传送。在选择信号中,除了被叫用户的地址信息之外,还可包括其他有利于交换过程顺利进行的信号,例如请发码信号、号码收到信号和请求重发信号等。对于特定的系统还可有表示信号已收妥的证实信号。

与呼叫接续建立过程有关的选择信号可以影响拨号后的等待时间(主叫用户拨号完毕至收到回铃音这段时间)的长短。拨号后等待时间是接续质量的标志,用户往往据此来评价电话系统的效率。因此,除了要求交换局之间的选择信号能有效可靠地执行,保证交换正确进行以外,还要求信号的传送方式尽可能简单、速度尽可能快。

(3)管理信号

管理信号又称操作或运行信号,用于电话网的网络管理与维护,以保证电话网有效地运行,提高网络服务水平和可靠性。

管理信号主要包括如下几方面。

①网络拥塞信号:它被用来促使重复试呼,启动拆线,把拥塞情况通知主叫用户以及修改迂回路由等。

②表示设备或电路停用的信号:它是由于故障或维护引起的中断所产生的。

③呼叫计费信息。

④远距离管理维护信号:用于无人值守交换机和维护管理中心之间传送故障检测及告警信息等。

4. 按信号的传送方向分类

按信号的传送方向划分,可分为前向信号和后向信号。

(1)前向信号

前向信号是指沿着建立接续的前进方向传送的信号,即从主叫端向被叫端传送的信号。

(2)后向信号

后向信号是指沿着前向信号的相反方向传送的信号,即从被叫端向主叫端传送的信号。

三、传送与控制方式

1. 传送方式

信号在多段路由上的传送方式有三种。

(1)逐段转发

所谓逐段转发是指每个转接局必须接收上一局送来的全部数字信号(局号+被叫号码),并转发给下一局,最后一个转接局只转发被叫号码。即为了把发端局发出的数字信号传送给终端局,需要中间的若干个转接局起接力的作用。

逐段转发方式的示意图如图 2-16 所示。其中 ABC 为被叫局的局号,××××为被叫用户号码。逐段转发方式的特点是:对线路要求低,信号在多段路由上的类型可以有多种;信号传送速度慢,接续时间长。

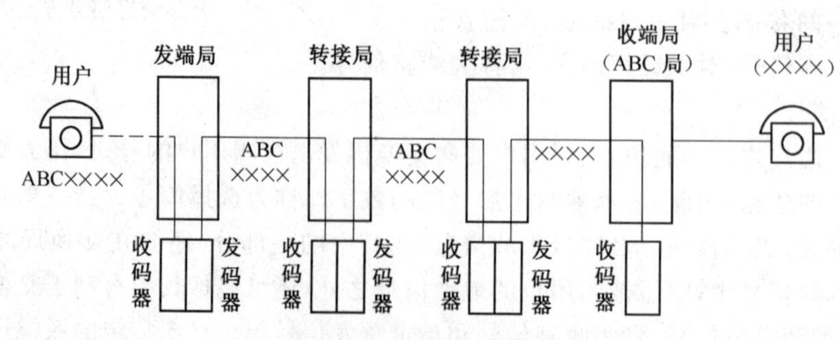

图 2-16　逐段转发方式示意图

(2)端到端方式

所谓端到端传送方式是指,发端局的收码器收到用户发来的全部号码后,由发端发码器发送转接局所需要的长途区号(图中为 ABC),并将电话接续到第一转接局;第一转接局根据收到的 ABC,将电话接续到第二转接局;再由发端发码器向第二转接局发 ABC,找到收端局,将电话接续到收端局;此时由发端向收端端到端发送用户号码(图中为××××),建立发端到收端的接续。端到端传送方式的示意图如图 2-17 所示。

端到端传送方式的特点是:速度快、拨号后等待时间短;但信号在多段路由上的类型必须

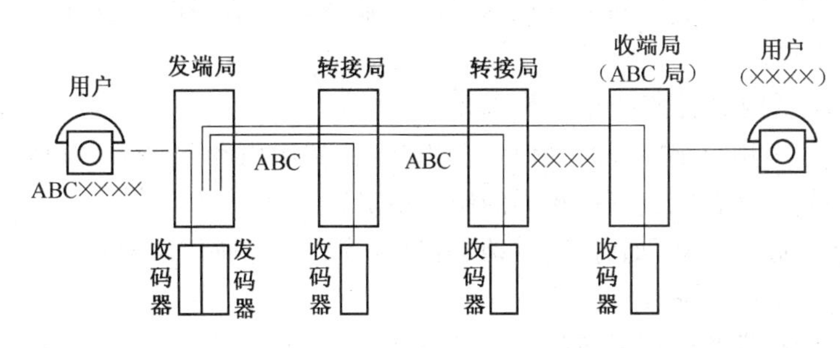

图 2-17　端到端方式示例

相同、对电路质量要求高。

(3)混合方式

在实际中,通常将前两种方式结合起来使用,就是混合方式。如中国 1 号记发器信号可根据线路质量,在劣质电路中使用逐段转发方式,在优质电路中使用端到端方式;No. 7 信号通常使用逐段转发方式,但也可提供端到端方式。

2. 控制方式

信号在发送与接收过程中,按其控制方式可分为非互控、全互控和半互控三种方式。

(1)非互控方式

非互控方式也称脉冲方式,这种方式的信号是单方向传送的脉冲。其特点是一个方向上传送的信号与可能在另一方向上传送的信号无关,发送端按一定顺序发送信号,接收端收到一个前向信号,就知道下一信号应该是哪一个特定信号,即信号顺序是固定的。这种方式适用于信号内容较少的情况,这意味着一个方向上的信号持续时间与另一端是否收到信号无关,在另一端没有特定信号来立即证实信号是否已被正确收到,因此这种信号具有一定的宽度和间隙,以便收端正确地接收。由于信号单向传输而无证实信号,故信号传输速度快,但可靠性差。

(2)全互控方式

全互控方式也称多频互控方式,一个方向上的所有信号与另一个方向上的所有信号都具有直接关系,即每一种信号都需要用一种特定信号来立即证实。各种信号和其证实信号都是连续的,前向信号一直持续到收到证实信号为止,当收端检测到前向信号已停发,才停止发后向证实信号,因此各种信号的持续时间都取决于相反方向的信号。全互控方式信号传送时间较长,但可靠性好。

(3)半互控方式

半互控方式也称脉冲证实方式。这种方式是在收端收到前向信号后,立即回送一个证实信号,一旦发端收到后向证实信号并识别后即可发送下一个信号。与全互控方式相比,节省了一半的时间。这种方式的优缺点介于非互控和全互控两种方式之间。

在全互控和半互控方式中,证实信号除了可证实前向信号收妥以外,还可载送额外信息,特别是具有请求性质的信息,例如从头发码、发下一位、从某一位重发等,形成信号的"对话"。

第六节　电话通信网

一、电话通信网的概念

电话通信网是以电路交换为信息交换方式,以电话业务为主要业务的电信网,简称电话网。它是一种电信业务量最大，服务面积最广的专业网。电话网同时也可以提供传真和低速数据等部分非话业务。

1. 组建一个电话网需要满足的基本要求

(1)保证网内任一用户都能呼叫其他每个用户，包括国内和国外用户，对于所有用户的呼叫方式应该是相同的，而且能够获得相同的服务质量。

(2)保证满意的服务质量，如时延、抖动、清晰度等。话音通信对于服务质量有着特殊的要求，这主要决定于人的听觉习惯。

(3)能适应通信技术与通信业务的不断发展。能迅速引入新业务，而不对原有的网络和设备进行大规模的改造；在不影响网络正常运营的前提下利用新技术，对原有设备进行升级改造。

(4)便于管理和维护。由于电话通信网中的设备数量众多、类型复杂，而且在地理上分布于很广的区域内，因此要求提供可靠、方便而且经济的方法对它们进行管理与维护。

2. 电话通信网的分类

电话通信网从不同的角度出发，有不同的分类方法，常见的有如下分类。

(1)按通信传输手段分类：可分为有线电话网、无线电话网和卫星电话网等。

(2)按通信服务区域分类：可分为市话网、国内长途网和国际长途网。

(3)按通信服务对象分类：可分为公用电话网和专用电话网。公用电话网一般也称作公用交换电话网(Public Switched Telephone Network，PSTN)。

(4)按通信传输处理信号形式分类：可分为模拟电话网和数字电话网。

(5)按通信活动方式分类：可分为固定电话网和移动电话网。本书所说的电话网指的就是固定电话网。

二、电话通信网的网络结构

从等级上考虑，电话网的基本结构形式分为等级网和无级网两种。等级网中，每个交换中心被赋予一定的等级，不同等级的交换中心采用不同的连接方式，低等级的交换中心一般要连接到高等级的交换中心。在无级网中，每个交换中心都处于相同的等级，完全平等，各交换中心采用网状网或不完全网状网相连。我国电话网目前采用等级制，并将逐步向无级网发展。

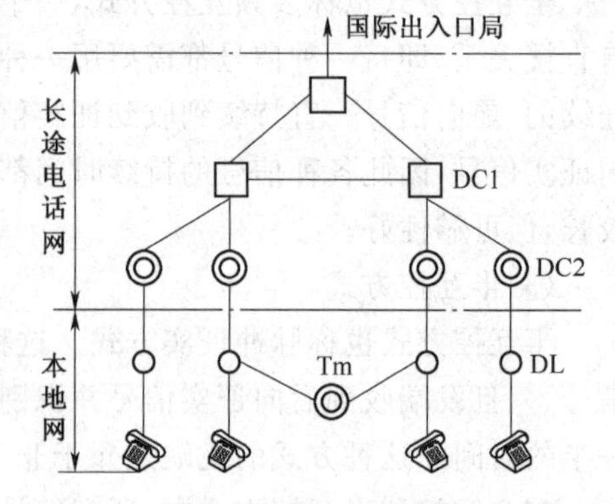

图 2-18　我国目前的电话网基本结构

我国目前采用的电话网基本结构如图 2-18 所示。它包括 2 级长途网和本地网两部分，其中长途网由一级长途交换中心 DC1、二级长途交换中心 DC2 组成，本地网由端局 DL 和汇接局 Tm 组成。

1. 国内长途电话网

长途电话网由各城市的长途交换中心、长市中继线和局间长途电路组成，用来疏通各个不同本地网之间的长途话务。长途电话网中的节点是各长途交换局，各长途交换局之间的电路即为长途电路。

DC1 为省级交换中心，设在各省会城市、自治区首府和中央直辖市，主要职能是疏通所在省(自治区、直辖市)的省际长途来话、去话业务以及所在本地网的长途终端业务。DC2 为地区中心，设在各地级城市，主要职能是汇接所在本地网的长途终端业务。

二级长途网中，形成了两个平面。DC1 之间以网状网相互连接，形成高平面，或叫做省际平面。DC1 与本省内各地市的 DC2 以星状相连，本省内各地市的 DC2 局之间以网状或不完全网状相连，形成低平面，又叫做省内平面。同时，根据话务流量流向，二级交换中心 DC2 也可与非从属的一级交换中心 DC1 之间建立直达电路群。

要说明的是，较高等级交换中心可具有较低等级交换中心的功能，即 DC1 可同时具有 DC1、DC2 的交换功能。

最终，我国长途电话网将逐步演变为动态无级网。“动态”是指路由选择序列可以变化，它可以分为时间相关的选路、状态相关的选路和事件相关的选路，而“无级”是指在同一平面的呼叫进行迂回路由选择时各交换中心不分等级。

2. 本地电话网

在同一长途区号所辖范围之内，由若干个端局与汇接局所组成的通信网，称为本地通信网。它的服务范围一般包括一个或若干个市区及所辖的卫星城镇、郊县县城和农村。

本地网可以仅设置端局 DL，但一般是由汇接局 Tm 和端局 DL 构成的二级网结构。二级本地网的基本结构如图 2-19 所示。

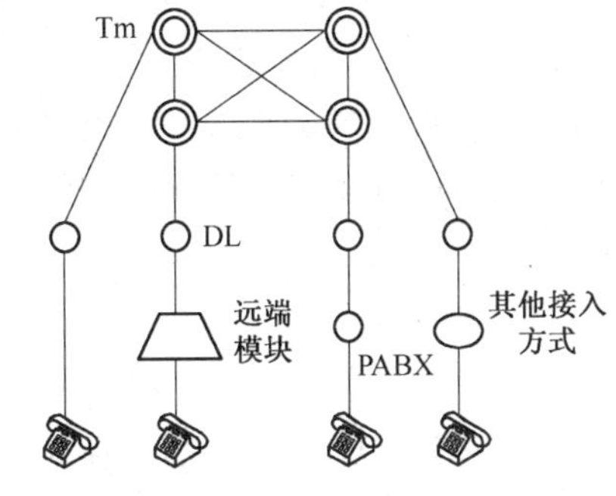

图 2-19 二级本地网的基本结构

端局是本地网中的第二级，通过用户线与用户相连，它的职能是疏通本局用户的去话和来话业务。根据服务范围的不同，有市话端局、县城端局、卫星城镇端局和农话端局等，分别连接市话用户、县城用户、卫星城镇用户和农村用户。

汇接局是本地网的第一级，它与本汇接区内的端局相连，同时与其他汇接局相连，它的职能是疏通本汇接区内用户的去话和来话业务，还可疏通本汇接区内的长途话务。有的汇接局还兼有端局职能，称为混合汇接局（Tm/DL）。汇接局可以有市话汇接局、市郊汇接局、郊区汇接局和农话汇接局等几种类型。

二级网结构中，各汇接局之间各个相连组成网状网，汇接局与其所汇接的端局之间以星状网相连。在业务量较大且经济合理的情况下，任一汇接局与非本汇接区的端局之间或者端局与端局之间也可设置直达电路群。

在经济合理的前提下，根据业务需要在端局以下还可设置远端模块、用户集线器或用户交换机，它们只和所从属的端局之间建立直达中继电路群。

二级网中各端局与位于本地网内的长途局之间可设置直达中继电路群，但为了经济合理和安全、灵活地组网，一般在汇接局与长途局之间设置低呼损直达中继电路群，作为疏通各端局长途话务之用。

3. 国际电话网结构

国际电话网由国际交换中心和局间长途电路组成，用来疏通各个不同国家之间的国际长途话务。国际电话网中的节点称为国际电话局，简称国际局。用户间的国际长途电话通过国际局来完成，每一个国家都设有国际局。各国际局之间的电路即为国际电路。

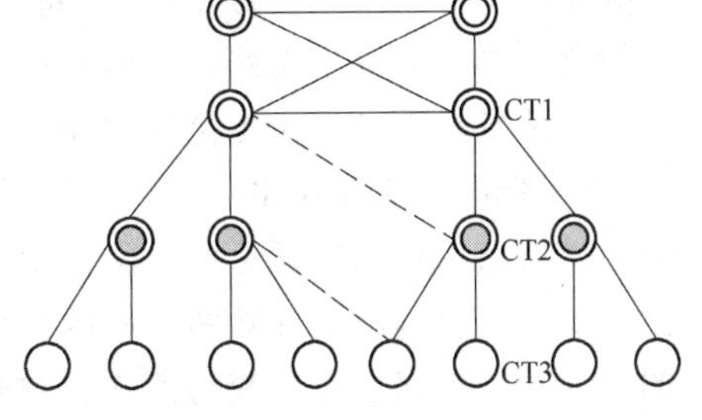

图 2-20 国际电话网的基本结构

国际电话网的网络结构如图 2-20 所示，国际交换中心分为CT1、CT2和CT3三级。各CT1局之间均有直达电路，形成网状网结构，CT1至CT2，CT2至CT3为辐射式的星状网结构，由此构成了国际电话网的复合型基干网络结构。除此之外，在经济合理的条件下，在各CT局之间还可根据业务量的需要设置直达电路群。

CT1和CT2只连接国际电路，CT1局在很大的地理区域汇集话务，其数量很少。在每个CT1区域内的一些较大的国家可设置CT2局。CT3局连接国际和国内电路，它将国内长途网和国际长途网连接起来，各国的国内长途网通过CT3进入国际电话网，因此CT3局通常称为国际接口局，每个国家均可有一个或多个CT3局。

目前我国有三个国际接口局，分别设在北京、上海、广州，这三个国际局均具有转接和终端话务的功能。三个国际局之间以网状网方式相连。国际局所在城市的本地网端局与国际局间可设置直达电路群，该城市的用户打国际长途电话时可直接接至国际局，而与国际局不在同一城市的用户打国际电话则需要经过国内长途局汇接至国际局。

三、电话通信网的路由选择

所谓路由是指在两个交换局之间建立一个呼叫连接或传送消息的途径，它可以由一个电路群组成，也可以由多个电路群经交换局串接而成。

电话网中，当任意两个用户之间有呼叫请求时，网络要在这两个用户之间建立一条端到端的话音通路。当该通路需要经过多个交换中心时，交换机要在所有可能的路由中选择一条最优的路由进行接续，即进行路由选择。路由选择是任何一个网络的体系、规划和运营的核心部分。

1. 路由的分类

电路是根据不同的呼损指标进行分类的。呼损是指在用户发起呼叫时，由于网络或中继的原因而导致电话接续失败的情况。它可以用呼损率（损失的呼叫占总发起呼叫数的比例）来描述。按链路上所设计的呼损指标不同，可以将电路分为低呼损电路群和高效电路群。

低呼损电路群上的呼损指标应小于1%，低呼损电路群上的话务量不允许溢出至其他路由，即在选择低呼损电路进行接续时，若该电路不能进行接续，也不再选择其他电路进行接续，故该呼叫就被损失，即产生呼损。因此，在网络规划过程中，要根据话务量数据计算所需的电路数，以保证满足呼损指标。而对于高效电路群则没有呼损指标，其上的话务量可以溢出至其他路由，由其他路由再进行接续。

路由也可以相应的按照呼损进行分类，分为低呼损路由和高效直达路由，其中低呼损路由包括基干路由和低呼损直达路由。

（1）基干路由

基干路由是由具有上下级汇接关系的相邻等级交换中心之间以及长途网和本地网的最高等级交换中心（指CT1局、DC1局或Tm）之间的低呼损电路群组成的路由。基干路由上的低呼损电路群又叫基干电路群。电路群的呼损指标是为保证全网的接续质量而规定的，应小于1%，且话务量不允许溢出至其他路由。

（2）低呼损直达路由

直达路由是指由任意两个交换中心之间的电路群组成的，不经过其他交换中心转接的路由。低呼损直达路由任意两个等级的交换中心之间的低呼损直达电路组成。两交换中心之间的低呼损直达路由可以疏通两交换中心间的终端话务，也可以疏通由这两个交换中心转接的话务。

(3)高效直达路由

高效直达路由任意两个等级的交换中心之间的高效直达电路组成。高效直达路由上的电路群没有呼损指标,其上的话务量可以溢出至其他路由。同样地,两交换中心之间的高效直达路由可以疏通其间的终端话务,也可以疏通由这两个交换中心转接的话务。

若按照路由选择顺序分类,则有首选路由、迂回路由和最终路由。

(1)首选路由

当某一交换中心呼叫另一交换中心时,对目标局的选择可以有多个路由。其中第一次选择的路由称为首选路由。

(2)迂回路由

当首选路由遇忙时,就迂回到第二路由或者第三路由。此时,第二路由或第三路由称为首选路由的迂回路由。迂回路由一般是由两个或两个以上的电路群转接而成的。对于高效直达路由而言,由于其话务量可以溢出,因此必须有迂回路由。

(3)最终路由

当一个交换中心呼叫另一交换中心,选择低呼损路由连接时不再溢出,由这些无溢出的低呼损电路群组成的路由,即为最终路由。最终路由可能是基干路由,也可能是低呼损直达路由,或部分基干路由和低呼损直达路由。

2. 电话网的路由选择规则

下面以我国电话网为例,介绍路由选择的规则。

(1)长途网的路由选择

我国长途网采用等级制结构,选路也采用固定等级制选路。这里,请注意区分这两个不同的概念,等级制结构是指交换中心的设置级别,而等级制选路则是指在从源节点到宿节点的一组路由中依次按顺序进行选择。依据有关体制,在我国长途网上实行的路由选择规则有:

①网中任一长途交换中心呼叫另一长途交换中心时所选路由局向最多为三个。

②路由选择顺序为先选直达路由,再选迂回路由,最后选最终路由。

③在选择迂回路由时,先选择直接至受话区的迂回路由,后选择经发话区的迂回路由。所选择的迂回路由,在发话区是从低级局往高级局的方向(即自下而上),而在受话区是从高级局往低级局的方向(即自上而下)。

④在经济合理的条件下,应使同一汇接区的主要话务在该汇接区内疏通,路由选择过程中遇低呼损路由时,不再溢出至其他路由,路由选择即终止。

(2)本地网的路由选择

本地网的路由选择规则如下:

①先选直达路由,遇忙再选迂回路由,最后选基干路由。在路由选择中,当遇到低呼损路由时,不允许再溢出到其他路由上,路由选择结束。

②数字本地网中,原则上端到端的最大串接电路数不超过三段,即端到端呼叫最多经过两次汇接。当汇接局间不能个个相连时,端到端的最大串接电路数可放宽到四段。

③一次接续最多可选择三个路由。

四、公用电话通信网的编号计划

所谓编号计划,是指在本地网、国内长途网、国际长途网以及一些特殊业务、新业务等中的各种呼叫所规定的号码编排和规程。电话网的编号计划是使电话网正常运行的一个重要规程，交换设备应能适应各项接续的编号要求。

电话网的编号计划是由国际电信联盟远程通信标准化组 ITU-TE.164 建议规定的。各国家在此基础上，根据自己的实际情况，编制本国的电话号码计划。编号计划主要包括本地电话用户编号和长途电话用户编号两部分内容。我国的电话号码计划如下：

1. 第一位号码的分配使用

第一位号码的分配规则如下：

(1)“0”为国内长途全自动冠号。

(2)“00”为国际长途全自动冠号。

(3)“1”为特殊业务、新业务及网间互通的首位号码。

(4)“2”～“9”为本地电话首位号码，其中，“200”、“300”、“400”、“500”、“600”、“700”、“800”为新业务号码。

2. 本地网的编号方案

同一长途编号范围内的用户均属于同一个本地网。在一个本地电话网内，采用统一的编号，一般情况下采用等位制编号。

本地电话网的一个用户号码组成为：

局号＋用户号

局号可以是 1 位(用 P 表示)、2 位(用 PQ 表示)、3 位(用 PQR 表示)或 4 位(用 PQRS 表示)；用户号为 4 位(用 ABCD 表示)。因此，如果号长为七位，则本地电话网的号码可以表示为“PQRABCD”。

在同一本地电话网范围内，用户之间呼叫时拨统一的本地用户号码。例如直接拨 PQRABCD 即可。

3. 长途网的编号方案

长途电话包括国内长途电话和国际长途电话。

国内长途电话号码的组成为：

国内长途字冠＋长途区号＋本地号码

国内长途字冠是拨国内长途电话的标志，在全自动接续的情况下用“0”代表。长途区号是被叫用户所在本地网的区域号码，全国统一划分为若干个长途编号区，每个长途编号区都编上固定的号码，这个号码的长度为 1～4 位长，即如果从用户所在本地网以外的任何地方呼叫这个用户，都需要拨这个本地网的固定长途区域号。按照我国的规定，长途区号加本地电话号码的总位数最多不超过 11 位(不包括长途字冠“0”)。

长途编号可以采用等位制和不等位制两种。等位制适用于大、中、小城市的总数在一千个以内的国家，不等位制适用于大、中、小城市的总数在一千个以上的国家。我国幅员辽阔，各地区通信的发展很不平衡，因此采用不等位制编号，采用 2、3 位的长途区号。

(1)首都北京，区号为“10”。其本地网号码最长可以为 9 位。

(2)大城市及直辖市，区号为 2 位，编号为“2×”，×为 0～9，共 10 个号，分配给 10 个大城市。如上海为“21”，天津为“22”等。这些城市的本地网号码最长可以为 9 位。

(3)省中心、省辖市及地区中心，区号为 3 位，编号为“×1×2×3”，×1 为 3～9(6 除外)，×2 为 0～9，×3 为 0～9。如石家庄为“311”，兰州为“931”。这些城市的本地网号码最长可以为 8 位。

(4)首位为“6”的长途区号除 60、61 留给台湾外，其余号码为 62×～69×共 80 个号码作为3位区号使用。

长途区号采用不等位的编号方式，不但可以满足我国对号码容量的需要，而且可以使长途电话号码的长度不超过11位。显然，若采用等位制编号方式，如采用两位区号，则只有100个容量，满足不了我国的要求；若采用三位区号，区号的容量足够，但每个城市的号码最长都只有8位，满足不了一些特大城市的号码需求。

国际长途电话号码的组成为：

国际长途字冠＋国家号码＋长途区号＋本地号码

国际长途呼叫除了拨上述国内长途号码中的长途区号和本地号码外，还需要增拨国际长途字冠和国家号码。国际长途字冠是拨国际长途电话的标志，在全自动接续的情况下用"00"代表。国家号码为1～3位，即如果从用户所在国家以外的任何地方呼叫这个用户，都需要拨这个国家的国家号码。根据ITU-T的规定，世界上共分为9个编号区，我国在第8编号区，国家代码为86。

五、铁路电话通信网的编号规定

按照铁路行政辖区和技术经济条件及话务流量和流向，铁路电话网可划分为若干个地区（一般以原来的一个分局为一个地区），每个地区有一个特定的长途区号，在该区内组建一个本地电话网，本地网用户统一编号。同一本地电话网设两个长途交换中心时，宜采用同一长途号。

1. 一般规定

本地自动电话的编号应符合下列规定：

(1)编号及与其他网连接的号码应符合铁道部现行的有关标准及规定。

(2)编号计划应远近期结合，用户号不应经常改号。

(3)同一本地网的多所制电话交换网宜为等位编号，当有困难时，用户号的位差不宜超过一位。每个自动电话用户应只有一个电话用户号码。

(4)远端交换模块(RSM)应与母局统一编号，其首位（或首、二位）号可不同于母局，用户编号宜采用远期用户编号。

(5)分配用户号码时应结合组网方案与原有设备编号统一考虑。当电话所扩容、用户号码需要升位时，应根据网路发展和使原有设备变动最小的原则调整编号，宜在原用户号前加一位。

(6)用户号码应综合考虑用户的发展需要及压缩占用公用网的号码资源，降低近期工程投资。

2. 编号规定

铁路电话交换网的编号计划应符合下列规定：

(1)首位号码、铁路长途号、特种业务号码及网内和网间呼叫的号码等应符合行业主管部门的有关规定。其中"0"为铁路长途自动电话冠号；"2"～"9"为本地电话号码的首位号码；"200"、"300"、"400"、"500"、"600"、"700"、"800"用于开放电话卡呼叫、记账卡呼叫、被叫付费呼叫等新业务及预留；"1"为特种业务、新服务项目及网间互通的首位号码。本地电话网用户编号的字冠不得占用"0"和"1"号码。

(2)首位"1"可采用不等位编号。紧急业务号码采用3位编号，需要统一的业务接入码、网间互通接入码等，可分配3位以上的号码。

表 2-1 为首位为“1”的部分常用特种业务号码分配举例。

表 2-1　首位为“1”的部分常用特种业务号码分配举例

号　码	名　　称	号　码	名　　称
111	线路工作人员与测量台联系	126	人工无线寻呼
112	地区电话障碍受理	127	自动无线录呼
113	长途人工电话记录	120	医疗急救
114	查号、问询	173	立接制半自动受理
115	首长记录	176	立接制半自动查询
116	长途人工电话查询	179××	IP 电话接入码
117	事故救援(暂用)	170	话费查询台
118	区段人工记录	188	电话交费台
119	火警	189	话费及质量投诉受理
110	公安	10	公用网网号
122	事故救援		

3. 铁路电话网长途区号的分配

铁路电话网长途区号今后为两位,地区电话号码一般为 5 位。

我国铁路电话网分为 6 个大的长途编号区,每个大区的第一位长途号码分配是:华北地区为 2、8(以北京为中心),东北地区为 3、9(以沈阳为中心),华东地区为 4、0(以上海为中心),中南地区为 5、1(以武汉为中心),西南地区为 6(以成都为中心),西北地区为 7(以兰州为中心)。每个大区中心设立一级交换中心 C1,其长途号码的第二位是 1,其他地区的长途区号也是在大区首位号码后再加一位不为 1 的数字构成。

第七节　综合业务数字网

一、综合业务数字网(ISDN)的基本知识

为了克服各种专用电信业务网单独建设的缺点,很自然地产生了 ISDN 的设想,即将各种电信业务都以数字方式统一,并综合到一个数字网中进行交换、传输和处理。

1. ISDN 的基本概念

ITU-T 积极致力于 ISDN 的研究工作,于 20 世纪 80 年代初提出了关于 ISDN 的 I 系列建议,将 ISDN 描述为:ISDN 是一种网络结构,通常由综合数字电话网 IDN(Integrated Digital Network)为基础发展而成,能够提供端到端的数字连接,用来承载包括话音和非话音在内的多种电信业务,用户能够通过有限的一组标准的多用途的用户/网络接口接入这个网络。

ISDN 的示意图如图 2-21 所示。

图 2-21　ISDN 的示意图

ISDN 是在综合数字电话网基础上发展起来的,它可以处理话音和多种非话业务。

用户/网络间的接口是标准的,该接口可适应不同业务的终端。

由于原综合数字电话网采用 64 kbit/s 的通道速率，故 ISDN 用户之间也通常以速率为 64 kbit/s或更高速率的通道为基础连接。

ISDN 用户之间可实现端到端的数字连接，即用户线上也传送数字信号。

2. ISDN 的特点

(1)通信业务的综合化：利用一条用户线就可以提供电话、传真、可视图文及数据通信等多种业务。

(2)可靠性及高质量的通信：由于终端和终端之间的信道已完全数字化，噪音、串音以及信号衰落、失真受距离与链路数增加的影响都非常小，因此通信质量很高。

(3)利用便利：信息信道和信号信道分离，在一条 2B+D(包括两个能独立工作的传输速率为 64 kbit/s 的 B 信道和一个传输速率为 16 kbit/s 的 D 信道，其中 B 信道一般用来传输话音、数据和图像，D 信道用来传输信令或分组信息)的用户线上可以连接多台终端。

(4)费用低廉：和过去分开的通信网相比，将业务综合到一个网内的费用显然是低廉多了。

(5)和智能网有天然的互相依赖关系：智能网要以 ISDN 为基础，而 ISDN 通过智能网能够得到更有效的发展和利用，因此，随着智能网的不断发展，ISDN 也将得到充分发展。

(6)以 NO.7 信令为基础：ISDN 网内各交换机之间的连接必须通过 NO.7 信令来实现，因此，ISDN 是以 NO.7 信令为基础，只有在 NO.7 信令发展的基础上才能实现 ISDN。

3. ISDN 网络基本结构的主要功能

(1)64 kbit/s 电路交换功能：ISDN 最基本的功能，它是由 64 kbit/s 数字交换网络完成的。

(2)64 kbit/s 非交换功能(专用线功能)：指不经过交换而建立的连接所具有的功能。

(3)>64 kbit/s 中高速电路交换功能。

(4)>64 kbit/s 中高速非交换功能。

(5)分组交换功能。

(6)用户线交换功能(包括用户线信号终端、计费等)。

4. ISDN 的组成

ISDN 的主要组成部分是用户/网络接口、原有的电话用户环路和交换终端 ET。ISDN 可以提供对现在和将来的所有网络业务的接入。图 2-22 是 ISDN 的组成以及与现存各种网络的关系。图中有两个 ISDN 的接入部分位于两边的 ET 和用户终端设备 CPE 之间。在两个 ET 之间的是所有现存的或一些潜在的局间网络。包括：

(1)传统的电路交换网。

(2)分组交换网，用于数字化的数据通信。

(3)非交换网络，可保持长期连接或直通的数字信道。

(4)宽带网，用于需要额外带宽的场合。

(5)ISDN 的局间信令网，目前选用 7 号信令系统。它不仅能传输传统的局间信令，还能同时传递中心局之间的 D 信道中的智能信息。ISDN 与以上所有的网络兼容，均可接入。

实际上，ISDN 是一种接入的结构形式，各组成部件按一定的规约、协议、标准相接。

5. ISDN 传输标准接口

ISDN 用户/网络接口的作用是实现用户和网络之间的信息交换。ITU-T 制定的用户/网络接口标准规定了用户终端设备与网络连接的条件及接口有关部分的功能。

(1)用户/网络接口的参考配置

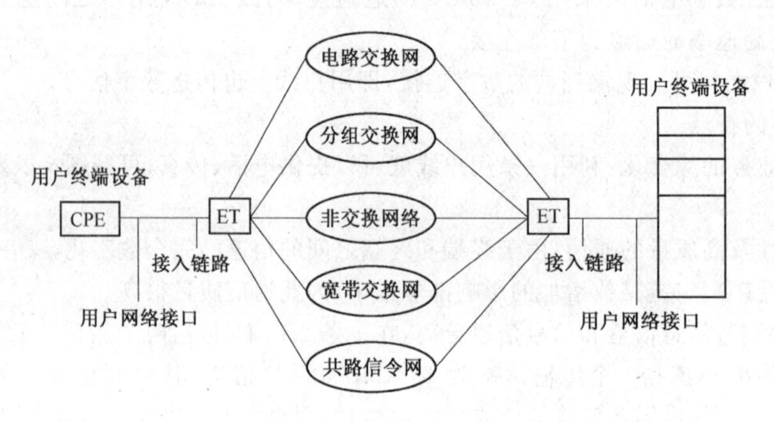

图 2-22　ISDN 的组成部分以及于现存各种网络的关系

ISDN 用户/网络接口的参考配置如图 2-23 所示。

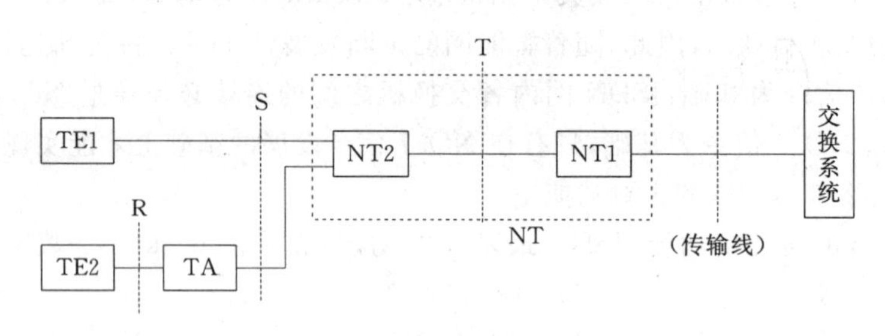

图 2-23　ISDN 用户/网络接口的参考配置

在用户/网络接口的参考配置中使用了功能组和参考点两个概念。功能组是指完成某种功能的部件,参考点是各功能组及终端之间的接口或分界点。

TE1 与 TE2 是用于各种电信业务的用户终端,其中 TE1 是符合 ITU-T 规定的用户/网络接口要求的标准终端,例如具有 ISDN 功能的数字电话及 4 类传真机等;TE2 是不符合 ISDN 用户/网络接口要求的非标准终端设备,如符合 V. 24、X. 21 和 X. 25 的现有终端。

TA 是终端适配器,用于将非标准终端设备 TE2 转接到 ISDN 中,主要起速率和规程的转换作用。

NT1 与 NT2 分别称为第一和第二类网络终端。NT1 是用户传输线路终端装置,它具有相当于国际标准化组织(ISO)制定的开放系统互联(OSI)参考模型第一层的功能。在 NT1 中实现线路传输、维护和性能监控以及定时、馈电、多路复用及接口功能。NT2 拥有 OSI 参考模型第一至第三层的功能。实现 PABX(用户自动交换机)、LAN(局域网)和终端控制设备的功能及规程处理、复用、交换、集中和维护等功能。

参考点 R 提供非 ISDN 的标准终端的入网接口;参考点 S 对应于单个 ISDN 终端入网的接口,它将用户终端设备和与网络有关的通信功能分开;参考点 T 是用户与网络的分界点,T 右侧的设备归网络主管部门所有,左侧的设备归用户所有,ITU-T 对 T 参考点的接口做出了规定,即 D 信道协议;参考点 U 对应于用户线,这个接口用来描述用户线上的双向数据信号。

当不使用 PABX 和 LAN 等装置时,不存在 NT2,故在这种情况上图中的 S 点和 T 点即合并为一点,并称为 S/T 点。

(2)用户接入网络和信道及接口速率

ITU-T 已规定了两种用户/网络接口，即基本接口和基群速率接口。

①基本接口

基本接口是将现有电话网的普通用户线作为 ISDN 用户线而规定的接口。把用于传输数字话音和数据业务的 64 kbit/s 的 B 信道和用于传输呼叫用的数字信令或数据的 16 kbit/s 的 D 信道结合起来传递信号。基本接口的速率为 2B+D=144 kbit/s。

②基群接口

基群接口用于连接 PABX 和专用网，它包括由 B 通道构成的在北美和日本使用的 23B+D(速率为 1 544 kbit/s)，用于欧洲和我国的 30B+D(2 048 kbit/s)接口及由 H 通道构成的多种接口。

6. ISDN 的应用

ISDN 已在民用、商用等领域内获得很广的市场。下面介绍几种应用情况。

(1)在家办公(Work-At-Home)：ISDN 使一些用户能够在家工作，从而节约了办公空间和上下班时间，提高了工作效率，增加了灵活性，减少了空气污染。

(2)远程通信(办公)(Telecommuting)：通过 Internet，ISDN 可以访问公告牌、当天新闻信息等资源，也能容易地通过访问数据库预订机票、查询图书馆。

(3)电子函件(E-mail)：信息扩展后的 E-mail 可向用户提供传真、话音和图像信息，而且传输速度很快，平均少于 8 s。

(4)在线接续：借助于 ISDN，无论在家中还是卫星局，用户都可以使用计算机进行在线交互访问，例如数据库和屏幕编辑。

(5)远程医疗诊断：对于一些边远地区或监狱中的罪犯病人，可以在世界各地的医院通过 I SDN 实时交换有关患者的数据进行诊断。

(6)远程教育：远距离的学习使学生免去旅行时间，可以大量地传播知识，多媒体程序使学生获得更多的信息。

(7)可视电话会议和桌面会议：电视会议使远距离的人们能够全方位地出席会议相互交流，桌面会议则适于两人或多人之间的一对一的会晤。

(8)远距离的传播声音：在专业广播领域需要高质量的音频连接，使用 ISDN 技术则可以远距离传播清晰的数字化的声音。

(9)商业信用卡：在销售点 POS(Point-of-Sale)，由于数据库的响应能快速传输，因此对 ISDN 信用卡的核对仅需 3～5 s，而传统的模拟呼叫的建立平均需要 15 s。

(10)ISDN 增强了专用线的过载和事故恢复能力，一旦线路不工作，不论是由于出错还是过载，ISDN 会将业务量自动按需增加带宽，解决故障，保证通信量。

二、宽带综合业务数字网(B-ISDN)

以前的 ISDN 一般是以 64 kbit/s 为基础的电路交换网，属于窄带 ISDN。由于传输速度低，它并不适应日益发展的高清晰度视频会议、可视电话及其他高速数据通信等业务的要求。

为了克服窄带 ISDN 的种种缺陷，新型通信网——宽带综合业务数字网(B-ISDN)的开发成为必然。B-ISDN 是能够提供高传输速率、宽传输频带、实现多种通信业务的网络。B-ISDN 用一种新的网络替代现有的电话网及各种专用网，它可以传输各类信息，与现有网络相比，要提供极高的数据传输率，且有可能提供大量新的服务，包括点播电视、电视广播、动态多媒体电子邮件、可视电话、CD 质量的音乐、局域网互联、用于科研和工业的高速数据传送以及其他很多现今还未想到的服务。

1. ATM 技术的基本知识

异步转移模式 ATM(Asynchronous Transfer Mode)技术的发展顺应了多媒体宽带传输的要求。多媒体(语音/图像)的传输特点和传统的数据传输不同，数据传输的特点是允许延时，但不能有差错，数据的差错将导致数据含义的不同，引起错误的结果；语音/图像传输的特点是信息量大，实时性高，但允许有少量的差错，差错只能影响当时的语音/图像的质量。虽然可以使用各种压缩技术，但多媒体的信息量仍然惊人，尤其是多媒体传输的实时性要求使得其他技术难以适应，于是出现了一种新的交换技术——ATM 交换技术。

ATM 是用信元(固定大小的分组包)传送所有的信息。信元长度为 53 个字节，其中信元头占 5 个字节，信息域占 48 个字节，信元头的主要功能是信元的网络路由。ATM 的信元结构如图 2-24 所示。

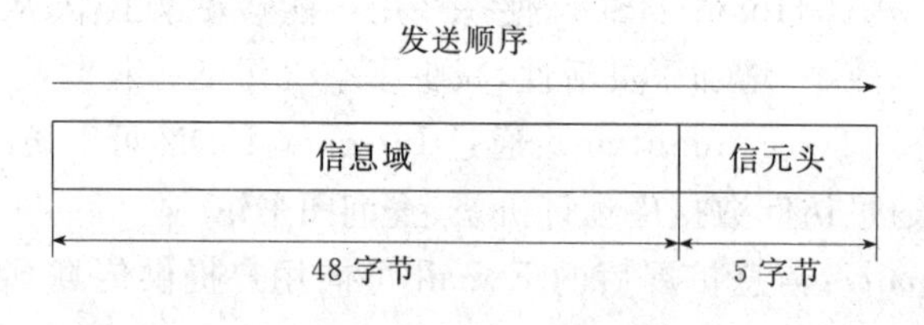

图 2-24　ATM 的信元结构

信元头又根据在网络的位置可分为 UNI(用户网络接口)接口的信元头和 NNI(网络接口)接口的信元头。它们的结构有一些差别，如图 2-25 所示。

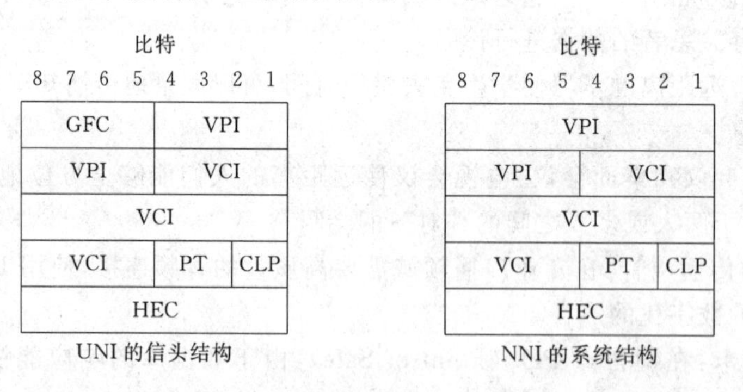

图 2-25　UNI/NNI 信元头结构

信元头内容主要由以下几部分构成。

(1)VPI：虚通道标志，NNI 中为 12 比特，UNI 中为 8 比特。

(2)VCI：虚通路标志，16 比特，标志虚通道中的虚通路，VPI/VCI 一起标志一个虚连接。

(3)GFC：一般流量控制，4 比特，只用于 UNI 接口，可用于流量控制或在共享媒体的网络中标示不同的接入。

(3)PT：净荷类型，3 比特。比特 3 为 0 表示为数据信元，为 1 表示为 OAM 信元。对 OAM 信元，后两比特表明了 OAM 信元的类型。对数据信元，比特 2 用于前向拥塞指示(EFCI)，当经过某一节点出现拥塞时，就将这一比特置位；比特 1 用于 AAL5(ATM 适配层 5)。

(4)CLP：信元丢失优先级，1 比特，用于拥塞控制。

(5)HEC：信元头差错控制，8 比特，检测出有错误的信元头，可纠正信元头中 1 比特的差错。

HEC的另一个作用是进行信元定界,利用HEC字段和它之前的4字节的相关性可识别出信元头位置。由于在不同的链路中VPI/VCI的值不同,所以在每一段链路都要重新计算HEC。

ATM交换采用异步时分多路复用(ATDM)技术,用户数据被组合成信元,在ATM网络中分时传输。图2-26是数据在ATM中的发送和接收过程。

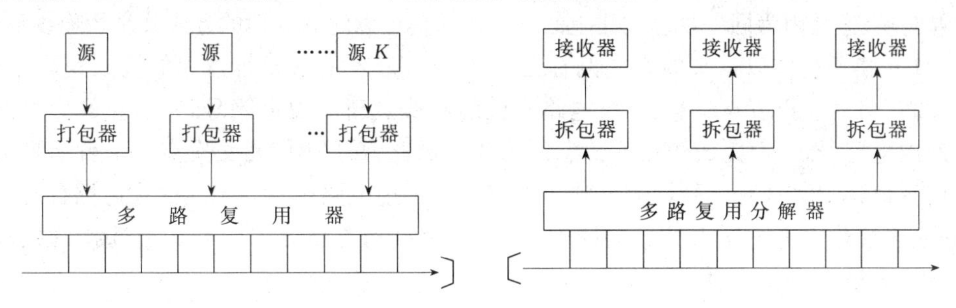

图2-26 发送和接收过程

为了提高处理速度,降低时延,ATM是以面向连接方式工作的。通信一开始,交换网络先建立虚电路,以后用户将虚电路标志写入信元头。交换网络根据虚电路标志将信元送往目的地。因此,ATM交换只是完成虚电路的交换。

来自不同信息源的信元汇集到一起,在一个缓冲器内排队。队列中的信元逐个输出到传输线路。在传输线路上形成首尾相接的信元流。每个信元有信元头,标明目的地址。网络就可以根据信元头来传送该信元。

2. ATM交换

(1)VP/VC的概念

在ATM中,一个物理传输通道被分成若干个虚通路VP(Virtual Path),一个VP又由上千个虚通道VC(Virtual Channel)所复用。ATM信元的交换既可以在VP级进行,也可以在VC级进行。虚通路VP和虚通道VC都是用来描述ATM信元单向传输的路由。每个VP可以用复用方式容纳多达数千个VC,属于同一VC的信元群拥有相同的虚通道识别符VCI(VC Identifier),属于同一VP的不同VC拥有相同的虚通路识别符VPI,VCI和VPI都作为信元头的一部分与信元同时传输。由于在不同VP链路上的两条VC链路可能会有同样的VCI值,所以一条特定的VC链路必须由相应的VPI和VCI共同确定。传输通道、虚通路VP、虚通道VC是ATM中的三个重要概念,其关系如图2-27所示。

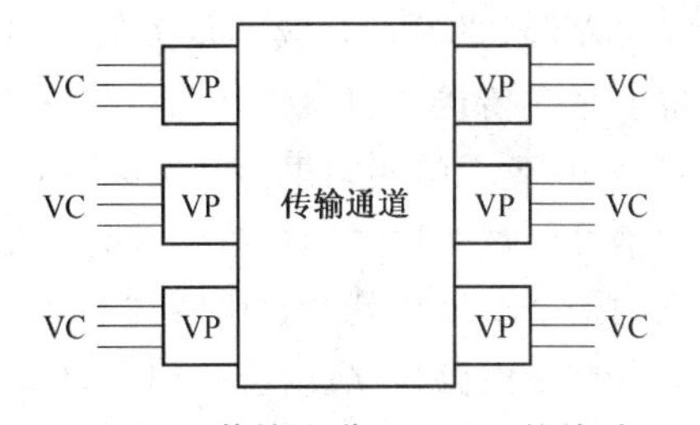

图2-27 传输通道、VP、VC的关系

(2) ATM交换原理

ATM交换机的核心是ATM交换网络,它具有N条入线和N条出线,每条入线和出线上传送的都是ATM信元流。相对于数字程控交换中以时隙为基本处理单位的时隙交换,ATM交换以信元为基本处理单位完成信元交换。ATM交换的三大功能是路由选择、信头翻译和排队。

① 信元交换

由于ATM信号是异步时分复用信号,以虚电路标志区分各路输入信号占用子信道。因此,ATM交换不能像数字程控话音信号那样,通过对时隙的操作实现信息交换。在ATM网络中,信元的交换是根据存储的路由选择表,并利用信头中提供的路由信息(VPI/VCI),将信元从输入逻辑信道转发到输出逻辑信道上。

ATM 交换的基本任务是：将占用任意一个输入线任一逻辑信道的信元，交换到所需要的任意一个输出线的任一逻辑信道上去。因此，信元交换包含两项工作，第一是将信元从一条入线传送到另一条出线的空间交换，第二是将信元从一个输入逻辑信道传送到另一个输出逻辑信道的时间位置交换(这是因为同一物理线路上的各个逻辑信道以时分复用的方式共享物理线路)。

ATM 交换系统中以信头的虚电路标志(VPI/VCI)表示信元所占用的输入逻辑信道号，通过翻译表(路由选择表)查找出该虚电路对应的出线及新的虚电路号，并以新的虚电路号取代原有的虚电路号，从而完成了信元信息的修改。因此，ATM 信元交换实际上就是根据翻译表变换信头值(VPI/VCI)。翻译表反映了所有入线的虚电路标志与出线的虚电路标志的对应关系，是在连接建立阶段写入的。翻译表的内容、生成和更新方式等与路由选择的控制方法(自选路由、表格控制选路)有关。

② 信元排队

由于输入、输出线上的信元是异步时分复用的，有可能在同一时刻多条入线上的信元需要去往同一出线或抢占交换结构的同一内部链路，这时就会产生竞争。为了避免竞争引起的信元丢失，交换结构应在适当位置设置缓冲器以供信元排队。根据信元的不同优先级别，当出现争抢资源时优先级低的信元要在缓冲器中等待。

根据交换结构中缓冲器的物理位置不同，交换结构缓冲方式分为三种：输入排队、输出排队和中央排队。分别把缓冲器设置在交换结构的输入端、输出端和交换网络内部，无论哪种方式，目的都是对发生竞争的信元通过缓冲器存储，等候对它们"放行"的时机。但是，当缓冲器被充满时，仍然会产生信元丢失，此时需要根据信元的优先级首先丢弃那些优先级低的信元。适当加大缓冲器的存储空间，可减少信元的丢失概率。

③VP/VC 交换过程描述

ATM 的呼叫接续不是按信元逐个地进行选路控制，而是采用分组交换中虚呼叫的概念，也就是在传送之前预先建立与某呼叫相关的信元接续路由，同一呼叫的所有信元都经过相同的路由，直至呼叫结束。其接续过程是：主叫通过用户网络接口 UNI 发送一个呼叫请求的控制信号。被叫通过网络收到该控制信号并同意建立连接后，网络中的各个交换节点经过一系列的信令交换后就会在主叫与被叫之间建立一条虚电路。虚电路是用一系列 VPI/VCI 表示的。在虚电路建立过程中，虚电路上所有的交换节点都会建立路由表，以完成输入信元 VPI/VCI 值到输出信元 VPI/VCI 值的转换。

虚电路建立起来以后，需要发送的信息被分割成信元，经过网络传送到对方。若发送端有一个以上的信息要同时发送给不同的接收端，则可建立到达各自接收端的不同虚电路，并将信元交替送出。

在虚电路中，相邻两个交换节点间信元的 VCI/VPI 值保持不变。此两点间形成一条 VC 链，一串 VC 链相连形成 VC 连接 VCC(VC Connection)。相应的，VP 链和 VP 连接 VPC 也以类似的方式形成。

VCI/VPI 值在经过 ATM 交换节点时，该 VP 交换点根据 VP 连接的目的地，将输入信元的 VPI 值改为新的 VPI 值赋予信元并输出，该过程

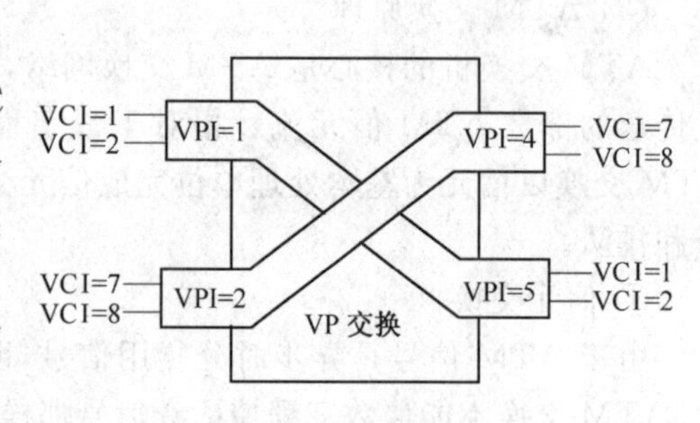

图 2-28　VP 交换示意图

称为VP交换。可见VP交换完成将一条VP上所有的VC链路全部送到另一条VP上，而这些VC链路的VCI值保持不变，如图2-28所示。VP交换的实现比较简单，往往只是传输通道的某个等级数字复用线的交叉连接。

VC交换要和VP交换同时进行，因为当一条VC链路终止时，VP连接（即VPC）就终止了，这个VPC上的所有VC链路将各自执行交换过程，加到不同方向的VPC中去，如图2-29所示。

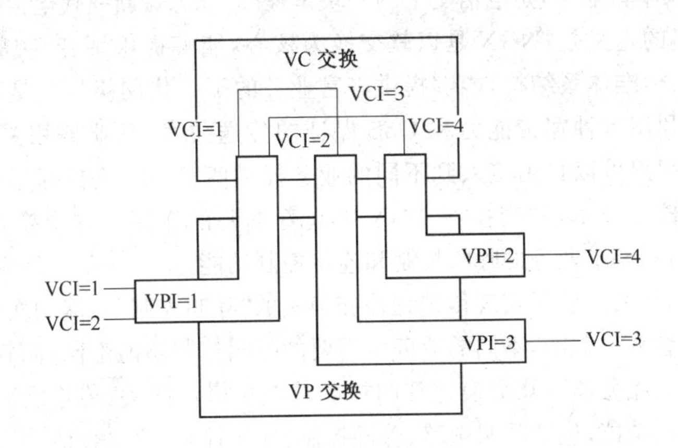

图2-29　VC交换过程示意图

(3) ATM交换的特点

ATM作为综合业务宽带网络的核心技术，其优点有以下几方面：

①采用统计时分复用

异步时分复用方式使ATM具有很大的灵活性。任何业务都按实际需要来占用资源，传送的速率随到达的信息速率而变化。因此，网络资源得到最大限度的利用。ATM网络可以适用于各种业务，包括不同速率、不同突发性、不同质量和实时性要求。网络都按同样模式来处理。真正做到了完全的业务综合。

② 响应时间短

ATM的信元长度比X.25网络中的分组长度要小得多，这样可以降低交换节点内部缓冲区的容量要求，减少信息在这些缓冲区中的排队时延，从而保证了实时业务短时延的要求。

③采用面向连接并预约传输资源的方式工作

在ATM方式中采用的是虚电路形式，同时在呼叫过程向网络提出传输所希望使用的资源。考虑到业务具有波动的特点和网络中同时存在连接的数量，网络预分配的通信资源小于信源传输时的峰值速率（PCR）。

④简化了网络内部控制

与X.25相比，ATM协议运行在误码率较低的光纤传输网上，同时预约资源保证网络中传输的负载小于网络的传输能力，ATM将差错控制和流量控制放到网络边缘的终端设备完成。这样做有利于简化网络协议、加快交换速度、提高资源使用效率。

第八节　软交换的基本知识

一、下一代网络与软交换的概念

近年来，我国电信网络迅速发展，取得了巨大的进步，综合通信能力明显增强。但是，随着经济社会和科技发展,各种单一业务的网络面临的压力越来越大,电话网、计算机网、有线电视网的融合成为必然。特别是各种非话业务需求快速增长且趋于多样化,网络负荷不断增大,而目前的PSTN(公共交换电话网)和PLMN(公众陆地移动通信网)难以满足新型的多样性的业务需求。在这样的发展背景下,基于软交换技术的NGN网络应运而生。NGN(Next Grenerator Network)又称为下一代网络或新一代网络,能够提供话音、视频、数据等多媒体综合业务,采用开放、标准体系结构,能够提供丰富业务,是电信史上的一块里程碑,标志着新一代电信网络时代的到来。

对下一代网络的定义是:NGN是以软交换为核心,能够提供话音、视频、数据等多媒体综合业务,采用开放、标准体系结构,能够提供丰富业务的下一代网络。它是基于分组的网络,能够提供电信业务;利用多种宽带能力和QoS保证的传送技术;其业务相关功能与其传送技术相独立。NGN使用户可以自由接入到不同的业务提供商;NGN支持通用移动性。

作为NGN的核心技术,软交换在NGN中起着重要的作用。软交换是一种功能实体,为NGN提供具有实时性要求业务的呼叫控制和连接控制功能,是一种基于软件的分布式交换和控制平台。简单地看,软交换就是实现传统程控交换机的"呼叫控制"功能的实体,但传统的呼叫控制功能是和业务结合在一起的,不同的业务所需要的呼叫控制功能不同;而软交换则是与业务无关的,即"业务与控制相分离",软交换把呼叫控制功能从媒体网关(传输层)中分离出来,通过软件实现基本呼叫控制功能,包括呼叫选路、管理控制、连接控制(建立会话、拆除会话)、带宽管理、安全性和信令互通(如从SS7到IP)等,实现呼叫传输与呼叫控制分离。其中更重要的是,软交换采用了开放式应用程序接口(API),允许在交换机制中灵活引入新业务。

软交换的技术定义可以描述为:它是一种提供了呼叫控制功能的软件实体,支持所有现有的电话功能及新型会话式多媒体业务,采用各种标准协议,提供了不同厂商的设备之间的互操作能力。从业务角度来看,软交换是一种针对与传统电话业务和新型多媒体业务相关的网络和业务问题的解决方案。

二、软交换的特点

软交换技术的主要特点表现在以下几个方面:

(1)可支持PSTN、ATM和IP协议等各种网络的可编程呼叫处理。

(2)可方便地运行在各种商用计算机和操作系统上。

(3)高效灵活性。例如:软交换加上一个中继网关便是一个长途/汇接交换机的替代;软交换加上一个接入网关便是一个语音虚拟专用网(VPN)/专用小交换机(PBX)中继线的替代;软交换加上一个中继网关和一个本地性能服务器便是一个本地交换机的替代。

(4)开放性。通过一个开放的和灵活的号码簿接口便可以再利用智能网业务。例如,它提供一个具有接入到关系数据库管理系统、轻量级号码簿访问协议和事务能力应用部分的号码簿嵌入机制。

(5)为第三方开发者创建下一代业务提供开放的应用编程接口(API)。

(6)具有可编程的后营业室特性。例如:可编程的事件详细记录、详细呼叫事件写到一个业务提供者的收集事件装置中。

(7)具有先进的基于策略服务器的管理所有软件组件的特性。

三、软交换的系统结构与参考模型

1. 软交换的系统结构

目前比较普遍的看法认为，软交换系统主要应由下列设备组成：

(1)软交换控制设备(Softswitch Control Device)

软交换控制设备是网络中的核心控制设备(也就是我们通常所说的软交换)，它完成呼叫处理控制功能、接入协议适配功能、业务接口提供功能、互联互通功能、应用支持系统功能等。

(2)业务平台(Service Platform)

业务平台完成新业务生成和提供功能，主要包括 SCP 和应用服务器。

(3)信令网关(Signaling Gateway)

信令网关目前主要指 No. 7 信令网关设备。传统的 No. 7 信令系统是基于电路交换的，所有应用部分都是由 MTP 承载的，在软交换体系中则需要由 IP 来承载。

(4)媒体网关(Media Gateway)

媒体网关完成媒体流的转换处理功能。按照其所在位置和所处理媒体流的不同可分为：中继网关(Trunking Gateway)、接入网关(Access Gateway)、多媒体网关(Multimedia Service Access Gateway)、无线网关(Wireless Access Gateway)等。

(5)IP 终端(IP Terminal)

目前主要指 H. 323 终端和 SIP 终端两种，如 IP PBX、IP Phone、PC 等。

(6)其他支撑设备

如 AAA 服务器、大容量分布式数据库、策略服务器(Policy Server)等，它们为软交换系统的运行提供必要的支持。

软交换的系统结构如图 2-30 所示。

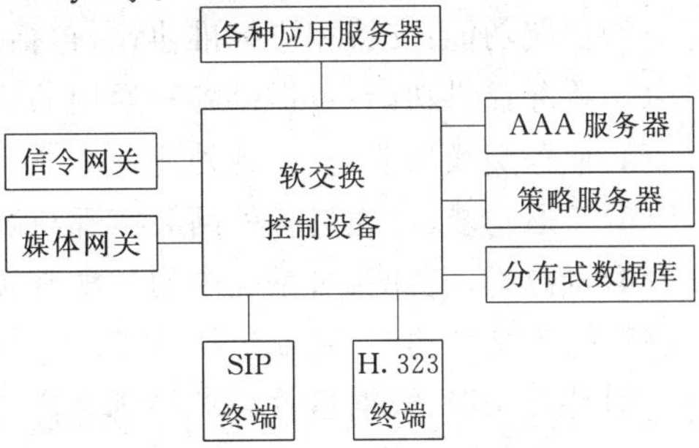

各种应用服务器
信令网关
媒体网关
软交换控制设备
AAA 服务器
策略服务器
分布式数据库
SIP 终端
H. 323 终端

图 2-30　软交换的系统结构

2. 软交换系统的参考模型

软交换既可用于 IP 网、ATM 网等数据通信网，也可用于电路交换网络。IP 网的呼叫控制与承载连接是分开的，从应用来说，软交换主要应用在 IP 网上。

国际软交换联盟(ISC，International Softswitch Consortium)提出的软交换参考模型如图 2-31 所示。

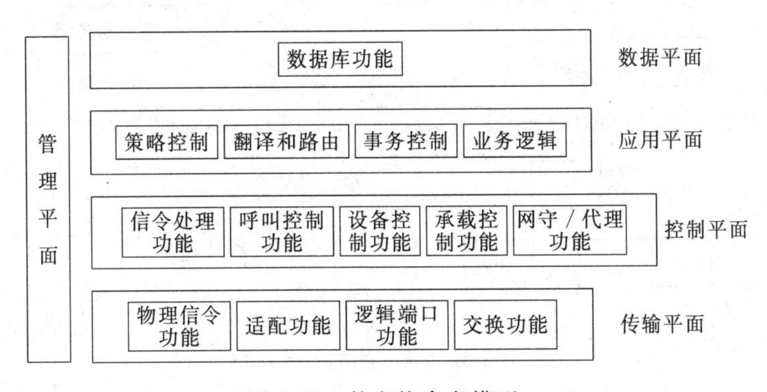

图 2-31　软交换参考模型

(1)传输平面：负责语音、视频等具体承载数据的传送。主要功能有交换功能、逻辑端口功能、适配功能和物理信令功能。在传输平面与外部的接口中，采用 TDM 话路或分组链路。包括带内信令。

(2)控制平面：提供一些控制功能。诸如信令处理功能、承载连接控制功能、设备控制功能、网守(对网络终端网关等提供呼叫和管理功能)和代理信令功能等,控制平面与外界的接口采用 H · 323 (H. 225/. 245)、SIP 和 TCAP(TCAP/SCCP/M3UA/SCTP/IP)等协议和信令。

(3)应用平面:提供业务和应用控制功能。包括会话控制功能、业务逻辑功能、翻译和路由功能以及策略功能。

(4)数据平面:提供数据库功能,为计费等功能提供服务。

(5)管理平面:提供管理功能。包括网络操作和控制、网络鉴权保管理接口中采用 SNMPv2 和 CMIP 等管理协议。

四、软交换的功能与对外接口

1. 软交换主要功能

软交换是多种逻辑功能实体的集合,它提供综合业务的呼叫控制、连接和部分业务功能。主要功能表现在以下几个方面。

(1)呼叫控制和处理:为基本呼叫的建立、维持和释放提供控制功能。

(2)协议功能:支持相应标准协议,包括 H. 248、SCTP、H. 323、SNMP、SIP 等。

(3)业务提供功能:可提供各种通用的或个性化的业务。

(4)业务交换功能:支持各种业务高效、可靠地交换。

(5)互通功能:可通过各种网关实现与响应设备的互通。

(6)资源管理功能:对系统中的各种资源进行集中管理,如资源的分配、释放和控制。

(7)操作维护功能:主要包括业务统计和告警等。

(8)计费功能:根据运营需求将话单传送至计费中心。

2. 软交换的对外接口

软交换作为一个开放的实体,与外部的接口必须采用开放的协议。图 2-32 所示为软交换与外部的接口的例子。

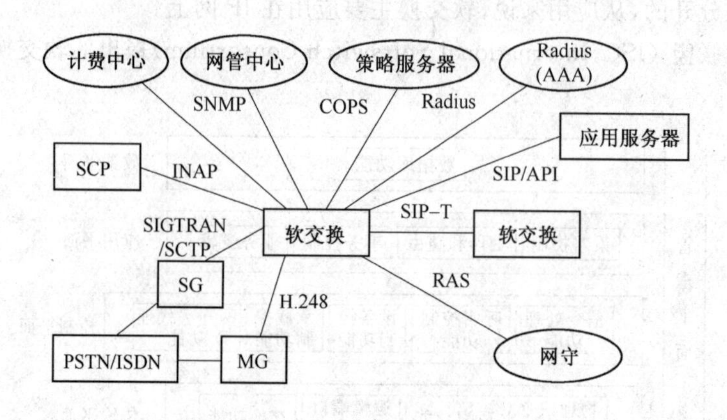

图 2-32 软交换的对外接口

媒体网关(MG)与软交换间的接口:该接口可使用媒体网关控制协议(MGCP, Media-Gateway Control Protocol),IP 设备控制协议(IPDC, Internet Protocol Device Control)或 H. 248(MeGaCo)协议。

信令网关(SG) 与软交换间的接口:该接口可使用信令控制传输协议(SCTP, Signaling Control Transmission protocol)或其他类似协议。

软交换间的接口：该接口实现不同软交换间的交互。此接口可使用 SIP-T 或 H.323 协议。

软交换与应用/业务层之间的接口：该接口提供访问各种数据库、三方应用平台、各种功能服务器等的接口，实现对各种增值业务、管理业务和三方应用的支持。

软交换与应用服务器间的接口：该接口可使用 SIP 协议或 API(如 Parlay)，提供对三方应用和各种增值业务的支持功能。

软交换与网管中心间的接口：该接口可使用 SNMP，实现网络管理。

软交换与智能网的 SCP 之间的接口：该接口可使用 INAP。实现对现有智能网业务的支持。

1. 什么叫时隙交换？

2. 电话通信网有何特点？

3. 分别按照读出控制和写入控制的方式，画出在 T 型接线器中完成时隙 TS_6 和 TS_9 的话音信息的交换过程。

4. 程控数字交换机是如何组成的？

5. 用户 A 和用户 B 分别属于两个省的不同市话局，写出其通话接续过程。

6. 在 T 型接线器中，当话音存储器采用不同的控制方式时，控制存储器工作状态有何不同？

7. 在电话网中，路由选择的规则有哪些？

8. 通信网中的信号可按哪些方式分类？

9. 描述完成一次跨局呼叫接续的信号传送过程。

10. 线路信号功能是什么？

11. 什么叫记发器信号？记发器信号的主要功能是什么？

12. ISDN 的定义是什么？

13. 描述 ATM 信元的结构。

14. ATM 交换的特点是什么？

15. 下一代网络的定义是什么？

16. 软交换的技术定义是怎样描述的？

第三章 数据通信

【学习目标】

1. 理解数据通信的概念、模型及其几个重要的指标；
2. 理解数据信号的传输方式及各种传输方式的异同；
3. 了解数据交换的不同方式，重点掌握电路交换和分组交换的优缺点；
4. 了解 OSI 与 TCP/IP 参考模型异同，掌握 TCP/IP 参考模型各层协议的作用；
5. 了解局域网、城域网及广域网的不同，重点了解各种快速以太网和千兆位以太网技术。

第一节 数据通信概述

数据通信作为通信技术和计算机技术相结合而成的产物，它依照一定的协议，利用数据传输技术在两个终端之间传递数据信息的一种通信方式和通信业务。随着 IPv6 技术的逐步成熟以及 CNGI 项目的展开，数据通信得到了快速发展。数据通信涉及多方面内容，本章简要介绍了数据通信的基础知识与当前不断发展的数据通信新技术，包括数据信号的传输方式、数据交换、数据通信规程和协议及计算机通信网。

一、数据通信的基本概念

数据是包含有一定内容的物理符号，是传送信息的载体，如字母、数字和符号等。信息是以适合于通信、存储或处理的形式来表示的知识或消息。它不随载荷符号的形式不同而改变。数据是信息传送的形式，信息是数据表达的内涵。

在通信领域中，通常把语言和声音、音乐、文字和符号、数据、图像等统称为消息。这些消息所给予接受者的新知识称为信息。信息一般可分为话音、数据和图像三大类型。

数据通信就是按照通信协议，利用传输技术在功能单元之间传递数据信息，从而实现计算机与计算机之间、计算机与其终端之间以及其他数据终端设备之间的信息交互而产生的一种通信技术。它是计算机和通信相结合的产物，克服了时间和空间上的限制，使人们可以利用终端在远距离共同使用计算机，提高了计算机的利用率。为了保证有效而可靠地进行通信，通信双方必须按一定的规程(或称协议)进行，如收发双方的同步、差错控制、传输链路的建立、维持和拆除及数据流量控制等。

二、模拟数据通信和数字数据通信

1. 模拟数据与数字数据

数据一般分为模拟数据和数字数据两大类。

模拟数据是指在某个区间产生的连续值。如由传感器采集得到的连续变化的值，声音、视频、温度、压力等都属于模拟数据。

数字数据则是模拟数据经量化后得到的有限个离散的值，如在计算机中用二进制代码表示的字符、图形、音频与视频数据等都属于数字数据。

2. 模拟数据通信与数字数据通信

(1)模拟信号与数字信号之间的相互转换

模拟信号和数字信号之间可以相互转换：模拟信号一般通过 PCM 脉码调制方法量化为数字信号，即让模拟信号的不同幅度分别对应不同的二进制值，如采用 8 位编码可将模拟信号量化为 $2^8=256$ 个量级，实用中常采取 24 位或 30 位编码；数字信号一般通过对载波进行移相的方法转换为模拟信号。

模拟数据和数字数据都可以用模拟信号或数字信号来表示，因而无论信源产生的是模拟数据还是数字数据，在传输过程中都可以用适合于信道传输的某种信号形式来传输。

①模拟数据可以用模拟信号来表示。模拟数据是时间的函数，并占有一定的频率范围，即频带。这种数据可以直接用占有相同频带的电信号，即对应的模拟信号来表示。模拟电话通信是它的一个应用模型。

②数字数据可以用模拟信号来表示。如 Modem 可以把数字数据调制成模拟信号；也可以把模拟信号解调成数字数据。用 Modem 拨号上网是它的一个应用模型。

③模拟数据也可以用数字信号来表示。对于声音数据来说，完成模拟数据和数字信号转换功能的设施是编码解码器 CODEC。它将直接表示声音数据的模拟信号，编码转换成二进制流近似表示的数字信号；而在线路另一端的 CODEC，则将二进制流码恢复成原来的模拟数据。数字电话通信是它的一个应用模型。

④数字数据可以用数字信号来表示。数字数据可直接用二进制数字脉冲信号来表示，但为了改善其传播特性，一般先要对二进制数据进行编码。数字数据专线网 DDN 网络通信是它的一个应用模型。

(2)模拟数据通信与数字数据通信

①信道

信道是指为数据信号传输提供的通路。包括通信设备和传输媒体。狭义信道仅指传输介质本身，能够传输信号的任何抽象的或具体的通路，如电缆、光纤、微波、短波等。广义信道包含传输介质和完成各种形式的信号变换功能的发送及接收设备，可看成是一条实际传输线路及相关设备的逻辑部件。

②模拟数据通信

模拟数据通信是用模拟信道传输数据，有以下两种形式：一是模拟信道传输模拟数据，典型的例子是声音在普通电话系统中的传输。二是模拟信道传输数字数据，典型的例子是通过电话系统实现两个计算机(数字设备)之间的通信。由于电话系统只能传输模拟信号，所以需通过调制解调器(Modem)进行数字信号与模拟信号的转换。

③数字数据通信

数字数据通信是用数字信道传输数据，有以下两种形式：一是数字信道传输模拟数据，用编码解码器(CODEC)完成，原理同 Modem。二是数字信道传输数字数据，典型的例子是将两个计算机通过接口直接相连。

④数字数据通信的优点

与模拟数据通信相比较，数字数据通信具有下列特点：

a. 抗干扰能力强，在长距离数字通信中可通过中继器放大和整形来保证数字信号的完整及不累积噪音。

b. 由于数字通信传输一般采用二进制码，所以可使用计算机对数字信号进行处理，实现复杂的远距离大规模自动控制系统和自动数据处理系统，实现以计算机为中心的通信网。

c. 来自声音、视频和其他数据源的各类数据均可统一为数字信号的形式，并通过数字通信系统传输。

d. 数字信号易于加密处理，可有效增强通信的安全性。

e. 以数据帧为单位传输数据，并通过检错编码和重发数据帧来发现与纠正通信错误，从而有效保证通信的可靠性。

f. 数字技术比模拟技术发展更快，数字设备很容易通过集成电路来实现，并与计算机相结合，而由于超大规模集成电路技术的迅速发展，数字设备的体积与成本的下降速度大大超过模拟设备，性能/价格比高。

g. 多路光纤技术的发展大大提高了数字通信的效率。

数字通信的缺点是比模拟信号占带宽，然而，由于毫米波和光纤通信的出现，带宽已不成问题。这里需要指出的是：数据通信和数字通信有概念上的区别，数据通信是一种通信方式，而数字通信则是一种通信技术体制。电信系统中，电信号的传输和交换既可采用模拟技术体制，也可采用数字技术体制。对于数据通信，既可采用模拟通信技术体制，也可采用数字通信技术体制。

三、数据通信系统模型

数据通信系统是通过数据电路将分布在异地的数据终端设备与计算机系统连接起来，实现数据传输、交换、存储和处理的系统。主要任务是把数据源所产生的数据迅速、可靠、准确地传输到数据宿（目的）计算机或专用外设。典型的数据通信系统模型由数据终端设备、数据电路和计算机系统三部分组成。数据通信系统模型如图 3-1 所示。

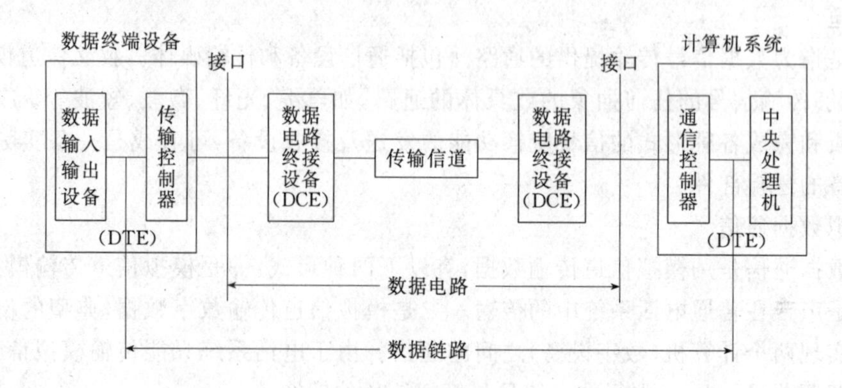

图 3-1　数据通信系统的基本结构

远端的数据终端设备（Data Terminal Equipment，DTE）通过一条由传输信道和其两端的数据通信设备（Data Communication Equipment，DCE）组成的数据电路，与一个计算机系统相连的系统。如果通信信道是模拟信道，DCE 的作用就是把 DTE 送来的数据信号变换为模拟信号再送往信道，信号到达目的节点后，把信道送来的模拟信号变换成数据信号再送到 DTE；

如果通信信道是数字信道,DCE 的作用就是实现信号码型与电平的转换、信道特性的均衡、收发时钟的形成与供给以及线路的接续控制等。如果传输信道是通过交换网提供的,则通信开始前必须有一个呼叫和建立连接的过程,并在通信结束时及时拆除连接。如果传输信道是固定连接的专用线路,则无需这两个过程。

数据电路指的是在线路或信道上加信号变换设备之后形成的二进制比特流通路,它由传输信道及其两端的数据电路终接设备(DCE)组成。如果传输信道为模拟信道,DCE 通常就是调制解调器(Modem)。它的作用是进行模拟信号和数字信号的转换;如果传输信道为数字信道,DCE 的作用是实现信号码型与电平的转换以及线路接续控制等。

数据链路是在数据电路已建立的基础上,通过发送方和接收方之间交换"握手"信号,使双方确认后方可开始传输数据的两个或两个以上的终端装置与互联线路的组合体。所谓"握手"信号是指通信双方建立同步联系,使双方设备处于正确收发状态,通信双方相互核对地址等。

四、数据通信中的技术指标

数据通信的指标是围绕传输的有效性和可靠性来制定的。其中主要的质量指标分为数据传输速率指标和数据传输质量指标。主要目的是在传输数据信息时,希望达到传输速度快、出错率低、信息量大、可靠性高、既经济又便于使用维护。

数据通信中的主要技术指标除了有第一章所提到的信息传输速率、码元传输速率、信息差错率和码元差错率之外,还有频带利用率、传输时延等。

1. 频带利用率

带宽(Bandwidth)是指信道每秒能够传输的最大字节数,也就是一个信道的最大数据传输速率,单位也是 bit/s。不过,传输带宽与数据传输速率是有区别的,前者表示信道的最大数据传输速率,是信道传输数据能力的极限,而后者是实际的数据传输速率。

在比较不同通信系统的效率时,单看它们的信息传输速率是不够的,或者说,即使两个系统的信息传输速率相同,它们的效率也可能不同,所以还要看传输这样的信息所占的频带。通信系统占用的频带愈宽,传输信息的能力应该愈大。在通常情况下,可以认为二者成正比例,用单位频带内的符号速率描述系统的传输效率,称为频带利用率。

设 B 为信道所需的传输带宽,R_b 为信道的信息传输速率,则频带利用率

$$n=R_b/B(\text{bit/s/Hz})$$

2. 时延

时延就是信息从网络的一端传送到另一端所需的时间。

时延=处理时延+传播时延+发送时延

①"处理时延"是数据在交换节点为存储转发而进行一些必要的数据处理所需的时间。

②"传播时延"是电磁波在信道中需要传播一定距离所需的时间。

传播时延(以 s 为单位)=信道长度(以 km 为单位)/电磁波在信道上的传播速率(以 bit/s 为单位)。

③"发送时延"是节点在发送数据时使数据块从节点进入到传输所需要的时间,也就是从数据块的第一比特开始发送算起,到最后一比特发送完毕所需的时间。又称"传输时延"。

发送时延(以 s 为单位)=数据块长度(以 bit 为单位)/信道带宽(以 bit/s 为单位)。

在总时延中,究竟哪种时延占主导地位,必须具体分析。

五、数据通信的特点

数据通信和电报、电话通信相比，数据通信有以下特点：

1. 数据通信是人—机或机—机通信，换句话说，数据通信至少有计算机或数字设备参与，计算机直接参与通信是数据通信的重要特征。

2. 数据传输的准确性要求高，需要严格的通信协议。

3. 数据通信对差错敏感，可靠性要求高。

4. 数据通信对时延和时延抖动不敏感。

5. 传输速率高，要求接续和传输响应时间快。

6. 数据通信的突发度高，通信持续时间差异大，是一种阵发式通信。

第二节　数据信号的传输方式

数据信号的传输是数据通信的基础。数据在传输信道上传递的方式，若按被传输的数据信号的特点，可分为基带传输和频带传输；若按数据传输的顺序可分为并行传输和串行传输；若按数据传输的同步方式可分为同步传输和异步传输；若按数据传输的流向和时间可分为单工、半双工和全双工传输。

一、基带传输和频带传输

1. 基带传输

基带传输是信号未经频率变换直接在信道上进行传输。即数据与信号占用相同的频谱宽度，是把数据终端设备(DTE)送出的二进制“1”或“0”的电信号(基带信号)直接送到电路的传输方式。它是一种波形传输，特点是频谱中含有直流、低频和高频分量，随着频率升高，其幅度相应减小，最后趋于零。基带传输简单、方便，但效率低、抗干扰性差、传输距离短。来自计算机、电传打字机或其他数字设备的各种数字代码和数字电话终端的脉冲编码信号以及 PDH 基群信号等都是数字基带信号。

在收信端，将收到的数字基带信号经滤波器滤除信号带宽以外的噪声干扰，再通过由同步时钟控制的判决器依序对逐个码元进行判读，并再生出相应的码元，从而恢复数字基带信号。显然，再生的数字码流，除可能因判读有误而出现误码和因信道中传输时延的随机变化以及收、发信时钟间的误差而使码元在时间轴上的位置偏离标准位置(这种随机偏离称为抖动)外，不再含有其他噪声成分。

基带传输多用在传输距离较近的数据传输中，如近程计算机间数据通信或基带局域网系统。

2. 频带传输

在远程通信中不能直接传输原始的电脉冲信号——基带信号，需用基带脉冲对载波波形的某些参量进行控制，使这些参量随基带脉冲变化而变化，也就是所说的调制。经过调制的信号称为已调信号。已调信号通过线路传输到接收端，然后经过解调恢复为原始基带脉冲。

频带传输就是先将基带信号调制成便于在信道带宽范围内传输的、具有较高频率范围的模拟信号，再将这种频带信号在信道中传输，接收端通过解调方法还原出基带信号的方式。

频带传输不仅克服了目前许多长途电话线路不能直接传输基带信号的缺点，而且能实现多路复用的目的，从而提高了通信线路的利用率，因而适合远距离的数据通信，例如利用电话网可实现全国或全球范围的数据通信。

二、并行传输和串行传输

并行传输指的是数据以成组的方式，在多条并行信道上同时进行传输。常用的就是将构成一个字符代码的几位二进制码，分别在几个并行信道上进行传输。例如，采用 8 比特代码的字符，可以用 8 个信道并行传输。一次传送一个字符，因此收、发双方不存在字符的同步问题，不需要另加“起”、“止”信号或其他同步信号来实现收、发双方的字符同步，这是并行传输的一个主要优点。但是，并行传输必须有并行信道，这往往带来了设备上或实施条件上的限制，一般适用于计算机和其他高速数据系统的近距离传输。

串行传输指的是数据流以串行方式，在一条信道上传输。一个字符的 8 个二进制代码，由高位到低位顺序排列，再接下一个字符的 8 位二进制码，这样串接起来形成串行数据流传输。串行传输只需要一条传输信道，传输速度远远慢于并行传输，但易于实现、费用低，是目前主要采用的一种传输方式。

但是串行传输存在一个收、发双方如何保持码组或字符同步的问题，这个问题不解决，接收方就不能从接收到的数据流中正确地区分出一个个字符来，因而传输将失去意义。如何解决码组或字符的同步问题，目前有两种不同的解决办法，即同步传输方式和异步传输方式。

三、同步传输和异步传输

在数据通信中，同步是十分重要的。当发送器通过传输介质向接收器传输数据信息时，如每次发出一个字符(或一个数据帧)的数据信号，接收器必须识别出该字符(或该帧)数据信号的开始位和结束位，以便在适当的时刻正确地读取该字符(或该帧)数据信号的每一位信息，这就是接收器与发送器之间的基本同步问题。

在串行传输时，接收端如何从串行数据码流中正确地划分出发送的一个个字符所采取的措施称为字符同步。根据实现字符同步的方式不同，数据传输有同步传输和异步传输两种方式。

1. 同步传输

同步传输以数据帧为单位传输数据，可采用字符形式或位组合形式的帧同步信号(后者的传输效率和可靠性高)，由发送器或接收器提供专用于同步的时钟信号。在短距离的高速传输中，该时钟信号可由专门的时钟线路传输；计算机网络采用同步传输方式时，常将时钟同步信号植入数据信号帧中，以实现接收器与发送器的时钟同步。

同步传输是位(码元)同步传输方式。该方式必须在收、发双方建立精确的位定时信号，以便正确区分每位数据信号。在传输中，数据要分成组(或称帧)，一帧含多个字符代码或多个独立码元。在发送数据前，在每帧开始必须加上规定的帧同步码元序列，接收端检测出该序列标志后，确定帧的开始，建立双方同步。接收端 DCE 从接收序列中提取位定时信号，从而达到位(码元)同步。同步传输不加起、止信号，传输效率高，使用于 2 400 bit/s 以上数据传输，但技术比较复杂。

2. 异步传输

异步传输是字符同步传输的方式，又称起止式同步。当发送一个字符代码时，字符前面要加一个“起”信号，长度为 1 个码元宽，极性为“0”，即空号极性；而在发完一个字符后面加一个

"止"信号,长度为1、1.5(国际2号代码时用)或2个码元宽,极性为"1",即传号极性。接收端通过检测起、止信号,即可区分出所传输的字符。字符可以连续发送,也可单独发送,不发送字符时,连续发送"止"信号。每一个字符起始时刻可以是任意的,一个字符内码元长度是相等的,接收端通过"止"信号到起信号的跳变("1""0")来检测一个新字符的开始。

异步传输以字符为单位传输数据,采用位形式的字符同步信号,发送器和接收器具有相互独立的时钟(频率相差不能太多),并且两者中任一方都不向对方提供时钟同步信号。异步传输的发送器与接收器双方在数据可以传送之前不需要协调:发送器可以在任何时刻发送数据,而接收器必须随时都处于准备接收数据的状态。

该方式简单,收、发双方时钟信号不需要精确同步。缺点是增加起、止信号,效率低,使用于低速数据传输中。计算机主机与输入、输出设备之间一般采用异步传输方式,如键盘、典型的RS-232串口(用于计算机与调制解调器或ASCII码终端设备之间)。

四、单工、半双工和全双工传输

根据通信双方的分工和信号传输方向可将通信分为三种方式:单工、半双工与全双工。

1. 单工方式:通信双方设备中发送器与接收器分工明确,只能在由发送器向接收器的单一固定方向上传送数据。采用单工通信的典型发送设备如早期计算机的读卡器,典型的接收设备如打印机等。

2. 半双工方式:通信双方设备既是发送器,也是接收器,两台设备可以相互传送数据,但某一时刻则只能向一个方向传送数据。例如,对讲机是半双工设备,因为在一个时刻只能有一方说话。

3. 全双工方式:通信双方设备既是发送器,也是接收器,两台设备可以同时在两个方向上传送数据。例如,电话是全双工设备,因为双方可同时说话。

第三节 数据交换

数据通信的目的是使一个用户能在任何时间、以任何方式、与任何地点的任何人、实现任何形式的信息交流。显然,不可能把千百万用户的通信终端相互以直达通信电路固定连接起来,何况用户还要求移动通信。

解决这个问题的方法是在用户分布区域的中心位置安装一个公共设备,每个用户都直接接入到这个公共设备。当一个用户要与其选定的用户或用户群通信时,此公共设备能按发信用户的愿望,在这些用户间建立起承担所需通信业务的电路连接,以实现他们间的信息交流,并在通信结束后,及时地拆除这些电路连接。也就是说这些公共设备不关心数据的内容,只提供一个交换设备,用这个交换设备把数据从一个节点传到另一个节点直至目的地。这种采用公共设备解决各用户间选择性连接的技术称为交换技术,而这种公共设备就称为交换机。

显然,一个交换机的容量和服务半径有限,随着用户的增多和通信范围的扩大,必须规划好交换局所的数量、分布和层次,配置好各局所内交换机的容量,组织好局所间的业务流量、流向和路由,即以各级交换节点为枢纽,传输链路做纽带,组织好通信网。

现在交换技术已经从单一形式发展为多种形式,主要有电路交换、报文交换、分组交换等数据交换方式。

一、电路交换

电路交换也称线路交换，是一种面向连接，直接切换电路的直接交换方式。它在两个用户间进行选择性接续和建立专用的物理电路以实现通信，并在通信结束后实时拆除该电路。在从电路建立到电路拆除的时间段内，该物理电路被主、被叫用户全时独占，其间，无论该电路空闲与否，均不允许其他用户使用。此外，信号经电路交换几乎没有时延。

1. 电路交换的原理

电路交换过程主要有三个阶段：电路建立、数据传输和电路拆除。

(1)电路建立

该阶段的任务是在欲进行通信的双方之间，各节点(电话局)通过电路交换设备，建立一条仅供通信双方使用的临时专用物理通路。

(2)数据传输

电路建立以后，数据就可以从源站发往目的站，电路连接是全双工的，数据可以在两个方向传输。在整个数据传输过程中，所建立的连接必须始终保持连接状态。

(3)电路拆除

数据传输结束后，由某一方发出拆除请求，然后逐节拆除到对方的节点链路，将电路的使用权交还给网络，以供其他用户使用。

电路交换属于电路资源预分配系统，即每次通信时，通信双方都要连接电路，且在一次连接中，电路被预分配给一对固定用户。不管该电路上是否有数据传输，其他用户都不能使用该电路直至通信双方要求拆除此电路为止。

2. 电路交换的优缺点

电路交换方式的特征是在整个连接路径中均采用物理连接，具有以下的一些优点：

(1)交换迅速、信息传输时延小、抖动小。通信双方之间的物理通路一旦建立，双方可以随时通信，实时性强。

(2)信息以数字信号的形式在数据信道上进行“透明”传输，交换机对用户的数据信息不存储、处理，交换机在处理方面的开销比较小，对用户的数据信息不用附加控制信息，使信息的传送效率较高。

(3)信息的编译码和代码格式由通信双方决定，与交换网络无关。

(4)交换设备(交换机等)及控制较简单。

采用电路交换方式传送数据的缺点如下：

(1)所占用的带宽是固定的，造成网络资源的利用率较低。

(2)由于通信的传输通路是专用的，信道利用率低。

(3)通信双方在信息传输速率、编码格式、同步方式、通信规程等要完全兼容，不同速率和不同通信协议之间的用户不能通信。

电路交换方式是适用于公用交换网，即电话网，以及专线方式，如数字数据网 DDN。电路交换适合实时性要求高、大数据量的信息传输。

二、报文交换

1. 报文交换原理

报文交换不像电路交换那样在两个站点之间建立一条专用通路，而是信源将欲传输的信息组成一个数据包(一批或一组比较大的数据),称之为报文。该报文上含有信宿的地址。这样的数据包送上网络后,每个接收到的节点都先将它存在该节点处,然后按信宿的地址,根据网络的具体传输情况,寻找合适的通路将报文转发到下一个节点。经过这样的多次存储转发,直至信宿,完成一次数据传输,这种节点存储转发数据的方式称为报文交换。

在交换网中,每个节点是一个电子或机电结合的交换设备,通常是一台通用的小型计算机,它具有足够的存储容量来缓存进入的报文。一个报文在每个节点的延迟时间等于接收报文的所需要的时间,加上等待时间和重传到下一节点所需要的排队延时时间。

2. 报文交换的优缺点

采用报文交换方式进行传送数据,具有以下优点:

(1)线路利用率较高,这是因为许多报文可以用分时方式共享一条节点到节点的通道。

(2)不需要同时使用发送器和接收器来传输数据,网络可以在接收器可用之前暂时存储这个报文。

(3)在线路交换网上,当通信量变得很大时,就不能接收某些呼叫。而在报文交换上却仍然可以接收报文,只是传送延迟会增加。

(4)报文交换系统可以把一个报文发送到多个目的地。

(5)能够建立报文的优先权。

(6)报文交换网可以进行速度和代码的转换,因为每个站都可以用它特有的数据传输率连接到其他点,所以两个不同传输率的站也可以连接,另外还可以转换传输数据的格式。

采用报文交换方式进行传送数据,具有以下缺点:

(1)由于每个节点在收到来自不同方向的报文后,都要先将报文排队,寻找到下一个节点后再转发出去,因此,信息通过节点交换(或路由)时产生的时延大,而且时延的变化也大,不利于实时通信。

(2)交换机需要存储用户发送的报文,因为有的报文可能很长,所以要求交换机要有高速处理能力和大的存储容量。

报文交换一般只适用于公众电报和电子信箱业务。由于报文交换在本质上是一种主从结构方式,所有的信息都流入、流出交换机,若交换机发生故障,整个网络都会瘫痪。因此许多系统都需要备份交换机,一个发生故障,另一个接替工作。同时,该系统的中心布局形式造成所有信息流都要流经中心交换机,交换机本身就成了潜在的瓶颈,会造成响应时间长、吞吐量下降。

三、分组交换

电路交换不利于实现不同类型的数据终端设备之间的相互通信,报文交换信息传输时延又太长,无法满足许多数据通信系统的实时性要求,分组交换技术较好地解决了这些矛盾。

1. 分组交换原理

分组交换是一种存储转发方式,类似于报文交换,其主要差别在于:分组交换是数据量有限的报文交换。在报文交换中,对一个数据包的大小没有限制,比如要传输一篇文章,不管这篇文章有多长,它就是一个数据包,报文交换把它一次性传送出去(可见报文交换要求每个节点必须具有足够大的存储空间)。而在分组交换中,要限制一个数据包的大小,即要把一个大数据包分成若干个小数据包(俗称打包),每个小数据包的长度是固定的,然后再按报文交换的方式进行数据交换。为区分这两种交换方式,小数据包(即分组交换中的数据传输单位)称为分组(Packet)。

数据分组在网络中有两种传输方式：数据报和虚电路。

(1)数据报：该方式非常像报文交换，是一种无连接型的服务。每个分组在网络中的传输路径与时间完全由网络的具体情况而随机确定。因此，会出现信宿收到的分组顺序与信源发送时的不一样，先发的可能后到，而后发的却有可能先到。这就要求信宿有对分组重新排序的能力，具有这种功能的设备叫分组拆装设备(PAD)，通信双方各有一个。数据报要求每个数据分组都包含终点地址信息以便于分组交换机为各个数据分组独立寻找路径。

数据报的好处在于对网络故障的适应能力强，对短报文的传输效率高。主要不足是离散度较大，时延相对较长，缺乏端到端的数据完整性和安全性。

(2)虚电路：其交换方式类似于电路交换。在发送分组前，需要在通信双方建立一条逻辑连接。也就是说，要像电路交换那样建立一条直接通路，但这条通路不是实实在在的物理链路，而是虚的，其"虚"表现在分组并不像在电路交换中那样，从信源沿着通路畅通无阻地到达信宿，而是分组的走向确实沿着逻辑通路走，但它们在过节点时并不能直通，仍要像报文交换那样，存储、排队、转发，即在节点处进行缓冲，不过它的时延要比数据报小得多。由于每个数据包(分组)都包含有这个逻辑链路(虚拟电路)的标识符，这样，在预先建立好的路径上的每个节点都知道把这些分组引到何处，无须对路径进行选择判断，各分组将沿同一路径在网中传送，到达次序和发送的次序相同。一旦用户不需要收发数据时可拆除这种连接。它与数据报的区别是各节点不需为分组选择路径，而是沿着已经建立的虚路径传送。

在虚电路连接中，网络可以将线路的传输能力和交换机的处理能力进行动态分配，终端可以在任何时候发送数据，在暂时无数据发送时依然保持这种连接，但它并没有独占网络资源，网络可以将线路的传输能力和交换机的处理能力用作其他服务。虚电路因其实时性较好，故适合于交互式通信；数据报更适合于单向传输短信息。虚电路方式的优点是：

①数据接收端无需对分组重新排序，时延小。

②一次通信具有呼叫建立、数据传输和呼叫清除三阶段。分组中不含终端地址，对数据量大的通信传输效率高。

③可为用户提供永久虚电路服务，在用户间建立永久性的虚连接，用户就可以像使用专线一样方便。

当分组交换采用数据报服务时，可能出现失序、丢失或重复分组，分组到达目的节点时，要对分组按编号进行排序等工作，增加了麻烦；若采用虚电路服务，虽无失序问题，但有呼叫建立、数据传输和虚电路释放三个过程。

2. 分组交换的优缺点

目前，广域网大都采用分组交换方式，提供数据报和虚电路两种服务由用户选择。分组交换主要有以下优点：

(1)加速了数据在网络中的传输。因为分组是逐个传输，可以使各个分组的转发操作并行，减少了传输时间。此外，传输一个分组所需的缓冲区比传输一份报文所需的缓冲区小得多，这样因缓冲区不足而等待发送的几率及等待的时间也必然少得多。

(2)减少了出错几率和重发数据量。分组交换也意味着按分组纠错，接收端发现错误，只需让发送端重发出错的分组，而不需将所有数据重发，不仅提高了通信效率，而且提高了可靠性。另外，分组头携带差错控制信息，有一定的检错和纠错能力。

(3)简化了存储管理。因为分组的长度固定，相应的缓冲区的大小也固定，在交换节点中存储器的管理通常被简化为对缓冲区的管理，相对比较容易。

(4)分组只在发送时才占用网络资源,网络资源可由各个业务共享,资源利用率高。

(5)由于分组短小,更适用于采用优先级策略,便于及时传送一些紧急数据,因此对于计算机之间的突发式的数据通信,分组交换显然更为合适些。

(6)可实现多种速率的交换,能灵活支持不同带宽的多种业务,如数据交换或分组话音业务。

分组交换主要有以下缺点:

(1)网络系统附加了大量的控制信息,对于报文较长的信息传输率低。

(2)有时延,实时性差,不能保证通信质量。

(3)技术实现复杂。

可见,分组交换是电路交换和报文交换相结合的一种交换方式,它综合了电路交换和报文交换的优点,并使其缺点最少。

总之,若要传送的数据量很大,且其传送时间远大于呼叫时间,则采用电路交换较为合适;当端到端的通路有很多段的链路组成时,采用分组交换传送数据较为合适。从提高整个网络的信道利用率上看,报文交换和分组交换优于电路交换,其中分组交换比报文交换的时延小,尤其适合于计算机之间的突发式的数据通信。

第四节 数据通信规程和协议

数据通信协议也称为数据通信控制协议,是为保证数据通信网中通信双方能有效、可靠通信而规定的一系列约定。这些约定包括数据的格式,顺序和速率,数据传输的确认或拒收,差错检测,重传控制和询问等操作。

在数据通信的早期,对通信所使用的各种规则都称为"规程"。后来具有体系结构的计算机网络开始使用"协议(Protocol)"这一名词。以前的"规程"其实就是"协议",但由于习惯,对以前制定好的规程有时仍常用旧的名称"规程"。

一、OSI 与 TCP/IP 参考模型

1. OSI 开放系统互联参考模型

国际标准化组织(ISO)在 1978 年提出了开放系统互联参考模型(OSI),该模型是设计和描述网络通信的基本框架。OSI 为网络的设计、开发、编程、维护提供了便利的分而治之的思想,描述了网络硬件和软件如何以层的方式协同工作进行网络通信。OSI 参考模型采用分层的结构化技术,共分 7 层,从低到高为:物理层、数据链路层、网络层、传输层、会话层、表示层和应用层,模型如图 3-2 所示。

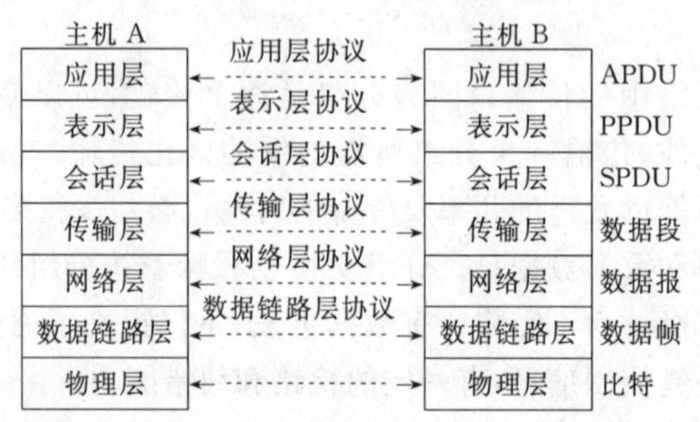

图 3-2 OSI 七层参考模型

主机的应用层信息转化为能够在网络中传播的数据，能够被对端应用程序识别；数据在表示层加上表示层报头，协商数据格式，是否加密，转化成对端能够理解的数据格式；数据在会话层加上会话层报头；依此类推，传输层加上传输层报头，这时数据称为段(Segment)，网络层加上网络层报头，称为数据包(Packet)，数据链路层加上数据链路层报头称为帧(Frame)；在物理层数据转化为比特流，传送到交换机，通过交换机将数据帧发向路由器；同理，路由器也逐层解封装：剥去数据链路层帧头部，依据网络层数据包头信息查找去往主机 B 的路径，然后封装数据发向主机 B。主机 B 从物理层到应用层，依次解封装，剥去各层封装报头，提取出发送主机发来的数据，完成数据的发送和接收过程。

也就是说，任务从主机 A 的应用层开始，按规定的格式逐层封装数据，直至数据包达到物理层，然后通过网络传输线路到主机 B。主机 B 的物理层获取数据，向上层发送数据，直到到达主机 B 的应用层。

2. TCP/IP 模型

TCP/IP 模型简化了层次结构，只有四层，每一层负责不同的通信功能，自顶向下分别为应用层、传输层、网络层和网络接口层，如图 3-3 所示。

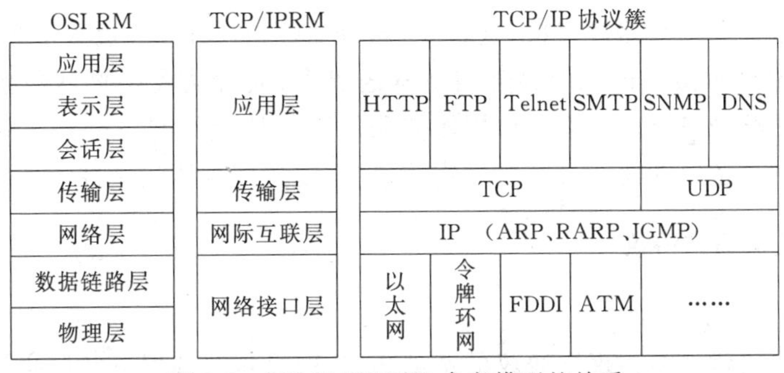

图 3-3 OSI 和 TCP/IP 参考模型的关系

在发送端，数据由应用层产生，它被封装在传输层的段中，该段封装到网络层报文包中，网络层报文包再封装到数据链路帧，以便在所选的介质上传送。当接收端系统接收到数据时，是解封装过程。当数据沿着协议栈向上传递时，首先检查帧的格式，决定网络类型，去掉帧的格式，检查内含的报文包，决定传输协议。数据由某个传输层处理，最后数据递交给正确的应用程序。

上层协议层需要低层的协议层提供服务，当有网络通信的需求时，只要按照标准的接口使用低层协议模块提供的网络服务即可。

(1)应用层

TCP/IP 最高层是应用层，为用户提供网络应用，并为这些应用提供网络支撑服务，把用户的数据发送到低层，为应用程序提供网络接口。由于 TCP/IP 将所有与应用相关的内容都归为一层，所以在应用层要处理高层协议、数据表达和对话控制等任务。这一层有许多标准的 TCP/IP 工具与服务，例如 SMTP(简单报文传送协议)、FTP(文件传输协议)、DNS(域名服务)、SNMP(简单网络管理协议)、Telnet(远程登录)等。

(2)传输层

传输层是在源节点和目的节点的两个对等实体间提供可靠的端到端的数据通信。为保证数据传输的可靠性，传输层协议也提供了确认、差错控制和流量控制等机制。传输层从应用层接收数据，并且在必要的时候把它分成较小的单元，传递给网络层，并确保到达对方的各段信息正确无误。两个传输协议分别是传输控制协议（TCP）和用户数据报协议（UDP）。

TCP 为应用程序提供可靠的通信连接，在传送数据之前必须先建立连接，数据传送结束后要释放连接。TCP 不提供广播或多播服务。适合于一次传输大批数据的情况，并适用于要求得到响应的应用程序，如文件传输、远程登录等。

UDP 提供了无连接通信，且不对传送的数据包实行可靠性保证。UDP 在传送数据之前不需要建立连接，远程主机的传输层在收到 UDP 报文后，不需要给出任何确认。UDP 只在 IP 的数据报服务之上增加了很少的功能，即端口的功能和差错检测的功能，适合于一次传输少量数据，如 SNMP、DNS 等应用数据的传输。数据的可靠传输则由应用层负责。

（3）网络层

网络层负责独立地将分组从源主机送往目标主机，涉及为分组提供最佳路径的选择和交换功能，并使这一过程与它们所经过的路径和网络无关。TCP/IP 模型的网络层在功能上非常类似于 OSI 参考模型中的网络层，即检查网络拓扑结构，以决定传输报文的最佳路由。IP 协议、ICMP 协议、ARP 协议、RARP 协议、PPP 协议是网络层的主要协议。

（4）网络接口层

网络接口层也称数据链路接口层，这是 TCP/IP 模型的最低层，负责接收从网络层交来的 IP 数据报，并将 IP 数据报通过底层物理网络发送出去，或者从底层物理网络上接收物理帧，抽出 IP 数据报，交给网络层。网络接口层能使采用不同技术的网络硬件之间能够互联，它包括属于操作系统的设备驱动器和计算机网络接口卡，以处理具体的硬件物理接口。

二、常用的数据通信协议

1. 数据链路层协议

数据链路层协议建立在物理层协议的基础之上，通过这些数据链路层协议，在物理链路上实现可靠的数据传输。

（1）二进制同步通信协议 BSC：BSC 协议是 IBM 公司的二进制同步通信协议，它属于基本型协议，是典型的面向字符的同步协议。BSC 协议把在数据链路层上传输的信息分为两类，即数据报文和监控报文。监控报文又分正向监控报文和反向监控报文，并且为了确定报文中信息的作用或控制功能是什么，BSC 协议对每种报文都设有至少一个传输控制字符。

由于数据传输的长度是有限度的，所以如果数据报文很长，超出传输限定长度，则传输中就把它分解成多个数据块，以每一块为一个传输单位，分块传输。这就构成了报文分组。在传输中，每一个独立的数据传输单位都有报文头、报文尾等控制信息。如果所发数据与控制字符相同，则在传输中在所发的这个数据前加上一个特殊的字符给予说明。

（2）高级数据链路控制协议 HDLC：HDLC 协议的最大特点是不需要数据必须是规定字符集，对任何一种比特流，均可实现透明的传输，是面向比特的协议，支持全双工通信，采用位填充的成帧技术，以滑动窗口协议进行流量控制。HDLC 协议同时管理数据流和数据发送的间隔时间。HDLC 是在数据链路层中最广泛使用的协议之一。

HDLC 协议规定了数据传输的操作模式、数据帧格式、帧类型等。为满足不同应用场合的需要，HDLC 定义了三种站类型，两种链路结构及三种数据响应模式。

2. 网络层协议

TCP/IP 是为互连的各类计算机提供透明通信和可互操作性服务的一组软件，它受到各类计算机硬件和操作系统的普遍支持。协议本质上是一种采用分组交换技术的协议。TCP是使用IP的网间互联功能而提供可靠的数据传输，IP不停地把报文放到网络上，而TCP负责确信报文到达。

(1)IP协议：IP协议对应于TCP/IP模型的第二层(OSI模型的第三层)，即网络层，它提供了一种不可靠、无连接的投递机制。IP协议给定TCP数据报的源、宿IP地址，预测数据报传到下一个器件的最佳路由，但并不证实并利用选项来规定数据报必经的主机或到指定的主机必须经过哪些节点。不过，数据报的实际路由却不由IP确定，而是留给路由算法协议来做。数据包在传输中可能出现诸如迷路，中断，拼装失败等网络传输差错问题。由于IP无差错报告机制，无法解决这些问题，而要由TCP来解决。虽然IP数据报中也有校验，但其仅用于检验IP数据报报头的差错，并不保障报文的可靠传输。这意味着IP并不保证传输的可靠性。

(2)点对点协议(PPP)：PPP协议由IETF开发，作为一种提供在点到点链路上传输、封装网络层数据包的数据链路层协议，处在TCP/IP协议栈的第二层，主要被设计为用来在支持全双工的同异步链路上进行点到点之间的数据传输。PPP是一个适用于通过调制解调器、点到点专线、HDLC比特串行线路和其他物理层的多协议帧机制。它支持错误检测、选项商定、头部压缩等机制，在当今的网络中得到了普遍的应用。例如用Modem进行拨号上网(163、169、165等)就是使用PPP实现主机到网络连接的典型例子。

(3) 基于以太网的点到点通信协议(PPPoE)：PPPoE协议提供了在广播式的网络(如以太网)中多台主机连接到远端的访问集中器(目前能完成上述功能的设备为宽带接入服务器)上的一种标准。在这种网络模型中，不难看出所有用户的主机都需要能独立的初始化自己的PPP协议栈，而且通过PPP协议本身所具有的一些特点，能实现在广播式网络上对用户进行计费和管理。为了能在广播式的网络上建立、维持各主机与访问集中器之间点对点的关系，那么就需要每个主机与访问集中器之间能建立唯一的点到点的会话。

(4)ARP与RARP协议：IP地址是一种逻辑地址，而通过数据链路层传输时必须使用实际的物理地址，即MAC地址。因此需要有一种能将IP地址转换为MAC地址的协议，ARP就是这样一种地址解析协议。RARP称为反向地址解析协议，用于解决物理地址到IP地址的转换问题。

(5)ICMP协议：由于IP协议提供的是一种不可靠的和无连接的数据报服务，为了对IP数据报的传送进行差错控制，对未能完成传送的数据报给出出错的原因，TCP/IP协议簇在网际互联层提供了一个用于传递控制报文的ICMP协议，即互联网控制报文协议。常用的检查网络连通性的Ping命令，其过程实际上就是ICMP协议工作的过程。

第五节　计算机通信网

将若干台具有独立功能的计算机通过通信设备及传输媒体互联起来，在通信软件的支持下，实现计算机间信息传输与交换的系统，称为计算机通信网，也称为数据通信网。

一、局 域 网

1. 局域网概述

局域网从20世纪60年代末70年代初开始起步，至今已成为网络技术应用与发展非常活跃的一个领域。公司、企业、政府部门以及住宅小区内的计算机都在通过局域网连接起来，以达到资源共享、信息传递和数据通信的目的。

局域网一般采用星形、总线形、环形、树形、网状五种拓扑结构，传输介质有有线通信传输介质和无线通信传输介质之分，有线通信传输介质主要有双绞线、同轴电缆和光缆等，无线通信传输介质主要采用微波线路和卫星线路等。

访问控制方式是指控制网络中各个节点之间信息的合理传输，对信道进行合理分配的方法。介质访问控制方法主要是解决介质使用权的算法或机构问题，如何使众多用户能够合理而方便地共享通信介质资源，从而实现对网络传输信道的合理分配。常用的介质访问控制方法有三种：总线结构的带冲突检测的载波侦听多路访问(CSMA/CD)方法、环型结构的令牌环(Token Ring)访问控制方法和令牌总线(Token Bus)访问控制方法。

2. IEEE802 局域网模型

IEEE(电气和电子工程师协会)于 1980 年 2 月专门成立了局域网课题研究组，主要用于开发数据通信标准及其他标准。IEEE802 委员会负责起草局域网草案，并送交美国国家标准协会(ANSI)批准和在美国国内标准化。IEEE 还把草案送交国际标准化组织(ISO)。ISO 把这个 802 规范称为 ISO 8802 标准，因此，许多 IEEE 标准也是 ISO 标准。例如，IEEE 802.3 标准就是 ISO 802.3 标准。随着技术的发展，以太网推出了扩展的版本。IEEE802.3 标准主要有：

①IEEE 802.3ac：描述了 VLAN 的帧扩展(1998)。

②IEEE 802.3ad：描述了多重链接分段的聚合协议(2000)。

③IEEE 802.3an：描述了 10GBase-T 媒体介质访问方式和相关物理层规范。

④IEEE 802.3ab：描述了 1000Base-T 媒体接入控制方式法和相关物理层规范。

⑤IEEE 802.3i：描述了 10Base-T 媒体接入控制方式和相关物理层规范。

⑥IEEE 802.3u：描述了 100Base-T 媒体接入控制方式和相关物理层规范。

⑦IEEE 802.3z：描述了 1000Base-X 媒体接入控制方式和相关物理层规范。

⑧IEEE 802.3ae：描述了 10GBase-X 媒体接入控制方式和相关物理层规范。

IEEE802 对应于 OSI 的数据链路层分为逻辑链路控制(LLC)子层和介质访问控制(MAC)子层，OSI 的数据链路层的主要功能由 IEEE802 的 LLC 子层和部分的 MAC 子层来执行。

逻辑链路控制 LLC 子层：主要功能是建立和释放数据链路层的逻辑连接；提供与上层的接口(即服务访问点)；给 LLC 帧加上序号；差错控制。

媒体访问控制 MAC 子层：主要功能是发送时将上层传递下来的数据封装成帧进行发送，接收时对帧进行拆卸，将数据交给上层；实现和维护 MAC 协议；进行比特差错检查与寻址。

3. 以太网

以太网(Ethernet)自 Xerox、DEC 和 Intel 公司推出以来获得了巨大成功。以太网具有传输速率高、网络软件丰富、安装连接简单、使用维护方便等优点。以太网的速度也从最初的 10 Mbit/s升级到 100 Mbit/s、1 000 Mbit/s 以至于现在最高的 10 Gbit/s。由于 10Base-5、10Base-2、10BASE-T 传输率较低，以下主要介绍快速以太网技术和千兆位以太网技术。

(1)快速以太网技术由 10BASE-T 标准以太网发展而来，主要解决了网络带宽在局域网络应用中的瓶颈问题。其协议标准为 1995 年颁布的 IEEE802.3u，可支持 100 Mbit/s 的数据传输速率，并且与 10Base-T 一样可支持共享式和交换式两种使用环境，在交换式以太网环境中可以实现全双工通信。IEEE 802.3u 在 MAC 子层仍采用 CSMA/CD 作为介质访问控制方法,并保留了 IEEE 802.3 的帧格式。但是,为了实现 100 Mbit/s 的传输速率,在物理层作了一些重要的改进。例如在编码上,采用了效率更高的 4B/5B 编码方式,而没有采用曼彻斯特编码。快速以太网主要有以下几种。

①100BASE-TX:双绞线,使用两对非屏蔽双绞线或两对 1 类屏蔽双绞线连接,传输距离 100 m。

②100BASE-T4:4 对 3 类非屏蔽双绞线,传输距离 100 m。

③100BASE-F: 单模或多模光纤,传输距离 2 000 m 左右。

④1000BASE-T:5 类非屏蔽双绞线,传输距离 100 m。

⑤1000BASE-CX:屏蔽类双绞线,传输距离 25 m。

⑥1000BASE-LX:单模光纤,传输距离可达 3 000 m。

⑦1000BASE-SX:多模光纤,传输距离 300~550 m。

(2)千兆位以太网技术

随着多媒体技术、高性能分布计算和视频应用的不断发展,用户对局域网的带宽提出了越来越高的要求。同时,100 Mbit/s 快速以太网也要求主干网、服务器一级的设备要有更高的带宽。在这种需求背景下人们开始酝酿速度更高的以太网技术。1996 年 3 月 IEEE 802 委员会成立了 IEEE 802.3Z 工作组,专门负责千兆以太网及其标准的研究,并于在 1998 年 6 月正式发布了千兆位以太网的标准。

千兆位以太网标准是对以太网技术的再次扩展,其数据传输率为 1 000 Mbit/s 即 1 Gbit/s,因此也称吉比特以太网。千兆位以太网基本上保留了原有以太网的帧结构,所以向下和以太网与快速以太网完全兼容,从而使原有的 10 Mbit/s 以太网或快速以太网可以方便地升级到千兆以太网。千兆位以太网标准实际上包括支持光纤传输的 IEEE 802.3Z 和支持铜缆传输的 IEEE 802.3ab 两大部分。

①1000Base-SX 标准

1000Base-SX 标准是一种在收发器上使用短波激光作为信号源的媒体技术。这种收发器上配置了激光波长为 770~860 nm(一般为 800 nm)的光纤激光传输器,不支持单模光纤,仅支持 62.5 μm 和 50 μm 两种多模光纤。对于 62.5 μm 多模光纤,全双工模式下最大传输距离为 275 m,对于 50 μm 多模光纤,全双工模式下最大传输距离为 550 m。数据编码方法为 8B/10B,适用于作为大楼网络系统的主干通路。

②1000Base-LX 标准

1000Base-LX 是一种在收发器上使用长波激光作为信号源的介质技术。这种收发器上配置了激光波长为 1 270~1 355 nm(一般为 1 300 nm)的光纤激光传输器,它可以驱动多模光纤和单模光纤。使用的光纤规格为 62.5 μm 和 50 μm 的多模光纤,9 μm 的单模光纤。

对于多模光纤,在全双工模式下,最长的传输距离为 550 m,数据编码方法为 8B/10B,适用于作为大楼网络系统的主干通路。

对于单模光纤,在全双工模式下,最长的传输距离可达 5 km,工作波长为 1 300 nm 或 1 550 nm,数据编码方法采用 8B/10B,适用于校园或城域主干网。

③1000Base-CX 标准

1000Base-CX 的媒体是一种短距离屏蔽铜缆,最长距离达 25 m,这种屏蔽电缆是一种特殊规格高质量的 TW 型带屏蔽的铜缆。连接这种电缆的端口上配置 9 针的 D 型连接器。1000Base-CX 的短距离铜缆适用于交换机间的短距离连接,特别适用于千兆主干交换机与主服务器的短距离连接。

④1000Base-T 标准

IEEE 802.3 委员会公布的第二个铜线标准 IEEE 802.3ab，即 1000BASE-T 物理层标准。1000Base-T 采用 4 对 5 类 UTP 双绞线，传输距离为 100 m，传输速率为 1 Gbit/s，主要用于结构化布线中同一层建筑的通信，从而可以利用以太网或快速以太网已铺设的 UTP 电缆。也可被用作为大楼内的网络主干。因此，1000BASE-T 能与 10BASE-T、100BASE-T 完全兼容，它们都使用 5 类 UTP 介质，从中心设备到节点的最大距离都是 100 m，这使得千兆以太网应用于桌面系统成为现实。

与快速以太网相比，千兆位以太网有其明显的优点。千兆以太网具有更高的性能价格比，而且从现有的传统以太网与快速以太网可以平滑地过渡到千兆位以太网，并不需要掌握新的配置、管理与排除故障技术。

二、城 域 网

1. 城域网概述

MAN(Metropolitan Area Network，城域网)是基于一种大型的 LAN(Local Area Network，局域网)，通常使用与 LAN 相似的技术。将 MAN 单独列出的一个主要原因是已经有了一个标准：分布式队列双总线 DQDB(Distributed Queue Dual Bus)，即 IEEE 802.6。DQDB 由双总线构成，所有的计算机都联结在上面。

城域网以多业务光传送网络为基础，实现话音、数据、图像、多媒体、IP 等接入，在功能上主要是指完成接入网中的企业和个人用户与在骨干网络上的运营商之间全方位的协议互通。

城域网适用于一个城市的信息通信基础设施，是国家信息高速公路 NNI 与城市广大用户之间的中间环节。建造城域网的目的是提供通用和公共的网络构架，以高速有效地传输数据、声音、图像和视频等信息，满足用户对互联网的应用需求。

城域网一般适用于距离为 5～150 km 的范围，建立在光缆通信设施或基础通信服务设施之上。城域网的基础设施由基于 IP 主干网和 IP 接入网组成，提供一条覆盖整个城市范围的城市信息高速公路。企业的局域网和个人计算机都能接入城域网，以高速获得各种信息服务。

城域网一般分为骨干层、汇聚层和接入层。骨干层的主要功能是给业务汇接点提供高容量的业务承载与交换通道，实现各叠加网的互联互通；汇聚层主要是给业务接入点提供业务的汇聚、管理和分发处理；接入层则是利用光纤、双绞线、同轴电缆、无线接入技术等传输介质，实现与用户连接，并进行业务和带宽的分配。

宽带城域网是为满足网络接入层的带宽大幅度增长的需求而建立的，是在城市范围内，以 IP 和 ATM 电信技术为基础，以光纤作为传输媒介，集数据、语音、视频服务于一体的高带宽、多功能、多业务接入的多媒体通信网络。

2. 宽带城域网的特点

(1)传输速率高

宽带城域网采用大容量的 Packet Over SDH 传输技术，为高速路由和交换提供传输保障。千兆以太网技术在宽带城域网中的广泛应用，使骨干路由器的端口能高速有效地扩展到分布层交换机上。光纤、网线到用户桌面，使数据传输速度达到 100 Mbit/s、1 000 Mbit/s。

(2)用户投入少，接入简单

宽带城域网用户端设备便宜而且普及，可以使用路由器、HUB集线器甚至普通的网卡。用户只需将光纤、网线进行适当连接，并简单配置用户网卡或路由器的相关参数即可接入宽带城域网。

(3)技术先进、安全

技术上为用户提供了高度安全的服务保障。宽带城域网在网络中提供了第二层的VLAN(Virtual Local Area Network，虚拟局域网)隔离，使安全性得到保障。

3. 城域网与局域网、广域网的区别

(1)局域网或广域网通常是为了一个单位或系统服务的，而城域网则是为整个城市服务的。

(2)建设局域网或广域网包括资源子网和通信子网两个方面，而城域网的建设主要集中在通信子网上，其中也包含两个方面：一是城市骨干网，它与全国的骨干网相连；二是城市接入网，它把本地所有的联网用户与城市骨干网相连。

4. 万兆以太网技术

在以太网技术中，快速以太网是一个里程碑，确立了以太网技术在桌面的统治地位。随后出现的千兆以太网更是加快了以太网的发展。然而以太网主要是在局域网中占绝对优势，在很长的一段时间中，由于带宽以及传输距离等原因，人们普遍认为以太网不能用于城域网，特别是在汇聚层以及骨干层。2002年发布802.3ae10GE标准，2006年7月发布IEEE802.3an标准。万兆以太网不仅再度扩展了以太网的带宽和传输距离，更重要的是使得以太网从局域网领域向城域网领域渗透。

正如1000Base-X和1000Base-T(千兆以太网)都属于以太网一样，从速度和连接距离上来说，万兆以太网也是以太网技术自然发展中的一个新阶段。

(1)万兆以太网的技术特色

万兆以太网相对于千兆以太网拥有着绝对的优势和特点。

①在物理层面上，万兆以太网是一种采用全双工与光纤的技术，其物理层(PHY)和OSI模型的第一层(物理层)一致，它负责建立传输介质(光纤或铜线)和MAC层的连接，MAC层相当于OSI模型的第二层(数据链路层)。

②万兆以太网技术基本承袭了以太网、快速以太网及千兆以太网技术，因此在用户普及率、使用方便性、网络互操作性及简易性上皆占有极大的优势。在升级到万兆以太网解决方案时，用户不必担心已有的程序或服务会受到影响，升级的风险非常低，同时在未来升级到40 Gbit/s甚至100 Gbit/s的可靠性上都将具有很明显的优势。

③万兆标准意味着以太网将具有更高的带宽(10 Gbit/s)和更远的传输距离(最长传输距离可达40 km)。

④在企业网中采用万兆以太网可以更好地连接企业网骨干路由器，这样大大简化了网络拓扑结构，提高网络性能。

⑤万兆以太网技术提供了更多、更新的功能，大大提升QoS。因此，能更好地满足网络安全、服务质量、链路保护等多个方面需求。

⑥随着网络应用的深入，WAN/MAN与LAN的融和已成为大势所趋，各自的应用领域也将获得新的突破，而万兆以太网技术让业界找到了一条能够同时提高以太网的速度、可操作距离和连通性的途径，万兆以太网技术的应用必将为三网的发展与融合提供新的动力。

随着千兆到桌面的日益普及，万兆以太网技术将会在汇聚层和骨干层广泛应用。从目前网络现状而言，万兆以太网应用的场合包括教育行业、数据中心出口和城域网骨干网。

(2)万兆以太网在城域网的应用

随着城域网建设的不断深入，各种内容业务(如流媒体视频应用、多媒体互动游戏)纷纷出现，这些对城域网的带宽提出更高的要求。在城域网骨干层部署10GE可大大地简化网络结构、降低成本、便于维护，通过端到端以太网打造低成本、高性能和具有丰富业务支持能力的城域网。10GE在城域网中的应用主要有两个方面：

①直接采用10GE取代原来传输链路，作为城域网骨干。

②通过10GE CWDM接口或WAN接口与城域网的传输设备相连接，充分利用已有的SDH或DWDM骨干传输资源。

三、广 域 网

1. 广域网概述

广域网是一个地理覆盖范围超过局域网的数据通信网络。主要目的是实现广大范围内的远距离数据通信。广域网的主要特性包括：

①广域网运行在超出局域网、城域网地理范围的区域内。

②使用各种类型的串行连接来接入广泛地理领域内的带宽。

③连接分布在广泛地理领域内的设备。

④使用电信运营商的服务。

根据定义，广域网连接相隔较远的设备，这些设备包括：

①路由器(Router)：提供诸如局域网互联、广域网接口等多种服务，包括LAN和WAN的设备连接端口。

②WAN交换机(Switch)：连接到广域网带宽上，进行语音、数据资料及视频通信。

③调制解调器(Modem)：包括针对各种语音级(Voice Grade)服务的不同接口，其中信道服务单元/数字服务单元(CSU/DSU)是T1/E1服务的接口，终端适配器/网络终结器(TA/NT1)是综合业务数字网(ISDN)的接口。

④通信服务器(Communication Server)：汇集拨入和拨出的用户通信。

2. 广域网标准

广域网只涉及ISO/OSI开放系统互联参考模型的低三层：物理层、数据链路层和网络层，它将地理上相隔很远的局域网互联起来。广域网能提供路由器、交换机以及它们所支持的局域网之间的数据分组/帧交换。

(1)物理层协议

广域网的物理层协议描述了如何提供电气、机械、操作和功能的连接到通信服务提供商所提供的服务。广域网物理层描述了数据终端设备(DTE)和数据通信设备(DCE)之间的接口以及连接方式。

(2)数据链路层协议

在每个WAN连接上，数据在通过WAN链路前都被封装到帧中。为了确保验证协议被使用，必须配置恰当的第二层封装类型。协议的选择主要取决于WAN的拓扑和通信设备。WAN数据链路层定义了传输到远程站点的数据的封装形式，并描述了在单一数据路径上各系统间的帧传送方式。

(3)网络层协议

网络层是OSI参考模型中的第三层,介于运输层和数据链路层之间,它在数据链路层提供的两个相邻端点之间的数据帧的传送功能上,进一步管理网络中的数据通信,将数据设法从源端经过若干个中间节点传送到目的端,从而向运输层提供最基本的端到端的数据传送服务。著名的广域网网络层协议,有ITU-T的X.25协议和TCP/IP协议中的IP协议等。

3. 广域网连接的选择

一般如图3-4所示,有两种类型的广域网连接可供选择:专线和交换连接。交换连接可以是电路交换或者是分组交换。

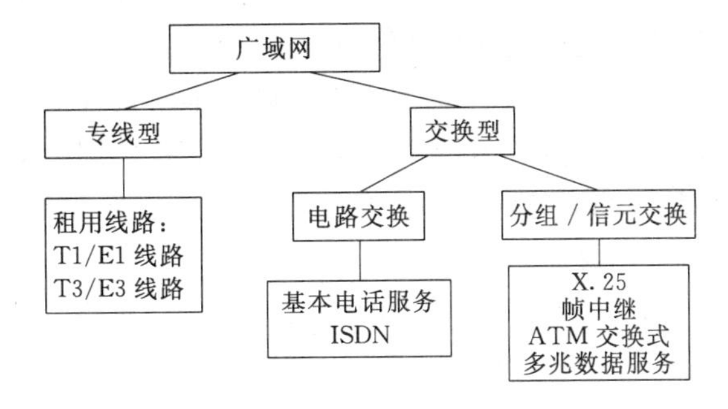

图3-4 广域网连接

(1)专线连接与DDN接入

专线连接是一种租用线路的方式,提供全天候服务。专线通常用于传送数据资料、语音,同时也可以传送视频图像。在数据网络设计中,专线通常提供主要网站或园区间的核心连接或主干网络连接,以及LAN对LAN的连接。

(2)分组交换连接

分组交换连接又称包交换,它不依赖于承载网提供的专用的点对点线路,而是让WAN中的多个网络设备共享一条虚拟电路进行数据传输。实际上,数据包是利用包含在包中或帧头的地址进行路由而通过运营商网络从源节点传送到目的节点。这意味着包交换式广域网设备是可以被共享的,允许服务提供商通过一条物理线路一个交换机来为多个用户提供服务。一般来讲,用户通过一条专线,如T1或分时隙的T1来连接到包交换网络。

在包交换式网络中,提供商通过配置自己的交换设备产生虚拟电路来提供端到端连接。帧中继、SMDS和X.25都 属于包交换式的广域网技术。

(3)电路交换连接

在电路交换式网络中,专用物理电路只是每一个通信对话临时建立的。交换式电路由一个初始建立信号触发所建立。这个呼叫建立过程决定了呼叫ID、目的ID和连接类型。当传输结束时,中断信号负责中断电路。

4. 主要公共通信平台

(1)公用电话交换网

公用电话交换网(PSTN)是向公众提供电话通信服务的一种通信网。它是国家公用通信基础设施之一,由国家电信部门统一建设、管理和运营。通信区域覆盖全国,利用电话网进行远程通信,是投资少、见效快、实现大范围数字通信最便捷的方法。

电话通信网主要提供电话通信服务,同时还可提供非话音的数据通信服务,例如电报、传真、数据交换、可视图文等。

交换机是电话通信网的核心设备,有存储程序控制的交换机称为程控交换机,它将各种控制功能、步骤、方法等编成程序,放入存储器,以此来控制交换机工作。如果传送和交换的是模拟话音信号,则称为程控模拟交换机;如果传送和交换的是数字话音信号,则称为程控数字交换机。

(2)数字数据网

数字数据网(Digital Data Network,DDN)是利用数字信道提供半永久性连接电路,以传输数据信号为主的数据传输网络。它主要向用户提供端到端的数字型数据传输信道,既可用于计算机远程通信,也可传送数字传真、数字话音、图像等各种数字化业务。

DDN的传输媒介有光缆、数字微波、卫星信道以及用户端可用的普通电缆和双绞线。利用数字信道传输数据信号与传统的模拟信道相比,具有传输质量高、速度快、带宽利用率高等一系列优点。DDN向用户提供的是半永久性的数字连接,沿途不进行复杂的软件处理,因此延时较短,避免了分组网中传输时延大且不固定的缺点;DDN采用交叉连接装置,可根据用户需要,在约定的时间内接通所需带宽的线路,信道容量的分配和接续在计算机控制下进行,具有极大的灵活性。

DDN为用户提供专用电路、帧中继和压缩话音/G3传真和虚拟专用网等业务。具有传输质量高、距离远、传输速率高、网络延迟小、无拥塞、透明性好、用户接入方便、传输安全可靠、网络管理方便、适合高流量用户接入等优点。

(3)综合业务数字网

综合业务数字网(ISDN)是基于现有的电话网络来实现数字传输服务的标准,与后来提出的宽带ISDN相对应。传统的ISDN又被称为窄带ISDN即N-ISDN,简称ISDN。ITU-T定义ISDN为:ISDN是由电话综合数字网IDN演变而来的,它向用户提供端到端的连接,并支持一切话音、数字、图像、图形、传真等广泛业务。用户可以通过一组有限的、标准的、多用途用户网络接口来访问这个网络获得相应的业务。根据上述定义,可以归纳出ISDN的以下特性:以综合数字电话网(IDN)为基础发展而成的通信网;支持端到端的数字连接,是一个全数字化的网络;支持各种通信业务;提供标准的用户/网络接口,用户对ISDN的访问通过该接口完成。

ISDN又称"一线通",即可以在一条线路上同时传输语音和数据,用户打电话和上网可同时进行。ISDN的出现,在因特网的接入方面产生了很大的效果,极大地推动了因特网在我国的普及和推广。

(4)分组交换网

公用分组交换数据网是实现不同类型计算机之间进行远距离数据传送的重要公共通信平台,是目前国际上普遍采用的一种广域连接方式。它遵照国际电信联盟的电信标准化组的标准。

分组交换采用存储/转发交换技术,分组是交换处理和传送的对象。先将发信端发送的数据分成固定长度的分组,然后在网络中经各分组交换机逐级"存储/转发",最终到达收信终端。

分组交换是一种在距离相隔较远的工作站之间进行大容量数据传输的有效方法,它结合线路交换和报文交换的优点,将信息分成较小的分组进行存储、转发,动态分配线路的带宽。它的优点是出错少、线路利用率高。

1. 简述数据通信系统模型中各部分的作用。
2. 简述数据通信的几个重要指标。

3. 数据信号的传输方式有几种,各有什么特点?
4. 数据交换有几种,各有什么优缺点?
5. OSI 和 TCP/IP 模型有何不同,简述 TCP/IP 模型中各层有哪些协议?
6. 简述快速以太网技术和千兆位以太网包含哪几种?

第四章

光 纤 通 信

【学习目标】

1. 掌握光纤通信的基本概念；
2. 掌握光纤通信系统的基本组成；
3. 掌握光纤的结构、分类和传输特性；
4. 理解光纤的导光原理；
5. 掌握光缆的结构和分类；
6. 了解光发送机、光接收机、光中继器和光放大器的构成；
7. 了解常用无源光器件的功能。

第一节　概　　述

光纤通信是 20 世纪 70 年代初期出现的一种新的通信技术。由于其本身的诸多优点，光纤通信得到了迅速发展，目前已成为现代通信的主要支柱之一，在现代电信网中起着举足轻重的作用。

一、光纤通信的概念和发展概况

光纤即光导纤维的简称。光纤通信是以光波作为信息载体，以光纤作为传输媒介的一种通信方式。

1880 年，贝尔发明了一种利用光波作载波传递话音信息的“光电话”，它证明了利用光波作载波传递信息的可能性，是光通信历史上的第一步。

1960 年，美国科学家梅曼(Meiman)发明了第一台红宝石激光器。激光器发出的激光与普通光相比能量集中、方向性强、亮度高、带宽大，是一种理想的光载波。因此，激光器的出现使光通信进入了一个崭新的阶段。

1966 年，英籍华人高锟提出用石英玻璃可以制成衰减为 20 dB/km 的光导纤维(简称光纤)。当时即便是用最好的玻璃来传输光波，其衰减也高达 1 000 dB/km，高锟分析了玻璃产生衰减的原因，从理论上预言，如果能消除玻璃中的各种杂质，就有可能制成低损耗的光纤，这一重大研究成果奠定了现代光通信——光纤通信的基础，所以高锟博士被誉为“光纤通信之父”。

1970 年是光纤通信史上闪光的一年。这一年美国康宁公司制造出了衰减为 20 dB/km 的光纤，使光纤远距离传输光波成为可能。同一年，贝尔实验室研制成功了在室温下可连续工作的激光器。此后，光纤的衰减不断下降，光纤通信进入了飞速发展的时代并逐渐向实用化迈进。1970 年又被称为光纤通信的元年。

1980年，多模光纤通信系统投入商用。1990年，565 Mbit/s单模光纤通信系统进入商用化阶段。1993年，622 Mbit/s的SDH光纤通信系统进入商用化。1995年，2.5 Gbit/s的SDH光纤通信系统进入商用化。1998年，10 Gbit/s的SDH光纤通信系统进入商用化。2000年，总容量为320 Gbit/s的DWDM系统进入商用化。

光纤通信已经从初期的市话局间中继到长途干线进一步延伸到用户接入网，从能够完成单一类型信息的传输到完成多种业务的传输。目前光纤已成为宽带信息通信的主要媒质和现代通信网的重要基础设施。

二、光纤通信的工作波长

光波与无线电波相似，也是一种电磁波，只是它的频率比无线电波的频率高得多，电磁波的波谱如图4-1所示。由图可知，红外线、可见光和紫外线均属于光波的范畴，其波长范围为$300\sim6\times10^{-3}$ μm。可见光是人眼能看见的光，它是由红、橙、黄、绿、蓝、靛、紫七种颜色组成的连续光谱，其波长范围为0.39～0.76 μm，其中红光的波长最长，而紫光的波长最短。红外线是人眼看不见的光，波长范围为0.76～300 μm，一般又分为近红外区（λ=0.76～15 μm）、中红外区（λ=15～25 μm）和远红外区（λ=25～300 μm）。紫外线也是人眼看不见的光，波长范围为$0.39\sim6\times10^{-3}$ μm。

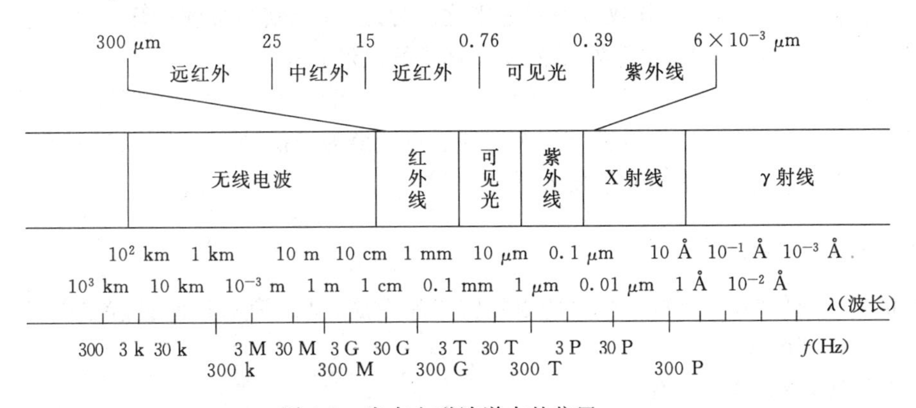

图4-1 光在电磁波谱中的位置

目前光纤通信所用光波的波长范围为0.8～1.8 μm，属于电磁波谱中的近红外区。在光纤通信中，常将0.8～0.9 μm称为短波长，而将1.0～1.8 μm称为长波长，2.0 μm以上称为超长波长。目前，光纤通信采用的三个工作窗口（在某个特定的波长处，损耗是整个曲线的最小值，也就是相当于透过性强，传得远。就像别的地方是障碍物，而这里像三个窗户一样能过去）分别是：短波长的0.85 μm，长波长的1.31 μm和1.55 μm。

三、光纤通信系统的基本组成

光纤通信系统基本上由光发射机、光纤（光缆）、光中继器和光接收机组成，如图4-2所示。

图4-2 光纤通信系统的基本组成

1. 光发射机

光发射机的主要作用是将电信号转变为光信号，并将光信号送入到光纤中传输。

光发射机的核心器件是光源，光源性能的好坏将对光纤通信系统产生很大的影响。目前，光纤通信系统常用的光源有半导体激光器（LD）和半导体发光二极管（LED），半导体激光器（LD）性能较好，价格较贵；而半导体发光二极管（LED）性能稍差，但价格较低。

2. 光纤

光纤的作用是传输光信号。

光纤通信使用的光纤通常是由石英玻璃（SiO_2）制成的。光纤的类型主要有多模光纤和单模光纤。为了使光纤能适应各种敷设条件和环境，还必须把光纤和其他元件组合起来制成光缆才能在实际工程中使用。

3. 光接收机

光接收机的主要作用是将光纤传送过来的光信号转变为电信号，然后进行进一步的处理。

光接收机的核心器件是光电检测器，常用的光电检测器有 PIN 光电二极管和 APD 雪崩光电二极管，其中 APD 有放大作用，但其温度特性差，电路复杂。

4. 光中继器

光信号在光纤中传输一定距离后，由于受到光纤损耗和色散的影响，光信号的能量会被衰减，波形也会产生失真，从而导致通信质量恶化。为此，在光信号传输一定距离后就要设置光中继器，对衰减了的光信号进行放大，恢复失真了的波形。

目前常用的光中继器有两类。一类是光—电—光间接放大的光中继器，它先将被衰减的光信号转变为电信号，对电信号进行放大处理后再转换为光信号送入光纤；另一类是对光信号直接放大的光放大器，如掺铒光纤放大器（EDFA）。

四、光纤通信的特点

在目前的通信领域，光纤通信之所以能够飞速发展，是因为和其他通信方式相比，光纤通信具有无可比拟的优越性。

1. 传输频带宽，通信容量大

由信息理论知道，载波频率越高通信容量越大。由于光纤通信使用的光波具有很高的频率，因此光纤通信具有巨大的通信容量，理论上一根光纤可以同时传输上亿个话路。虽然目前远未达到如此高的传输容量，但用一根光纤同时传输 400 万个话路（320 GHz）已经不成问题，它比传统的同轴电缆、微波等方式高出几千乃至几万倍以上。

2. 中继距离长

由于光纤的衰减很小，所以能够实现很长的中继距离。目前石英光纤在 1.31 μm 处的衰减可低于 0.35 dB/km，在 1.55 μm 处的损耗可低于 0.2 dB/km，这比目前其他通信线路的损耗都要低，因此光纤通信系统的中继距离也较其他通信线路构成的系统长得多。

3. 抗电磁干扰

光纤是一种非导电介质，交变电磁波不会在其中产生感生电动势，因此光纤不会受到电磁干扰。光纤通信适合在强电力、电气化铁路区段等场合使用。

4. 信道串扰小、保密性好

光纤的结构保证了光在光纤中传输时很少向外泄漏，因而在光纤中传输的信息之间不会产生串扰，更不容易被窃听，保密性优于传统的电通信方式。

5.原材料资源丰富，节省有色金属

制造电缆使用铜材料，而地球上的铜资源非常有限。制造光纤最基本的原材料是二氧化硅(SiO_2)，而二氧化硅在地球上的储藏量极为丰富，几乎是取之不尽、用之不竭的，因此其潜在价格十分低廉。

6.体积小、重量轻、便于敷设和运输

由于光纤的直径很小，只有 0.1 mm，因此制成光缆后，直径比电缆细。利用光纤通信的这个特点，在市话中继线路中成功解决了地下管道的拥挤问题，节省了地下管道的建设投资。光缆不仅直径细，而且其重量也比电缆轻得多，这使得运输和敷设都比较方便。

第二节　光纤与光缆

一、光纤的结构与分类

1.光纤的结构

光纤是光导纤维的简称，其结构如图 4-3 所示。

光纤由纤芯和包层组成，其中心部分是纤芯，其直径一般为 4～50 μm，纤芯以外的部分称为包层，包层的直径一般为 125 μm。纤芯的作用是传导光波，包层的作用是将光波封闭在纤芯中传播。为了达到传导光波的目的，需要使纤芯材料的折射率 n_1 大于包层材料的折射率 n_2。

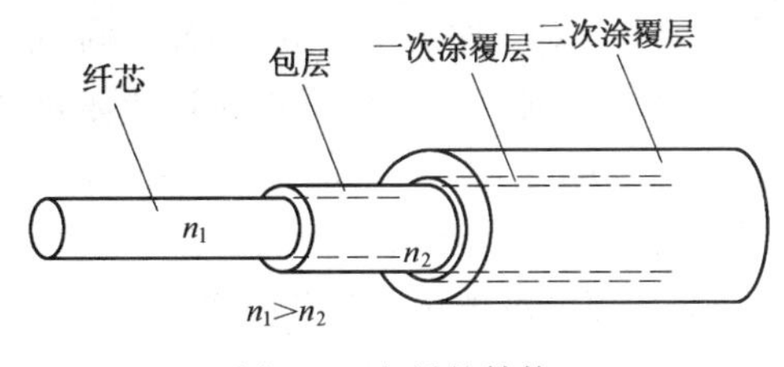

图 4-3　光纤的结构

由纤芯和包层组成的光纤称为裸光纤。由于裸光纤较脆、易断，为了保护光纤表面，提高光纤的抗拉强度，一般需在裸光纤外面增加两层塑料涂覆层（一次涂覆和二次涂覆）而形成光纤芯线（简称光纤）。

目前，在通信中广泛使用的有两种光纤，即紧套光纤和松套光纤，如图 4-4 所示。

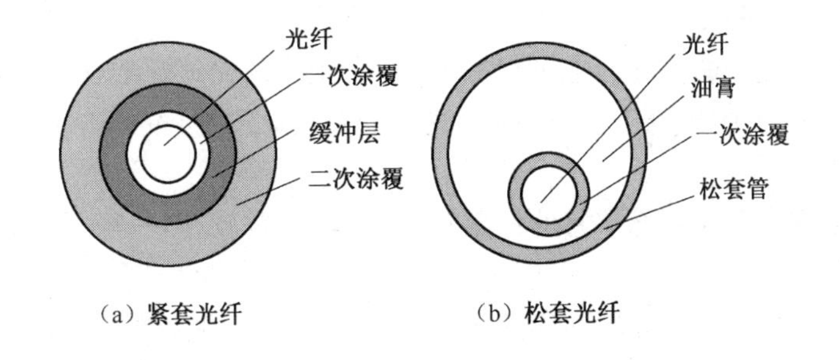

(a) 紧套光纤　　(b) 松套光纤

图 4-4　紧套光纤和松套光纤

若将一次涂覆的光纤外再紧密缠绕缓冲层和二次涂覆层，光纤在其中不能自由活动，这种光纤称之为紧套光纤，如图 4-4(a)所示。紧套光纤具有结构相对简单和使用方便等特点。

若将一次涂覆的光纤放入一个较大的塑料套管中，光纤可在套管中自由活动，这种光纤称之为松套光纤，如图 4-4(b)所示。松套光纤具有机械性能好和耐侧压能力强等特点。

2.光纤的分类

光纤的分类方法很多，根据不同的分类方法，同一根光纤将会有不同的名称。

(1)按照纤芯折射率分布分类

按照纤芯折射率分布的不同，可以将光纤分为阶跃型光纤和渐变型光纤。

阶跃型光纤的纤芯折射率 n_1 是均匀不变的常数，在纤芯和包层的界面折射率由 n_1 跃变为包层的折射率 n_2，如图 4-5(a)所示。

渐变型光纤的纤芯折射率在轴心处最大，而在光纤截面内沿半径方向逐渐减小，到纤芯和包层界面降至包层的折射率 n_2，如图 4-5(b)所示。

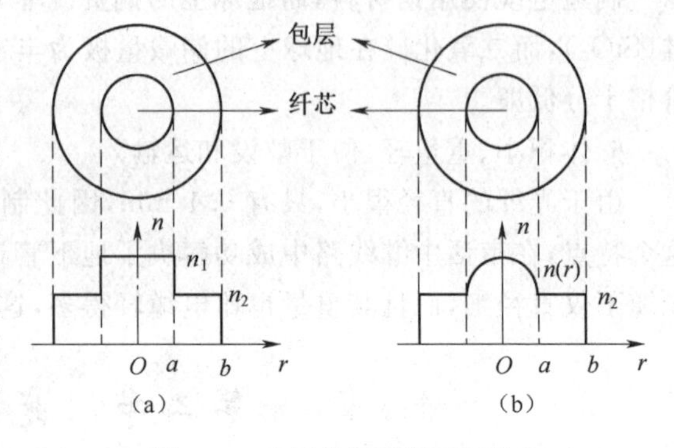

图 4-5　光纤的折射率剖面分布

(2)按照传输模式分类

所谓模式，是指光纤中一种电磁场的分布。按照光纤中传输的模式数量的不同，可以将光纤分为多模光纤和单模光纤。

光纤中同时有多个模式传输的光纤称为多模光纤。多模光纤截面的折射率分布有阶跃型和渐变型两种，前者称为阶跃型多模光纤，后者称为渐变型多模光纤。多模光纤的纤芯直径一般为50 μm，包层直径为 125 μm。由于纤芯直径较大，传输模式较多，这种光纤的带宽较窄，传输特性较差。

光纤中只能传输一种模式的光纤称为单模光纤。单模光纤的折射率一般呈阶跃型分布，纤芯直径一般为 8～10 μm，包层直径为 125 μm。单模光纤不存在模式色散，具有比多模光纤大得多的带宽，故单模光纤特别适用于大容量长距离传输。

(3)按照光纤的工作波长分类

按照光纤工作波长的不同，可以将光纤分为短波长光纤和长波长光纤。

工作波长在 0.8～0.9 μm 范围内的光纤称为短波长光纤，它主要用于短距离、小容量的光纤通信系统中。

工作波长在 1.1～1.8 μm 范围内的光纤称为长波长光纤，它主要用于中长距离、大容量的光纤通信系统中。

(4)按 ITU-T 建议分类

为了使光纤具有统一的国际标准，ITU-T 制定了统一的光纤标准(G 标准)。按照 ITU-T 关于光纤的建议，可以将光纤分为 G.651 光纤、G.652 光纤、G.653 光纤、G.654 光纤和 G.655 光纤。

G.651 光纤也称为多模光纤。它的色散较大，传输带宽较窄，一般只在近距离、小容量的光纤通信系统中使用。

G.652 光纤也称常规单模光纤。G.652 光纤在 1 310 nm 波长处具有零色散，在 1 550 nm 波长处具有最低损耗。G.652 光纤的工作波长既可选用 1 310 nm，又可选用 1 550 nm。这种光纤是目前使用最为广泛的光纤，我国已敷设的光纤绝大多数是这类光纤。

G.653 光纤也称为色散位移单模光纤，它在 1 550 nm 处实现最低损耗和零色散波长相一致。这种光纤非常适合于长距离、单信道、高速光纤通信系统。

G.654 光纤又称性能最佳单模光纤。G.654 光纤在 1 550 nm 波长处具有极小的损耗(0.18 dB/km)且弯曲性能好。这种光纤主要应用在传输距离很长，且不能插入有源器件的无中继海底光纤通信系统中。

G.655光纤也称为非零色散位移单模光纤。这种光纤在1 550 nm处的色散不是零值,按ITU-T关于G.655规定,在波长1 530～1 565 nm范围内对应的色散值为0.1～6.0 ps/km·nm,用以平衡四波混频等非线性效应,使其能用于高速率(10 Gb/s以上)、大容量、密集波分复用的长距离光纤通信系统中。

二、光缆的结构和种类

实际中,为了使光纤能在各种敷设条件和各种环境中使用,必须把光纤与其他元件组合起来构成光缆,使其具有优良的传输性能以及抗拉、抗冲击、抗弯、抗扭曲等机械性能。

1. 光缆的组成

目前光纤通信系统中使用着各种不同类型的光缆,其结构形式多种多样,但不论何种结构形式的光缆,基本上都是由缆芯、加强元件和护层三部分组成。

(1)缆芯

缆芯由单根或多根光纤芯线组成,其作用是传输光波。光纤芯线是在裸光纤外面进行二次涂覆而形成的,它有紧套和松套两种结构。在光缆结构中,缆芯是主体,其结构是否合理,对于光纤的性能有重要影响。

(2)护层

光缆的护层主要是对已形成缆芯的光纤芯线起保护作用,使光纤能适应于各种敷设场合,因此要求护层具有耐压力、抗潮、湿度特性好、重量轻、耐化学侵蚀、阻燃等特点。

光缆的护层可分为内护层和外护层两部分。内护层一般采用聚乙烯或聚氯乙烯塑料等,外护层根据敷设条件而定,一般采用铝/聚乙烯综合护套(LAP)加钢丝铠装等。

(3)加强元件

加强元件主要是承受敷设安装时所加的外力。光缆加强元件的配置方式一般分为“中心加强元件”方式和“外周加强元件”方式。一般层绞式和骨架式光缆的加强元件均处于缆芯中央,属于“中心加强元件”(亦称加强芯);中心束管式光缆的加强元件从缆芯移到护层,属于“外周加强元件”。加强元件一般有金属钢线和非金属玻璃纤维增强塑料(FRP)。使用非金属加强元件的无金属光缆能有效地防止雷击。

2. 光缆的典型结构

目前常用光缆的结构有层绞式、骨架式、中心束管式和带状式四种。

(1)层绞式光缆

层绞式光缆的结构如图4-6所示,它是将经过套塑的光纤绕在加强芯周围绞合而成的一种结构。层绞式结构光缆类似传统的电缆结构,故又称之为古典光缆,这种结构应用非常广泛,在光纤通信发展的前期被普遍使用。

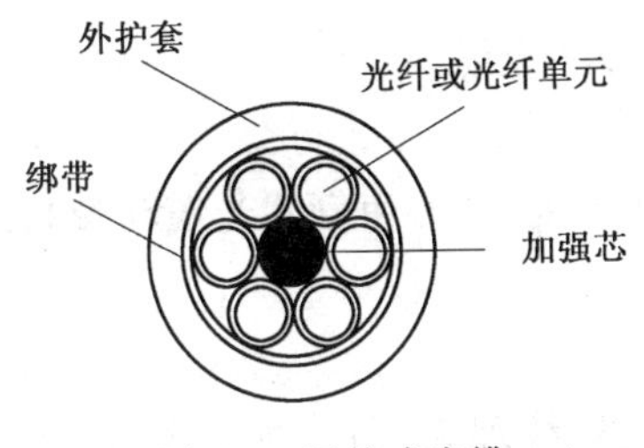

图4-6 层绞式光缆

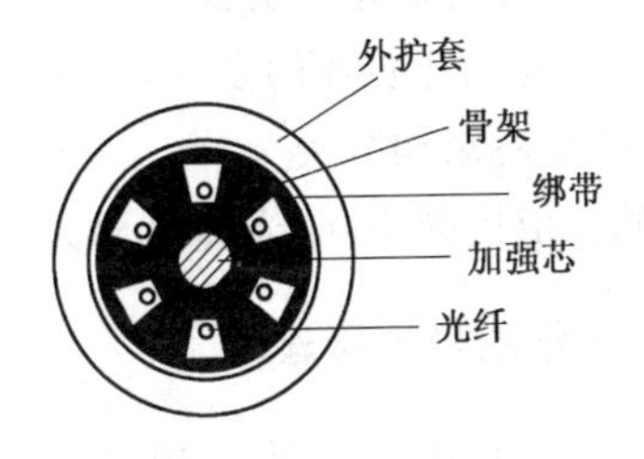

图4-7 骨架式光缆

(2)骨架式光缆

骨架式光缆的结构如图 4-7 所示,它是将紧套光纤或一次涂覆光纤放入螺旋形塑料骨架凹槽内而构成,骨架的中心是加强元件。在骨架式光缆的一个凹槽内,可放置一根或几根一次涂覆光纤,也可放置光纤带,从而构成大容量的光缆。骨架式结构光缆能较好地对光纤进行保护,耐压、抗弯性能较好,但制造工艺复杂。

(3)中心束管式光缆

中心束管式光缆的结构如图 4-8 所示,它是将数根一次涂覆光纤或光纤束放入一个大塑料套管中,管中填充油膏,加强元件配置在塑料套管周围而构成。从对光纤的保护来说,束管式结构光缆最合理。中心束管式光缆近年来得到较快发展,它具有体积小、质量轻、制造容易、成本低的优点。

(4)带状式结构光缆

带状式结构光缆如图 4-9 所示,它是将多根一次涂覆光纤排列成行制成带状光纤单元,然后再把带状光纤单元放入在塑料套管中,形成中心束管式结构;也可把带状光纤单元放入凹槽内或松套管内,形成骨架式或层绞式结构。带状结构光缆的优点是可容纳大量的光纤(一般在 100 芯以上),满足作为用户光缆的需要;同时每个带状光纤单元的接续可以一次完成,以适应大量光纤接续、安装的需要。随着光纤通信的发展,光纤接入网将大量使用这种结构的光缆。

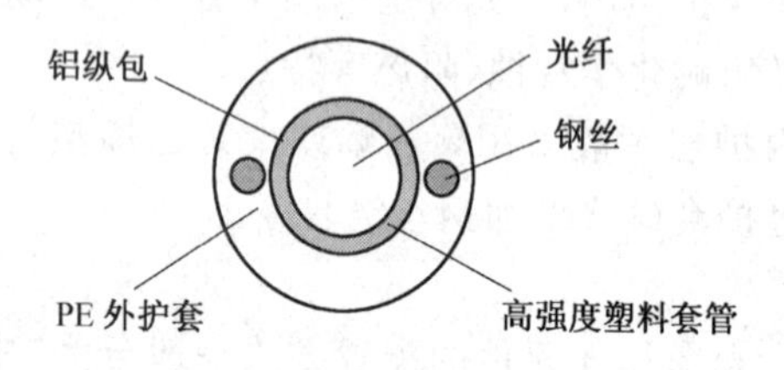

图 4-8 中心束管式光缆

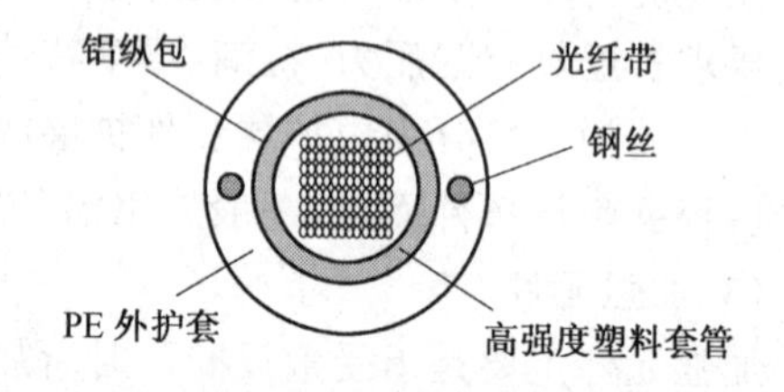

图 4-9 带状式光缆

3. 光缆的种类

光缆分类的方法很多,下面介绍一些常用的分类方法。

(1)按传输性能、距离和用途分类

按传输性能、距离和用途不同,光缆可分为市话光缆、长途光缆、用户光缆和海底光缆。

(2)按光纤的种类分类

按使用光纤的种类不同,光缆可分为多模光缆和单模光缆。

(3)按敷设方式分类

按敷设方式不同,光缆可分为管道光缆、直埋光缆、架空光缆和水底光缆。

(4)按光纤芯数多少分类

按光缆内光纤芯数的多少,光缆可分为单芯光缆和多芯光缆。

(5)按缆芯结构分类

按缆芯结构的不同,光缆可分为层绞式光缆、骨架式光缆、中心束管式光缆和带状式光缆。

三、光纤的导光原理

分析光纤的导光原理,一般可采用两种方法:一种是射线理论,另一种是模式理论。射线理论是把光看作射线,引用几何光学中的反射和折射定律来解释光在光纤中的传播现象,这种方法比较直观，易于理解，但缺乏严密性。模式理论是把光当作电磁波，把光纤当作光波导，用电磁场分布的模式来解释光纤中的传播现象。这种方法理论性较强，比较完整严密，但缺乏简明性，不易理解。本节主要利用几何光学中的反射和折射规律来分析阶跃型光纤的导光原理。

1. 光的反射和折射

由物理光学可知，光在均匀介质中是沿直线传播的。但是，当光射到两种不同介质的交界面时，将产生反射和折射，如图 4-10 所示。图中一部分光线沿 B 方向反射回介质 1 中，一部分光线沿 C 方向折射进入介质 2。反射光线和折射光线分别服从反射定律和折射定律。

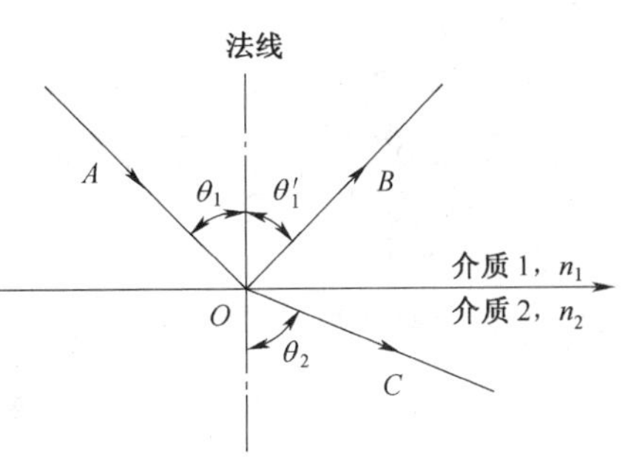

图 4-10 光的反射和折射

(1)反射定律和折射定律

反射定律是指反射光线位于入射光线和法线所决定的平面内，反射光线和入射光线分居法线两侧，反射角等于入射角，即

$$\theta_1 = \theta_1' \tag{4-1}$$

折射定律是指折射光线和入射光线分居法线两侧，不论入射角怎样改变，入射角的正弦值和折射角的正弦值之比等于介质 2 的折射率 n_2 与介质 1 的折射率 n_1 之比，即

$$\frac{\sin\theta_1}{\sin\theta_2} = \frac{n_2}{n_1} \tag{4-2}$$

或

$$n_1 \sin\theta_1 = n_2 \sin\theta_2 \tag{4-3}$$

(2)光密介质和光疏介质

介质的折射率表示介质的传光能力，某一介质的折射率 n 等于光在真空中的传播速度 c 与在该介质中的传播速度 v 之比，即

$$n = \frac{c}{v} \tag{4-4}$$

表 4-1 中给出了一些介质的折射率。由式(4.4)可知，光在折射率为 n 的介质中的传播速度变为 c/n，并且介质的折射率不同，光在介质中的传播速度也不同。折射率越大，光在该介质中的传播速度越小；折射率越小，光在该介质中的传播速度就越大。

表 4-1 不同介质的折射率

介　质	空　气	水	玻璃	石英	钻石
折射率	1.003	1.33	1.52～1.89	1.43	2.42

相对来说，传光速度大(折射率小)的介质称为光疏介质，传光速度小(折射率大)的介质称为光密介质。

(3)光的全反射

当光线从光密介质射入光疏介质时，由于 $n_1 > n_2$，根据折射定律，折射角 θ_2 将大于入射角 θ_1，且当入射角 θ_1 增大时，折射角 θ_2 也随之增大，如图 4-11(a)所示。

当入射角继续增大至 θ_c 时，折射角 $\theta_2 = 90°$，此时折射光线不再进入介质 2 中，而在介质 1 和介质 2 的界面掠射，如图 4-11(b)所示。使折射角等于 90°(临界状态)的入射角 θ_c 称为临界角，根据折射定律有：

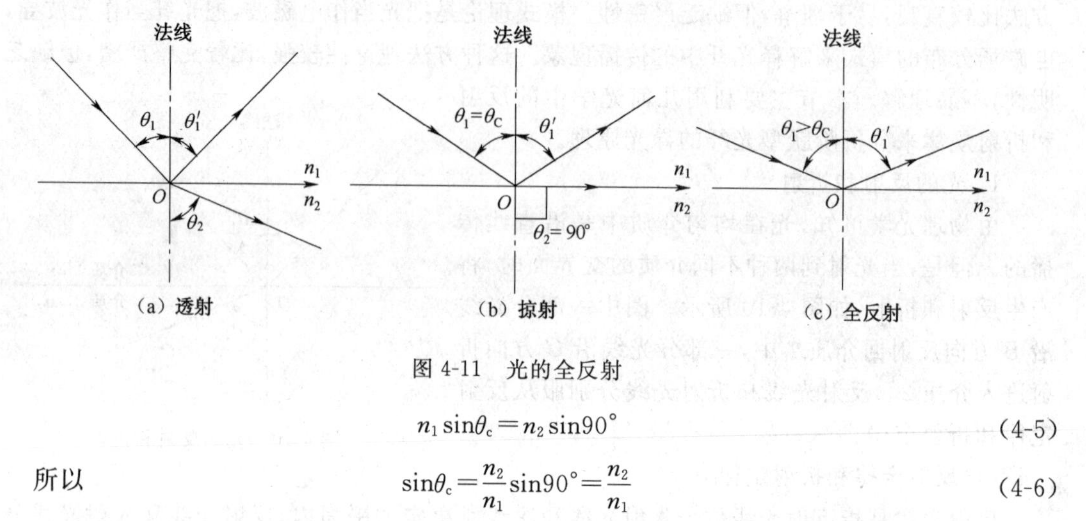

图 4-11　光的全反射

$$n_1 \sin\theta_c = n_2 \sin 90° \tag{4-5}$$

所以

$$\sin\theta_c = \frac{n_2}{n_1}\sin 90° = \frac{n_2}{n_1} \tag{4-6}$$

如果我们继续增加入射角，使 $\theta_1 > \theta_c$，所有的入射光将全部反射回原介质中，这一现象称为全反射，如图 4-11(c)所示。

综上所述，产生全反射必须满足两个条件，即

①光线从光密介质射向光疏介质。

②入射角大于临界角。

2. 光在阶跃型光纤中的传播

在阶跃型光纤中，纤芯的折射率为常数 n_1，包层的折射率为常数 n_2，并且 $n_1 > n_2$，如图 4-12所示。

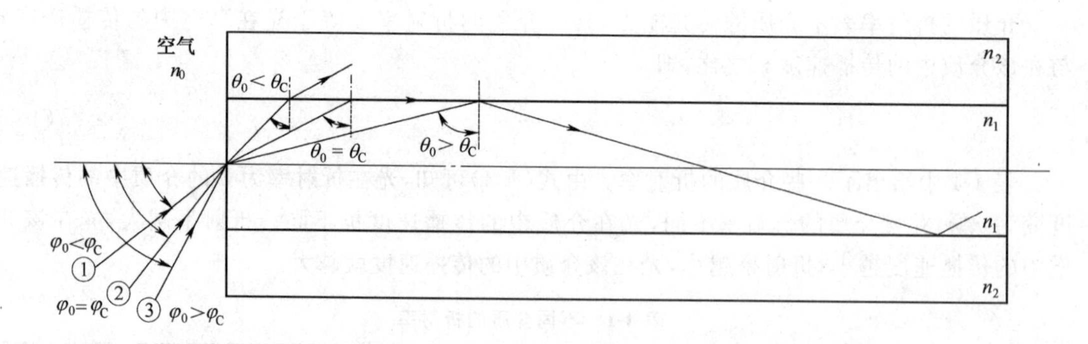

图 4-12　光在阶跃型光纤中的传播

当光线垂直于光纤端面入射，与光纤的轴线平行或重合时，这时光线将沿纤芯轴线方向向前传播。

若光线以某一角度 ϕ_0 入射到光纤端面时，将有部分光线折射进入纤芯。当纤芯中的光线到达纤芯和包层的交界面时，会发生反射或者折射现象。根据分析可知，如果光纤端面的入射角度过大(如光线③)，则芯—包界面的入射角 θ_0 小于临界角 θ_C(临界角即是折射角为 90°时的入射角的角度)，则光线不会在芯—包界面上形成全反射，此时会有一部分光线折射入包层，形成折射衰减。这种光线不能在纤芯和包层界面上形成全反射，因此不会长距离地在光纤中传输。

要使光线在光纤中实现长距离传输，必须使光线在芯—包界面上产生全反射。即光纤端

面的入射角 ϕ_0 只有小于孔径角 ϕ_C（与临界角 θ_C 相对应的光纤端面的入射角，如光线②所示），才能使芯—包界面的入射角 θ_0 大于临界角 θ_C，光线才能在纤芯中产生全反射向前传播（如光线①所示）。

3. 阶跃型光纤的主要参数

（1）相对折射率差 Δ

n_1 和 n_2 差值的大小直接影响着光纤的性能，为此引入相对折射率差这样一个物理量来表示它们相差的程度，用 Δ 表示，即

$$\Delta=\frac{n_1^2-n_2^2}{2n_1^2} \tag{4-7}$$

当 n_1 与 n_2 的差别极小时，这种光纤称为弱导光纤，经过简单推导，可知弱导光纤的相对折射率差可用近似式表示为：

$$\Delta\approx\frac{n_1-n_2}{n_1} \tag{4-8}$$

（2）数值孔径

由前面的分析可知，并不是所有入射到光纤端面上的光线都能在光纤中产生全反射，而是只有光纤端面入射角 $\phi<\phi_C$ 的光线才能在纤芯中传播。ϕ_C 是光纤的孔径角，它是在光纤中形成全反射光线时光纤端面的最大入射角。而 $2\phi_C$ 的大小则表示光纤可接受入射光线的最大范围，即光纤的受光范围。

为了表示光纤接受入射光能力的大小，将孔径角 ϕ_C 的正弦值定义为光纤的数值孔径 NA，即

$$NA=\sin\phi_C \tag{4-9}$$

经推导：

$$\begin{aligned} NA &=\sin\varphi_C=\sqrt{n_1^2-n_2^2} \\ &=n_1\sqrt{2\Delta} \end{aligned} \tag{4-10}$$

数值孔径 NA 是光纤的重要参数之一，它是表示光纤集光能力大小的一个参数。NA 值越大，光纤的集光能力就越强。

由式(4-10)可知，光纤的数值孔径与纤芯和包层的直径无关，只与纤芯和包层的折射率 n_1 和 n_2 有关，n_1 与 n_2 的差值越大，数值孔径越大，光纤的受光能力越强。

四、光纤的传输特性

损耗和色散是光纤的两个主要传输特性，它们分别决定着光纤通信系统的传输距离和通信容量。

1. 光纤的损耗特性

光波在光纤中传输时，随着传输距离的增加，光功率逐渐减小的现象称为光纤的损耗，如图 4-13 所示。

光纤的损耗用 α 表示

$$\alpha=\frac{10}{L}\lg\frac{P_i}{P_o}(\text{dB/km}) \tag{4-11}$$

式中 P_i、P_o 分别是光纤的输入、输出功率；L 是光纤的长度；α 表示的是每公里光纤的损耗值。

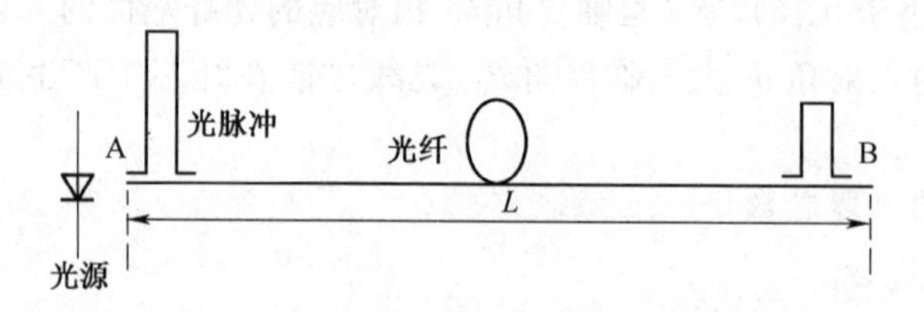

图 4-13　光纤损耗示意图

光纤的损耗关系到光纤通信系统传输距离的长短和中继距离的选择，光纤的损耗越小，其中继距离就越长。

光纤的损耗大致包括吸收损耗、散射损耗和弯曲损耗等。

(1)吸收损耗

吸收损耗是指光波通过光纤材料时，有一部分光能变成热能，造成光功率的损失。吸收损耗包括本征吸收和杂质吸收。本征吸收是由于光纤材料(SiO_2)本身吸收光能而产生的损耗。杂质吸收主要是由于光纤中含有的铁、铜、锰、铬、钒等过渡金属离子和氢氧根离子吸收光能而造成光能的损耗。

(2)散射损耗

散射损耗是由于光波在传输过程中产生散射而造成的损耗。散射损耗主要包括瑞利散射损耗和波导散射损耗。瑞利散射损耗是由光纤材料折射率分布尺寸的不均匀性引起的，与波长的四次方成反比，即波长越短，损耗越大。波导散射损耗是由光纤波导结构缺陷引起的，这种损耗与波长无关。

(3)弯曲损耗

光纤实际使用时，不可避免地会产生弯曲，在弯曲半径达到一定数值时，就会使光纤中的传导模在光纤的弯曲部分转换成辐射模，从而产生弯曲损耗。弯曲半径越大，弯曲损耗越小，一般认为，当弯曲半径大于 10 cm 时，弯曲损耗可忽略不计。

光纤的损耗与波长有着密切的关系，在损耗波谱曲线上除了有几个大小不同的吸收峰外，还有三个损耗较低的工作窗口：0.85 μm、1.31 μm 和 1.55 μm。光纤在 0.85 μm 波长处的损耗值约为 2 dB/km，在 1.31 μm 波长处的损耗值约为 0.5 dB/km，而在 1.55 μm 波长处的损耗最小，仅约为 0.2 dB/km，已接近理论极限。

2. 光纤的色散特性

当光脉冲在光纤中传输时，随着传输距离的增加，光脉冲将产生畸变和展宽的现象称为光纤的色散，如图 4-14 所示。

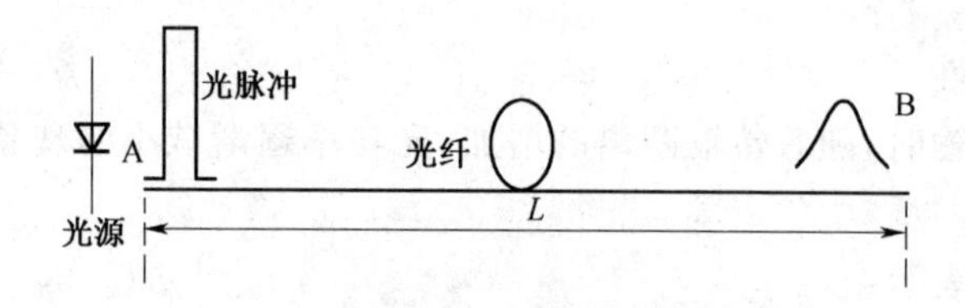

图 4-14　光纤色散示意图

色散的危害很大，尤其是对码速较高的数字传输有严重影响，它将引起脉冲展宽，从而产生码间干扰，为保证通信质量，必须增大码元间隔，即降低信号的传输速率，这就限制了系统的通信容量和通信距离。降低光纤的色散，对增加通信容量，延长通信距离，发展波分复用都是至关重要的。

按照色散产生的原因不同，光纤的色散主要分为模式色散、材料色散和波导色散。

(1)模式色散

在多模光纤中，由于各个模式在同一波长下的传播距离不同而引起的时延差称为模式色散。当光脉冲入射到光纤时，其能量同时分配给能够传输它的各个模式，由于这些模式的传播距离不同，因此它们到达输出端的时间也不同，从而在输出端形成了脉冲展宽。

(2)材料色散

由于光纤材料的折射率随波长的变化而变化，使得光信号中不同波长的光波传播速度不同，从而引起脉冲展宽的现象，称为材料色散。

(3)波导色散

由于光纤的几何结构、形状等方面的不完善，使得光波的一部分在纤芯中传输，而另一部分在包层中传输，由于纤芯和包层的折射率不同而造成脉冲展宽的现象，称为波导色散。这种色散主要是由光波导的结构参数决定的。

对于多模光纤，既存在模式色散，又存在材料色散和波导色散。而对于单模光纤，由于只有一个模式传输，没有模式色散，只有材料色散和波导色散，典型的单模光纤的色散与波长的关系曲线如图 4-15 所示。从图中可以看出，在 1.31 μm 附近，单模光纤的总色散为零。由于单模光纤的色散比多模光纤小得多，因此其通信容量比多模光纤大得多，这也是单模光纤获得广泛应用的原因之一。

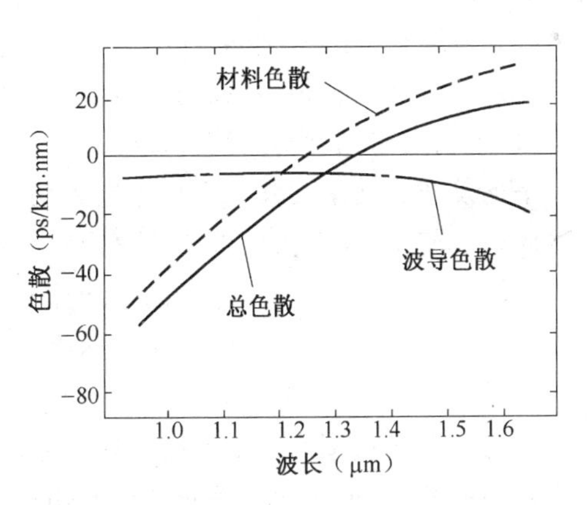

图 4-15　单模光纤色散与波长的关系曲线

第三节　光纤通信系统

一个实用的光纤通信系统，除了光纤光缆外，还必须有光发射机、光接收机、光中继器和光放大器等设备一起组成。

一、光发射机

光发射机也称为发端光端机，主要作用是把从 PCM 电端机送来的电信号转变成光信号，并送入光纤中进行传输。

1. 光发射机的组成

光发射机的基本结构如图 4-16 所示。

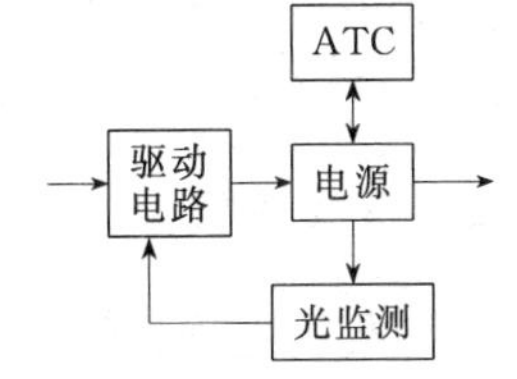

图 4-16　光发射机的组成

(1)光源

光源是光发射机的核心器件，主要作用是把电信号转变成光信号。光源性能的好坏是保证光纤通信系统稳定可靠工作的关键。目前光纤通信系统使用的光源几乎都是半导体光源，它分为半导体激光器(LD)和半导体发光二极管(LED)两种。

LD具有输出功率大、发射方向集中、单色性好等优点，主要适用于长距离、大容量的光纤通信系统。LED虽然没有半导体激光器那样优越，但其制造工艺简单、成本低、可靠性高，适用于短距离、低码速的数字光纤通信系统和模拟光纤通信系统。

(2)驱动电路

要使光源发出所需功率的光波，必须给光源提供一定的偏置电流和相应的调制信号(数字电信号)。驱动电路就是提供恒定偏置电流和调制信号的电路，它用携带信息的数字信号对光源进行调制，让光源发出的光信号强度随电信号码流的变化而变化，形成相应的光脉冲送入光纤。

(3)辅助电路

采用LD作光源时，由于LD对环境温度敏感以及自身易老化等原因，其输出功率会随温度的变化而变化(如温度升高，则输出光功率下降)。因而为了保证LD长期稳定、可靠地工作，光发射机设置了相应的辅助电路，如自动功率控制电路(APC)、自动温度控制(ATC)电路、光源保护电路及告警电路等。

2.光发射机的主要指标

光发射机的指标很多，我们仅从应用的角度介绍其主要指标。

(1)平均发送光功率及其稳定度

平均发送光功率又称为平均输出光功率，通常是指光源尾巴光纤的平均输出光功率。为了方便用户使用，光电器件生产厂家通常提供带有一段耦合光纤的光源组件，这段耦合光纤就称为尾巴光纤，简称尾纤。尾纤的平均输出光功率越大，通信的距离就越长，但光功率太大也会使系统工作处在非线性状态，对通信将产生不良影响。因此，要求光源应有合适的光功率输出，一般为0.01～5 mW。

平均发送光功率稳定度是指在环境温度变化或器件老化过程中平均发送光功率的相对变化量。一般的，要求平均发送光功率的相对变化量小于5%。

(2)消光比

消光比的定义为全“1”码平均发送光功率与全“0”码平均发送光功率之比。通常用符号EX表示，即

$$EX=\frac{\text{“1”码时的平均光功率}}{\text{“0”码时的平均光功率}} \tag{4-12}$$

若用电平值表示，则为

$$EX=10\lg\frac{\text{“1”码时的平均光功率}}{\text{“0”码时的平均光功率}} \tag{4-13}$$

理想情况下，当进行“0”码调制时应没有光功率输出，但由于LD偏置电流的存在，实际输出的是功率很小的荧光，这会给光纤通信系统引入噪声，从而造成接收机灵敏度降低，故一般要求$EX\geqslant 10$ dB。

二、光接收机

光接收机也称为收端光端机，光接收机的主要作用是将经光纤传输后的光信号变换为电信号，并对电信号进行处理后，再输入到PCM电端机。

1.光接收机的组成

光接收机的基本组成如图4-17所示。

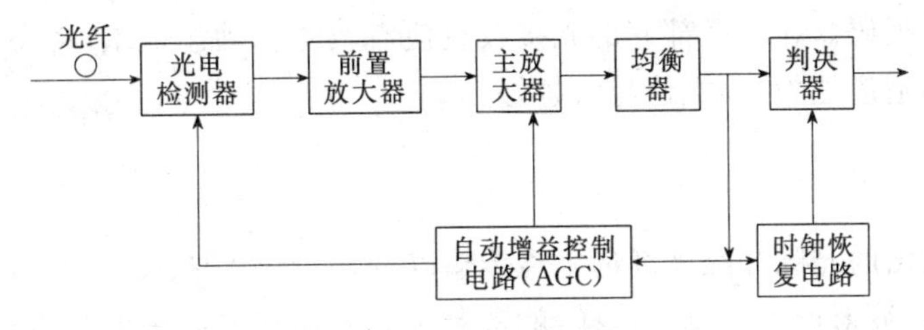

图 4-17　光接收机的组成

(1)光电检测器

光电检测器的主要作用是把光信号变换为电信号的器件，目前在光纤通信系统中广泛使用的光电检测器是半导体光电二极管，主要有 PIN 光电二极管和 APD 雪崩光电二极管两种。

(2)前置放大器和主放大器

前置放大器的主要作用是低噪声放大，主放大器的作用是将前置放大器输出的信号电平放大到判决电路所需要的信号电平。

(3)均衡器

均衡器的作用是将信号波形变换成有利于判决的波形，例如成为升余弦波形，以补偿失真，减小码间干扰，降低误码率。

(4)脉冲再生电路

判决器和时钟恢复电路合起来构成脉冲再生电路。脉冲再生电路的作用是将均衡器输出的信号恢复为“0”或“1”的数字信号。

(5)自动增益控制电路(AGC)

自动增益控制电路(AGC) 的作用是用反馈环路来控制主放大器的增益，从而使送到判决器的信号稳定，以利于判决。

2. 光接收机的主要指标

数字光接收机的主要指标有灵敏度和动态范围。

(1)光接收机的灵敏度

光接收机的灵敏度是指在达到系统给定误码率指标的条件下，光接收机所需的最小平均接收光功率 P_{min}(mW)，工程中常用分贝毫瓦(dBm)来表示，即

$$S_R = 10\lg\frac{P_{min}}{1\ \text{mW}} \quad (\text{dBm}) \tag{4-14}$$

如果一部光接收机在达到给定的误码率指标的条件下，所需接收的平均光功率越低，光接收机的灵敏度就越高，其性能也越好。因此，灵敏度是反映光接收机接收微弱信号能力的一个参数。影响光接收机灵敏度的主要因素是噪声，它包括光电检测器的噪声、放大器的噪声等。

(2)光接收机的动态范围

光接收机的动态范围是指在达到系统给定误码率指标的条件下，光接收机的最大平均接收光功率 P_{max}和最小平均接收光功率 P_{min}的电平之差，通常用符号 D 表示，即

$$D = 10\lg\frac{P_{max}}{P_{min}} = 10\lg P_{max} - 10\lg P_{min} \quad (\text{dB}) \tag{4-15}$$

之所以要求光接收机有一个动态范围，是因为光接收机的输入光信号不是固定不变的，为了保证系统正常工作，光接收机必须具备适应输入信号在一定范围内变化的能力。低于这个动态范围的下限(即灵敏度)，如前所述将产生过大的误码；高于这个动态范围的上限，在判决

时亦将造成过大的误码。显然一部好的光接收机应有较宽的动态范围,动态范围表示了光接收机对输入信号的适应能力,其数值越大越好。

三、光中继器

从光发射机输出的光脉冲经光纤远距离传输以后,由于光纤损耗和色散的影响,将使光脉冲的幅度受到衰减,波形产生失真。这样,就限制了光脉冲在光纤中的长距离传输。为此,需在光脉冲传输一定距离以后,再加一个光中继器,以放大被衰减的光信号,恢复失真的波形,使光脉冲得到再生。

光中继器的基本组成如图 4-18 所示。

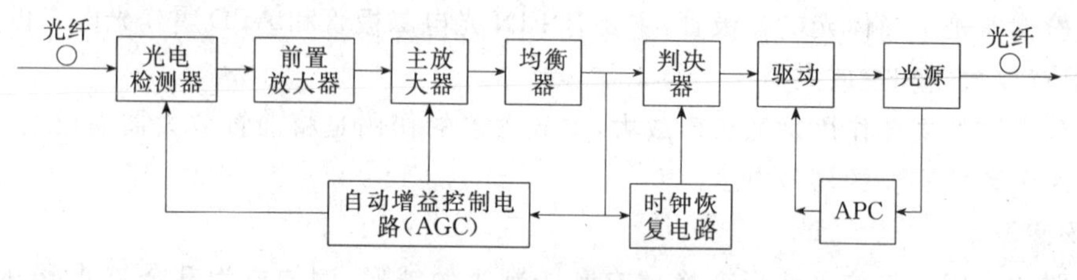

图 4-18 光中继器的组成

显然,一个幅度受到衰减、波形发生畸变的信号经过光中继器的放大、再生之后就可恢复为原来的情况。

四、光放大器

光中继器是对光信号进行间接放大的器件,它在放大过程中首先将光信号转换为电信号,对电信号进行放大、再生处理后,再将电信号转换为光信号,经光纤传送出去。很明显,这样的光中继器设备复杂,维护运转不便,而且随着光纤通信的速率越来越高,这种光中继器在整个光纤通信系统中的成本越来越高,使得光纤通信的成本增加,性价比下降。

光放大器是对微弱光信号进行直接放大而无需进行光/电/光转换的器件。它的出现使光纤技术产生了质的飞跃;它使波分复用技术迅速成熟并得以商用;它为未来的全光通信网奠定了扎实的基础,成为现代和未来光纤通信系统中必不可少的重要器件。

目前获得广泛商用的光放大器是掺铒光纤放大器(EDFA)。它主要由掺铒光纤(EDF)、泵浦源、光波分复用器、光隔离器、光滤波器等组成,如图 4-19 所示。

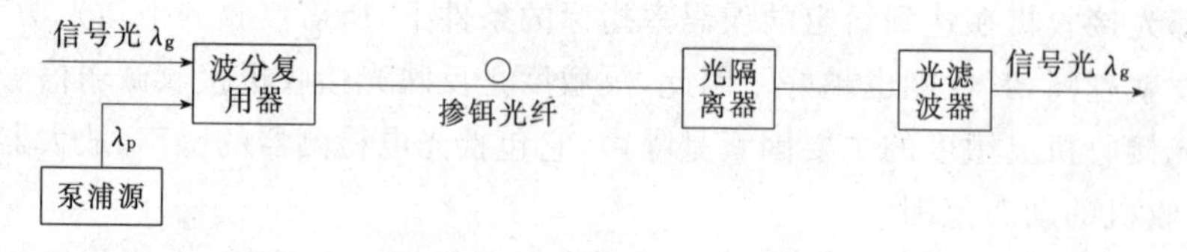

图 4-19 EDFA 的结构示意图

其中,掺铒光纤(EDF)是一种将稀土元素铒离子 Er^{3+} 注入石英光纤的纤芯中而形成的一种特殊光纤,其长度大约为 10～100 m。

EDFA 的工作原理是在掺铒光纤(EDF)中将泵浦光的能量转换成信号光,从而使光信号得到放大。EDFA 的工作波长处在 1.53～1.56 μm 范围,与光纤最小损耗窗口一致,因此在光纤通信中获得广泛应用。

掺铒光纤放大器在光纤通信系统中的应用形式主要有三种，即功率放大器、前置放大器和线路放大器，如图 4-20 所示。

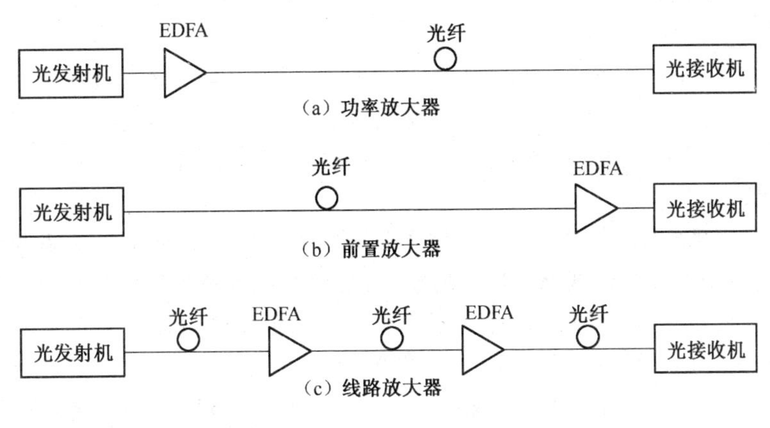

图 4-20 EDFA 的典型应用

五、无源光器件

构成一个完整实用的光纤通信系统，除了要有完成电/光和光/电转换任务的有源光器件外，还必须有一些作用不同的无源光器件。所谓无源光器件，就是不需要电源的光通路部件。常用的无源光器件有光纤连接器、光衰减器、光耦合器、光波分复用器、光隔离器和光开关等。

1. 光纤连接器

光纤连接器又称光纤活动连接器，俗称活动接头。它是一种可拆卸的、用于光纤活动连接的无源器件。

光纤连接器常用于光纤与设备（如光端机）之间、光纤与测试仪表（如 OTDR）的活动连接等。光纤连接器基本上是采用某种机械和光学结构，使两根光纤的纤芯对准，保证 90%以上的光能够通过。目前光纤连接器的结构主要有以下五种：套管结构、双锥结构、V 型槽结构、球面定心结构和透镜耦合结构。我国广泛采用的是套管结构，套管结构的连接器由两个插针和一个套筒三部分组成，如图 4-21 所示。插针为一精密套管，用来固定光纤，即将光纤固定在插针里。套筒也是一个加工精密的套管，其作用是保证两个插针或光纤在套筒中尽可能地完全对准，以保证绝大部分的光信号能够通过。由于这种结构设计合理，加工技术能够达到要求的精度，因而得到了广泛应用。光纤连接器的品种、型号很多，其中在我国用得较多的是 FC 型、SC 型和 ST 型连接器。

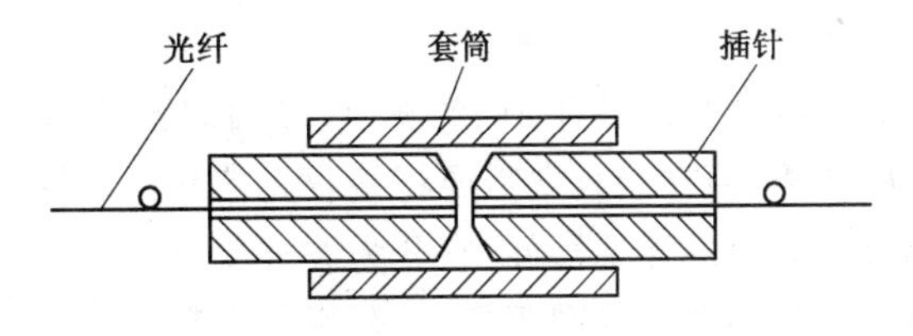

图 4-21 光纤连接器的套管结构

2. 光耦合器

光耦合器的功能是把光信号在光路上由一路输入分配给两路或多路输出，或者把多路光信号（如 N 路）输入组合成一路输出或组合成多路（如 M 路）输出。

如图 4-22 所示，光纤耦合器从端口形式上，可分为 X 形（2×2）耦合器、T 形（1×2）耦合器、星形（N×M）耦合器以及树形（1×N，N>2）耦合器等。

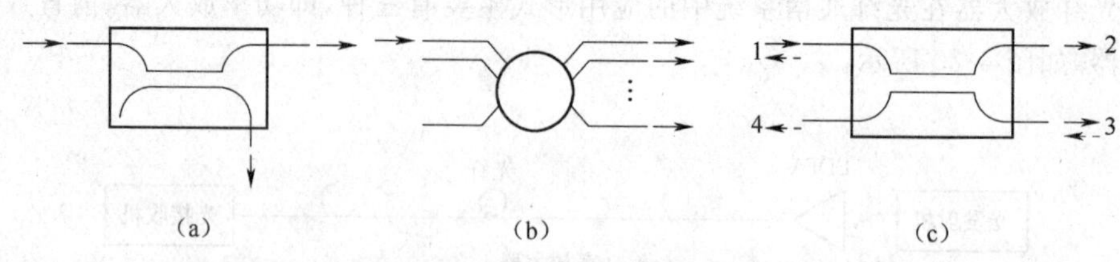

图 4-22 常用光纤耦合器

(a)T形耦合器;(b)星形耦合器;(c)定向耦合器

3.光衰减器

光衰减器是用来稳定、准确地减小信号光功率的无源器件。它是光功率调节不可缺少的无源器件,主要用于调整光纤线路衰减,测量光纤通信系统的灵敏度及动态范围等。

光衰减器根据衰减量是否变化,分为固定衰减器和可变衰减器。固定衰减器对光功率衰减量固定不变,主要用于调整光纤传输线路的光损耗,如图 4-23 所示。可变衰减器的衰减量可在一定范围内变化,可用于测量光接收机的灵敏度和动态范围。可变光衰减器有步进式可变光衰减器和连续可变光衰减器两种。

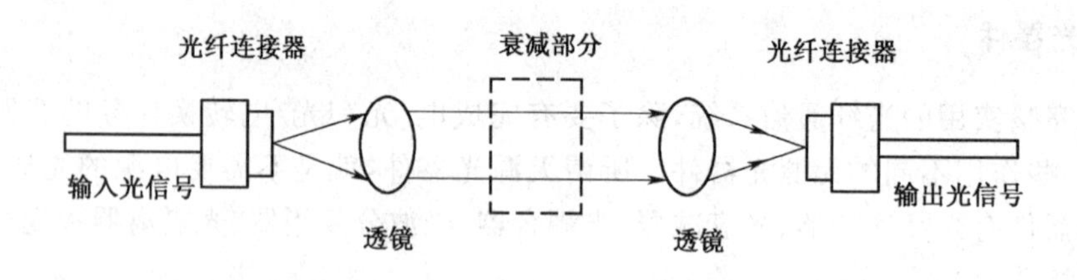

图 4-23 固定衰减器示意图

4.光波分复用器

为了充分利用光纤的带宽资源,近年来光波分复用(WDM,Wavelength Division Multiplexing)技术得到了广泛的应用。波分复用(WDM)是在一根光纤中同时传输多个不同波长光信号的一项复用技术。

在波分复用(WDM)系统中,发端需要将多个不同波长的光信号合并起来送入同一根光纤中传输,而在接收端需要将接收光信号按不同波长进行分离。波分复用器就是对光波进行合成与分离的无源器件,它分为波分复用器(合波器)和波分解复用器(分波器)。对波分复用器与解复用器的共同要求是:复用信道数量要足够多、插入损耗小、串音衰减大和通道范围宽。光波分复用器的原理如图 4-24 所示。

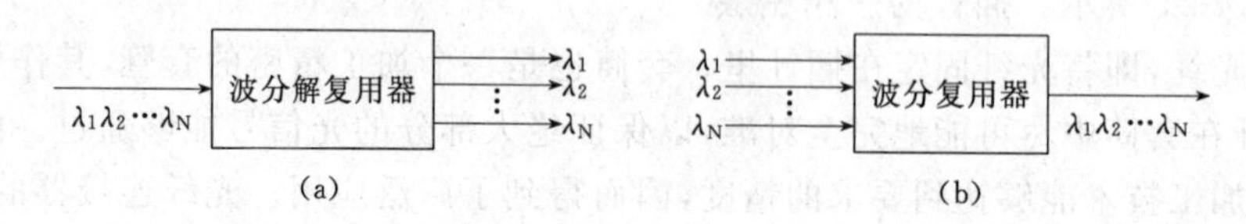

图 4-24 波分复用器原理图

5.光隔离器

光隔离器是只允许正向光信号通过,阻止反射光返回的器件。在光纤通信系统中,某些光器件,特别是激光器和光放大器,对线路中由于各种原因而产生的反射光非常敏感。因此,通常要在最靠近这些光器件的输出端放置光隔离器,以消除反射光的影响,使系统工作稳定。

6. 光开关

光开关的作用是对光路进行控制，将光信号接通或断开。图 4-25 所示为光开关切换光路的示意图。光开关可分为机械式光开关和电子式光开关两大类。

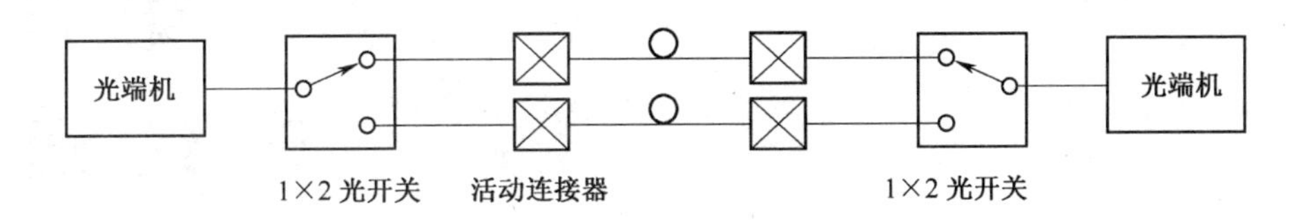

图 4-25 光开关切换光路的示意图

1. 什么是光纤通信？光纤通信的三个工作窗口是什么？
2. 光纤通信的优点有哪些？
3. 简述光纤的导光原理。
4. 什么是光纤的损耗？什么是光纤的色散？它们对数字光纤通信各有何影响？
5. 当光波在一长度为 10 km 的光纤中传输时，若输出端的光功率为输入端光功率的一半，试求光纤的损耗系数 α。
6. 简述光纤通信系统的组成。
7. 光发射机主要由哪几部分组成？各部分的作用是什么？
8. 光接收机主要由哪几部分组成？各部分的作用是什么？
9. 在光纤通信系统中，中继器的作用是什么？
10. 什么是掺铒光纤放大器？EDFA 在光纤通信系统中主要的应用形式有哪些？
11. 光纤连接器的作用是什么？常用的光纤连接器有哪些类型？
12. 光衰减器在光纤线路中的作用是什么？
13. 光纤耦合器的作用是什么？
14. 试述波分复用器的作用及原理。
15. 光隔离器的作用是什么？

第五章

无 线 通 信

【学习目标】

1. 掌握无线通信的基本概念、使用频率和波段；
2. 掌握无线通信系统的组成和工作方式；
3. 理解微波通信的基本概念和主要特点；
4. 掌握数字微波通信系统的组成和各部分功能；
5. 掌握卫星通信的概念和特点；
6. 掌握卫星通信系统的组成、分类和工作频段；
7. 理解卫星通信的几种多址连接方式；
8. 了解移动通信的概念、特点和分类；
9. 掌握移动通信系统的基本组成；
10. 掌握大区制和小区制的概念、特点和应用；
11. 掌握 GSM 的特点和系统结构；
12. 了解 GSM 系统中话音信号的处理过程；
13. 掌握 GSM 移动通信网的网络结构；
14. 掌握 GPRS 的概念和网络结构；
15. 掌握 CDMA 系统的基本原理和网络结构；
16. 了解 3G 的目标、标准、频谱分配和系统结构；
17. 了解 3G 的三大标准：WCDMA、CDMA 2000 和 TD-SCDMA；
18. 了解 4G 的概念、特点和关键技术。

第一节　概　　述

一、无线通信的基本概念

利用电磁波的辐射和传播，经过空间传送信息的通信方式称之为无线电通信(Radio Communication)，也称为无线通信。利用无线通信可以传送电报、电话、传真、数据、图像以及广播和电视节目等通信业务。

1. 无线通信使用的频率和波段

目前无线通信使用的频率从超长波波段到亚毫米波段(包括亚毫米波以下)，以至光波。无线通信使用的频率范围和波段见表 5-1。

2. 无线通信系统的组成

无线通信系统一般由发信机、收信机及与其相连接的天线(含馈线)构成，如图 5-1

所示。

表 5-1 无线通信使用的电磁波的频率范围和波段

频段名称	频率范围	波段名称		波长范围
极低频(ELF)	3～30 Hz	极长波		100～10 Mm(10^8～10^7 m)
超低频(SLF)	30～300 Hz	超长波		10～1 Mm(10^7～10^6 m)
特低频(ULF)	300～3 000 Hz	特长波		1 000～100 km(10^6～10^5 m)
甚低频(VLF)	3～30 kHz	甚长波		100～10 km(10^5～10^4 m)
低频(LF)	30～300 kHz	长波		10～1 km(10^4～10^3 m)
中频(MF)	300～3 000 kHz	中波		1 000～100 m(10^3～10^2 m)
高频(HF)	3～30 MHz	短波		100～10 m(10^2～10 m)
甚高频(VHF)	30～300 MHz	超短波(米波)		10～1 m
特高频(UHF)	300～3 000 MHz	微波	分米波	1～0.1 m(1～10^{-1} m)
超高频(SHF)	3～30 GHz		厘米波	10～1 cm(10^{-1}～10^{-2} m)
极高频(EHF)	30～300 GHz		毫米波	10～1 mm(10^{-2}～10^{-3} m)
至高频(THF)	300～3 000 GHz		亚毫米波	1～0.1 mm(10^{-3}～10^{-4} m)
			光波	3×10^{-3}～3×10^{-5} mm (3×10^{-6}～3×10^{-8} m)

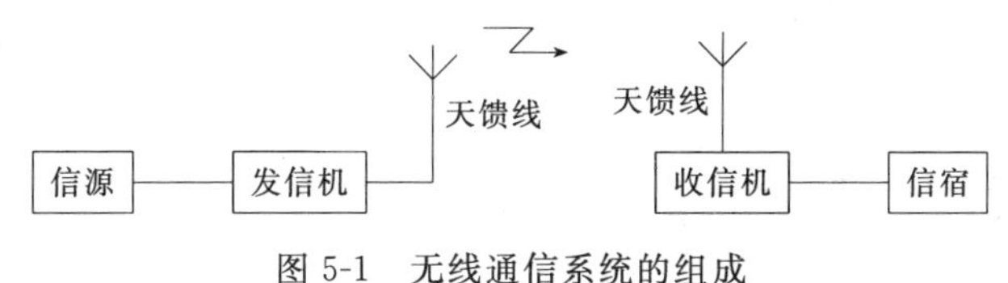

图 5-1 无线通信系统的组成

(1)发信机

发信机的主要作用是将所要传送的信号首先用载波信号进行调制,形成已调载波;已调载波信号经过变频(有的发射机不经过这一步骤)成为射频载波信号,送至功率放大器,经功率放大器放大后送至天(馈)线。

(2)天线

天线是无线通信系统的重要组成部分。其主要作用是把射频载波信号变成电磁波或者把电磁波变成射频载波信号。馈线的主要作用是把发射机输出的射频载波信号高效地送至天线。

(3)收信机

收信机的主要作用是把天线接收下来的射频载波信号首先进行低噪声放大,然后经过变频(一次、两次甚至三次变频)、中频放大和解调后还原出原始信号,最后经低频放大器放大输出。

这里需要说明的是目前实用的无线通信系统,大多数采用双工通信方式,即通信双方各自都有发信机、收信机以及与其相连的天(馈)线,而且收发信机做在一起。

二、无线通信的工作方式

无线通信的工作方式可分为单向通信方式和双向通信方式两大类别,而后者又分为单工通信方式、双工通信方式和半双工通信方式三种。

1. 单向通信方式

所谓单向通信方式就是通信双方中的一方只能接收信号，而另一方只能发送信号，不能互逆。收信方不能对发信方直接进行信息反馈。陆地移动通信系统中的无线寻呼系统就采用这种工作方式，BP 机只能收信而不能发信。

2. 双向通信方式

(1)单工通信方式

所谓单工通信方式，是指通信双方只能交替地进行发信和收信，而不能同时进行。根据通信双方是否使用相同的频率，单工制又分为同频单工和双频单工，如图 5-2 所示。平时天线与收信机相连接，发信机也不工作。若 A 方需要发话时先按下“按～讲”开关(PTT)，天线与发信机相连(发信机开始工作)，B 方接收；反之，若 B 方发话时也将按下“按～讲”开关，天线接至发信机，由 A 方接收，从而实现双向通信。这种工作方式收发信机可使用同一副天线，而不需天线共用器，设备简单，功耗小，但操作不方便。在使用过程中，往往会出现通话断续现象。同频和双频单工的操作与控制方式一样，差异仅仅在于收发频率的异同。单工方式一般适用于简单的、小范围的场合，如对讲机通信等。

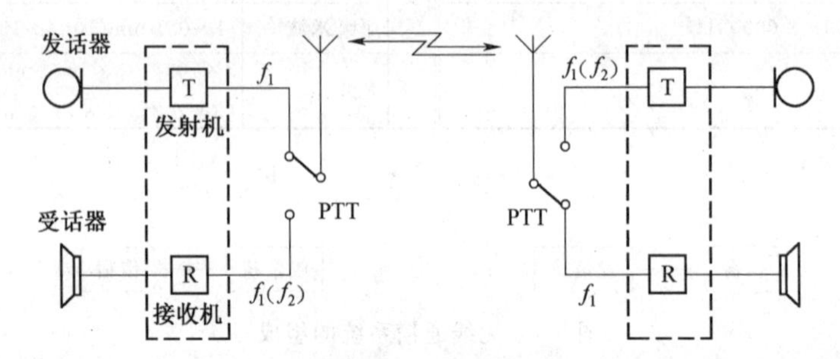

图 5-2　单工方式

(2)双工方式

双工方式，有时也叫全双工通信，是指移动通信双方可同时进行发信和收信。这时收信与发信必须采用不同的工作频率，称为频分双工(FDD)。用户使用时与“打电话”时的情况一样。这种工作方式虽然耗电量大，但使用方便，因而在移动通信系统中获得了广泛的应用，如图 5-3 所示。双工方式主要用于公用移动通信网。

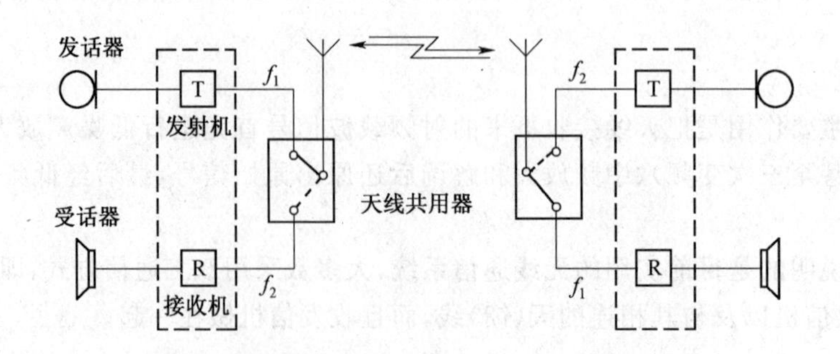

图 5-3　双工方式

(3)半双工方式

半双工方式，是指通信双方有一方使用双工方式，即收发信机同时工作，且使用两个不同

的频率 f_1 和 f_2；而另一方则采用双频单工方式，即收发信机交替工作。这种方式在移动通信中一般是移动台采用单工方式而基站则收发同时工作。其优点是：设备简单、功耗小，克服了通话断断续续的现象；但操作仍不太方便。所以主要用于专业移动通信系统中，如汽车调度系统等，如图 5-4 所示。

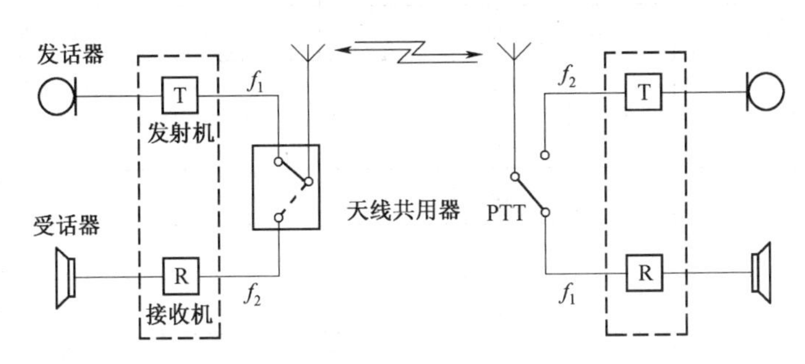

图 5-4　半双工方式

第二节　数字微波通信

微波通信是现代通信网中的重要传输手段之一，与其他通信方式相比，具有建设周期短、不易受人为破坏、传输容量大、投资少、跨越地形障碍比较方便等特点。模拟微波通信早已发展成熟，并逐渐被数字微波通信所取代，数字微波通信已成为一种重要的传输手段，并与卫星通信、光纤通信一起为当今三大传输手段。

一、微波通信的概念

微波是指频率在 300 MHz～300 GHz 的电磁波，对应波长在 0.1 mm～1 m。微波通信是指以微波作为载体传送信息的通信方式。传送的信息是模拟信号时称为模拟微波通信，传送的信息是数字信号时称为数字微波通信。模拟微波通信已逐渐被数字微波通信所取代。

微波通信通常可分为微波中继通信、一点对多点微波通信、微波卫星通信和微波散射通信等。

微波中继通信，也称为微波接力通信，即是利用微波作为载体携带信息，并且采用中继（接力）方式在地面上进行的无线电通信方式。图 5-5 为微波中继通信的示意图。

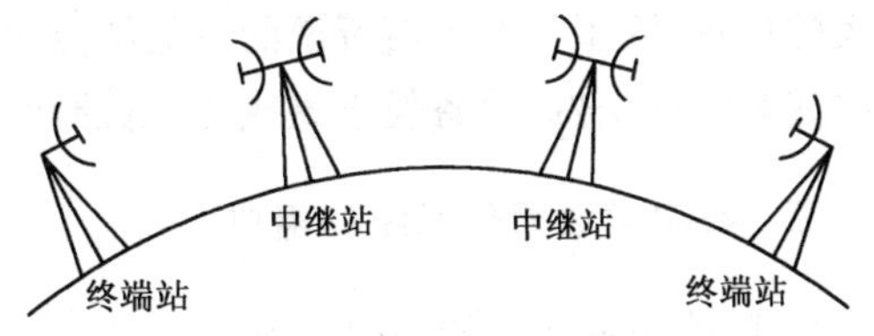

图 5-5　微波中继通信示意图

微波与光波一样沿直线传播并具有视距传播的特性，而地球表面是个曲面，当通信距离超过一定数值时，电磁波传播将受到地面的阻挡。另外，微波在空气对流层中传播时，由于地球表面的反射以及对流层气象参数的变化而产生衰落。为了微波通信的正常进行，要在线路中间设若干个中继站，将电磁波进行放大和转发，以接力的方式实现远距离通信的目的。相邻两中继站的距离一般是 30～50 km，长距离微波通信干线可以经过几十次中继而传至数千公里仍可保持很高的通信质量。微波通信中所使用的频率范围一般为 1～40 GHz，主要工作频段如表 5-2 所示。

表 5-2 微波频段

波段		频率范围
旧代号	新代号	
L	D	1～2 GHz
S	E,F	2～4 GHz
C	G,H	4～8 GHz
X	I,J	8～12 GHz
Ku	J	12～18 GHz
K	J	18～26 GHz
Ka	K	26～40 GHz

我国微波通信广泛应用 L、S、C、X 这些频段，K 频段的应用尚在开发之中。

二、微波通信的特点

微波通信与其他通信方式相比，具有以下主要特点：

1. 频带宽，容量大。微波的带宽超过了 30 GHz，约为长、中、短波带宽的 1 000 倍，可容纳大量的通信信道，每个信道可通几千路电话信号或几十路电视信号。

2. 抗干扰性能好，工作稳定可靠。天电工业干扰以及太阳黑子的活动对微波通信影响很小，通信质量好，可靠性可达 99.8%以上。

3. 通信灵活性较大。微波中继通信采用中继方式，可以实现地面上的远距离通信，并且可以跨越山脉、沙漠、沼泽、湖泊等特殊地理环境。在遭遇地震、洪水、战争等灾祸时，通信的建立、转移较容易，比电缆和光纤通信具有更大的灵活性。

4. 天线增益高、方向性强。由于微波频率高、波长短，微波通信一般使用面式天线。可以制成方向性很强，尺寸又小的天线，不仅架设方便，而且大大减小了发信功率，减轻了相互之间的干扰。

5. 投资少、建设快。与有线通信方式相比，微波通信建设简便、组网灵活、易于管理、设备使用寿命长，可以节省大量的建设费用，而且建设时间也较短。

近些年来，随着通信技术的发展及通信设备的数字化，数字微波通信在微波通信中占有绝对大的比重，除了具有上面所说的一般特点之外，还具有数字通信抗干扰能力强、保密性强、便于组成数字通信网、设备便于集成化、电源功耗低等特点。

三、数字微波通信系统的组成

1. 微波中继通信线路的组成

一条微波中继通信线路，通常由终端站、枢纽站、分路站和若干个中继站组成，长度在几百公里甚至长达一两千公里，如图 5-6 所示。

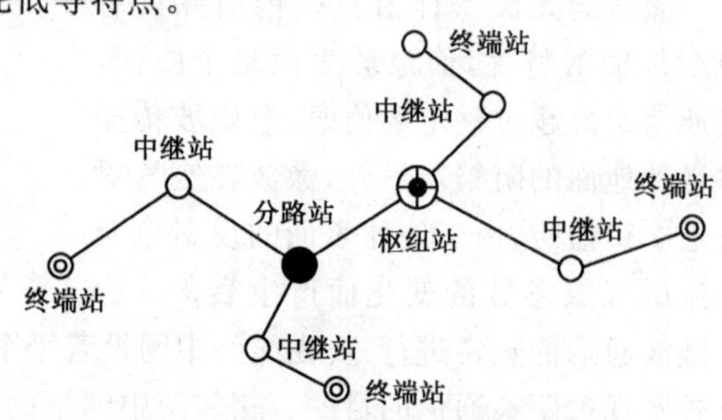

图 5-6 微波中继通信线路的组成

(1)终端站

终端站处在微波通信线路的两端，终端站只对一个方向收信和发信，配备复用设备和传输设备，收、发共用一副天线。它的任务是将数字终端设备送来的基带信号或从电视台送来的电视信号，经微波设备处理后由微波发信机发射给中继站；同时将微波接收机接收到的信号，经微波设备处理后变成基带信号送给数字终端设备，或经数字解码设备处理后还原成电视信号传送给电视台。

(2)枢纽站

枢纽站处于中继线路的干线上，完成数个方向上的通信任务。在枢纽站中，可以上、下全部或部分分路信号，也可以转接全部或部分分路信号。因此，枢纽站上的设备种类很多，可以包括各种站型的设备。

(3)中继站

中继站是微波通信线路上数量最多的站型，一般都有几个到几十个。中继站的作用是将信号进行再生、放大处理后，再转发给下一站，以确保传输信号的质量。由于中继站的作用才使得微波通信将信号传送到几百公里甚至几千公里之外。

(4)分路站

分路站又称上下话路站，除了完成中继站的任务外，还要完成上、下话路或线路的分支任务。它是为了适应一些地方的小容量的信息交换而设置的，设备简单，投资小，这样可满足一些中小城市与省会以上城市进行信息交流。

以上各种微波站的主要设备包括数字微波发信机、数字微波收信机、天馈线系统、铁塔以及为保障线路正常运行和无人维护所需的监测控制设备、电源设备等。

微波站址的确定尤其中继站的站址确定是由多方面因素决定的，如通信业务量的需求、自然环境状况、交通条件、供电线路的长短等，往往需要将多种方案比较论证后才能予以确定。

2. 数字微波通信系统的组成

一个完整的数字微波通信系统，除了包括上述通信线路的组成部分外，还应包括其他的一些组成部分，如图 5-7 所示。

(1)用户终端

用户终端是指直接被用户所使用的终端设备，例如自动电话机、电传机、计算机和调度电话等。

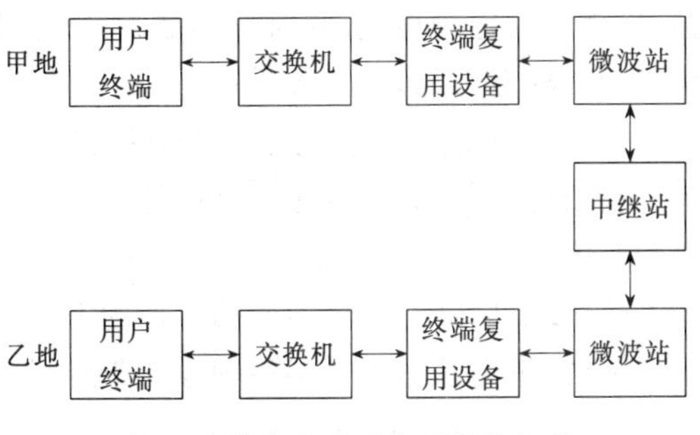

图 5-7　数字微波通信系统的组成

(2)交换机

用户可通过交换机进行呼叫连接，建立暂时的通信信道或电路，即可以实现本地用户终端之间的业务互通，又可通过微波中继通信线路实现本地用户终端与远地用户终端之间的业务互通。这种交换可以是模拟交换，也可以是数字交换。目前，大容量干线绝大部分采用数字程控交换机。

(3)终端复用设备

终端复用设备的基本功能是将交换机送来的多路信号或群路信号适当变换，送到微波终端站、分路站或枢纽站；或将微波终端站、分路站或枢纽站送来的多路信号或群路信号适当变换后送到交换机。

第三节 卫星通信

卫星通信是在地面微波中继通信和空间电子技术的基础上发展起来的,也是微波通信发展的一种特殊形式。与其他通信方式相比,卫星通信具有通信距离远、覆盖面广、工作频带宽、通信容量大、具有多址连接能力和广播特性等优势。卫星通信经过近几十年的发展,已经成为当今通信领域最重要的通信手段之一。

一、卫星通信的概念

卫星通信是指利用人造地球卫星作为中继站转发无线电波,在两个或多个地球站之间传递信息的通信方式。因此,卫星通信系统由卫星和地球站两部分组成。地球站实际上就是卫星系统与地面通信网的接口,地面用户通过地球站出入卫星系统,形成通信线路。因此,卫星通信是地球上多个地球站(包括陆地、水面和大气层)利用空中人造卫星作为中继站而进行的微波通信。

二、卫星通信的特点

与地面通信相比,卫星通信具有以下特点:

1. 通信距离远,覆盖面积大。因为卫星距离地面很远,一颗同步卫星可覆盖地球表面积的 42%左右,因而三颗同步卫星能够覆盖除两极以外的全部地球表面。

2. 具有多址连接功能。卫星所覆盖区域内的所有地球站都能利用同一卫星进行相互间的通信,即多址连接。

3. 通信的成本与通信距离无关。建站费用和运行费用不随通信站之间的距离不同而改变。

4. 通信频带宽、传输容量大,适于多种业务传输。卫星通信使用微波频段,带宽可达 500~1 000 MHz,一颗卫星的容量可达数千路以至上万路。

5. 通信线路稳定可靠,通信质量高。卫星通信的电波主要在大气层以外的宇宙空间中传输,传播相对比较稳定;同时它不受地形、地物等自然条件影响,且不易受自然或人为的干扰,所以通信稳定可靠,传输质量高。

6. 通信灵活。卫星通信不受地形、地貌等自然条件的影响,能够在短时间内将通信网延伸至新的区域,或者使设施遭到破坏的地域迅速恢复通信。

7. 信号有较大的传播时延。在静止卫星通信系统中,从地球站发射的信号经过卫星转发到另一个地球站时,电磁波传播距离为 72 000 km,单程传播时间约为 0.27 s。所以通过卫星打电话时,讲完话后要等半秒钟才能听到对方的回话,使人感到很不习惯。

8. 卫星使用寿命短,可靠性要求高。由于受太阳能电池寿命以及控制用燃料数量等因素的限制,通信卫星的使用寿命一般仅为几年。而卫星发射后难以进行现场检修,所以要求在卫星的短短几年的使用寿命期间通信卫星必须是高可靠性的。

由于卫星通信网的以上特点,卫星通信的业务范围非常广泛,可用于传输话音、电报、数据以及广播电视节目等。

三、卫星通信系统的组成

目前的卫星通信系统因其传输的业务不同,它们的组成也不完全相同。卫星通信系统通常由通信卫星、地球站、跟踪遥测及指令系统和监控管理系统四大部分组成，如图5-8所示。

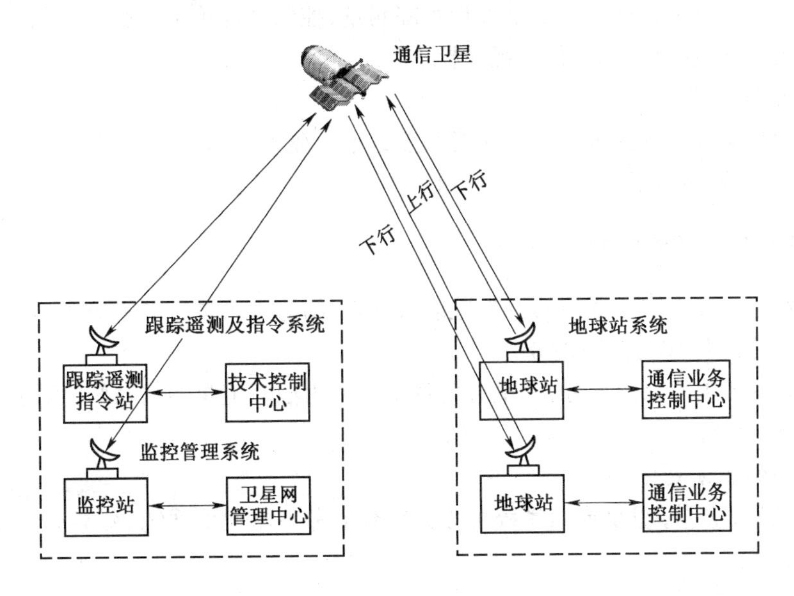

图5-8　卫星通信系统的基本组成

1. 通信卫星

通信卫星是一个设在空中的微波中继站，卫星中的通信系统称为卫星转发器，其主要功能是接收地面发来的信号后（称为上行信号）进行低噪声放大，然后混频，混频后的信号再进行功率放大，之后发射回地面（这时的信号称为下行信号）。卫星通信中，上行信号和下行信号的频率是不同的，这样可以避免在卫星通信天线中产生同频率信号干扰。

2. 地球站

地球站由天线馈线设备、发射设备、接收设备和信道终端设备组成，主要作用是发射和接收用户信号。

(1)天线馈线设备

天线是一种定向辐射和接收电磁波的装置。它把发射机输出的信号辐射给卫星，同时把卫星发来的电磁波收集起来送到接收设备。

(2)发射设备

发射设备将信道终端设备输出的中频信号（一般的中频频率是70 MHz±18 MHz）变换成射频信号（如C波段中是6 GHz左右），并把这一信号的功率放大到一定值。

(3)接收设备

接收设备的任务是把接收到的极其微弱的卫星转发信号首先进行低噪声放大（对4 GHz左右的信号放大，放大器本身引入的噪声很小），然后变频到中频信号，供信道终端设备解调及其他处理。

(4)信道终端设备

信道终端设备的任务是进行信号的处理。发送时，信道终端的基本任务是将用户设备（电话、电话交换机、计算机、传真机等）通过传输线接口输入的信号加以处理，使之变成适合卫星信道传输的信号形式；接收时，设备进行与发送时相反的处理，将接收设备送来的信号恢复成用户的信号。

3. 跟踪遥测及指令系统

跟踪遥测及指令系统负责对卫星进行跟踪测量，控制其准确进入轨道上的指定位置，并对在轨卫星的轨道、位置及姿态进行监视和校正。

4. 监控管理系统

监控管理系统对在轨卫星的通信性能及参数进行业务开通前的监测和业务开通后的例行监测和控制，以保证通信卫星的正常运行和工作。

四、卫星通信系统的分类

目前世界上建成了数以百计的卫星通信系统，归结起来可进行如下分类：

1. 按通信覆盖区域的范围划分

按通信覆盖区域的范围划分，卫星通信系统可分为国际卫星通信系统、国内卫星通信系统和区域卫星通信系统。

2. 按照通信用途划分

按照通信用途划分，卫星通信系统可分为综合业务卫星通信系统、海事卫星通信系统和军用卫星通信系统。

3. 按业务范围划分

按业务范围划分，卫星通信系统可分为固定业务卫星通信系统、移动业务卫星通信系统、广播业务卫星通信系统和科学实验卫星通信系统。

4. 按多址方式划分

按多址方式划分，卫星通信系统可分为频分多址(FDMA)、时分多址(TDMA)、空分多址(SDMA)和码分多址(CDMA)卫星通信系统。

5. 按运行方式划分

按运行方式划分，卫星通信系统可分为同步卫星通信系统和非同步卫星通信系统，两类系统均可实现固定通信业务及移动通信业务。

(1)同步卫星通信系统

同步卫星通信系统(Geosynchronous Earth Orbit，GEO 或 Geostationary Orbit，GSO)中的通信卫星相对于地球上的某一点是静止的(由于卫星绕地球的运行周期与地球自转同步，而对地球相对静止)，所以又称为静止轨道卫星系统。GEO 的卫星距地约 36 000 km，通常约三颗卫星可以覆盖全球，卫星运行周期约为 24 h。典型的同步卫星通信系统有 Inmarsat 卫星系统、VSAT 系统等。

(2)非同步卫星通信系统

非同步卫星通信系统主要有高椭圆轨道卫星通信系统、中轨道卫星通信系统和低轨道卫星通信系统。此类系统中的通信卫星相对于地球上的某一点是移动的，也就是系统的卫星群在绕地球转动。

①低轨道卫星通信系统

低轨道(Low Earth Orbit，LEO)卫星通信系统，卫星距地面约为 500～2 000 km，由于轨道低，每颗卫星所能覆盖的范围比较小，要构成全球系统需要几十颗卫星，卫星运行周期约为几十分钟。典型的低轨道卫星通信系统有“铱”系统、全球星系统等。

②中轨道卫星通信系统

中轨道(Intermediate Circular Orbit，ICO 或 Medium Earth Orbit，MEO)卫星通信系统，

卫星距地面约为 2 000～20 000 km，而且由于其轨道比低轨道卫星系统高许多，每颗卫星所能覆盖的范围比低轨道系统大得多，当轨道高度为 10 000 km 时，每颗卫星可以覆盖地球表面的 23.5%，因而只要几颗卫星就可以覆盖全球，卫星运行周期约为几个小时。例如，美国的 Odyssey 系统就属于中轨道卫星通信系统。

③高椭圆轨道卫星通信系统

高椭圆轨道(High Ellipse Orbit，HEO)卫星通信系统，卫星离地最远点为 39 500～50 600 km，最近点为 1 000～21 000 km，理论上，用三颗高轨道卫星即可以实现全球覆盖，卫星运行周期约为 12～24 h。例如，1956 年前苏联发射成功的 Molniya(闪电)卫星就属于椭圆轨道卫星通信系统。

五、卫星通信系统的工作频段

工作频段的选择将直接影响到整个卫星通信系统的传输容量、质量和可靠性，也会影响到地球站及转发器的发射功率、天线尺寸及设备的复杂程度和成本等。

卫星通信系统所使用的工作频段是微波频段(300 MHz～300 GHz)，以充分利用微波频段带宽大、天线增益高、可穿透电离层等特点。卫星通信系统使用的频段如表 5-3 所示。

表 5-3 卫星通信使用的频段

频段代号	上行频率	下行频率
L	1.6 GHz	1.5 GHz
C	6 GHz	4 GHz
X	8 GHz	7 GHz
Ku	14 GHz	12 GHz 或 11 GHz
Ka	30 GHz	20 GHz

目前的卫星通信系统所用的频段大多是 C 频段和 Ku 频段，但由于卫星通信业务量的急剧增加，这两个频段显得过于拥挤，所以必须开发更高的频段，如 Ka 频段。

六、卫星通信的多址连接方式

多址连接是指多个地球站通过共同的卫星，同时建立各自的信道，从而实现各地球站相互之间通信的一种方式。多址方式的出现，大大提高了卫星通信线路的利用率和通信连接的灵活性。

卫星通信的多址连接方式要解决的基本问题是如何识别、区分地址不同的各个地球站发出的信号，使多个信号源共享卫星信道。多址连接方式从根本上直接影响卫星通信网络的效率和转发器的容量。卫星通信中常用的多址连接方式主要有频分多址(FDMA)、时分多址(TDMA)、码分多址(CDMA)和空分多址(SDMA)。

1. 频分多址(FDMA)

FDMA 是指将卫星转发器的可用带宽分割成若干互不重叠的部分，即分配给各个地球站使用的载频不同。接收端的地球站根据频率的不同来识别发信站，并从接收到的信号中提取发给本站的信号。

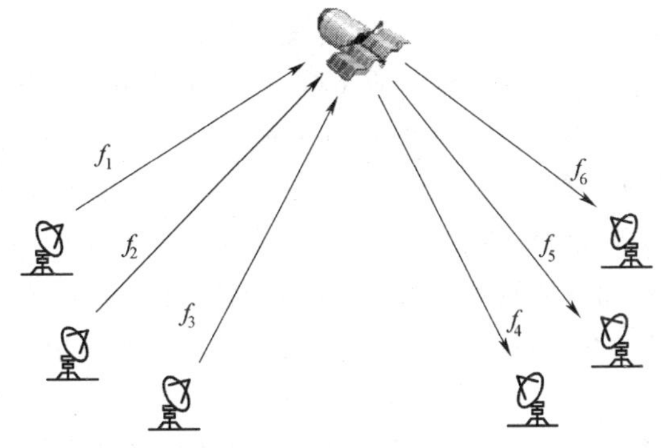

图 5-9 FDMA 方式示意图

图 5-9 为 FDMA 方式的示意图。图中 f_1、f_2、f_3 为分配给各个地球站的发射载波频率，为了避免相邻载波间的互相重叠，各

载波频带间要设置一段很窄的保护频带。各个地球站按所分配的频带发射信号，这些信号经卫星转发器变频后(分别变为 f_4、f_5、f_6)，再发回地面。接收端的地球站利用相应的带通滤波器即可有选择地接收某些载波，这些载波携带着地球站所需的信息。

FDMA 方式技术成熟，设备简单，系统工作时不需要网同步，且性能可靠，在大容量线路工作时效率较高。但是转发器要同时放大多个载波，容易形成多个交调干扰，为了减少交调干扰，转发器要降低输出功率，从而降低了卫星通信的有效容量。各站的发射功率要求基本一致，否则会引起强信号抑制弱信号现象，因此，大站、小站不易兼容。FDMA 方式灵活性小，要重新分配频率比较困难，而且需要保护带宽以确保信号被完全分离开，频带利用不充分。

2. 时分多址(TDMA)

TDMA 是指将卫星转发器的工作时间周期性地分割成互不重叠的时间间隔，即时隙，分配给各地球站使用。在 TDMA 方式中，各地球站可以使用相同的载波在指定的时隙内断续地向卫星发射本站信号，这些信号通过卫星转发器时，在时间上是严格依次排列、互不重叠的。接收端地球站根据接收信号的时隙位置提取发给本站的信号。

图 5-10 为 TDMA 方式示意图。图中 TS_1、TS_2、TS_3 为分配给各个地球站的时隙，各地球站在指定的时隙内发射信号，接收端的各地球站在指定的时隙内接收所需的信号。

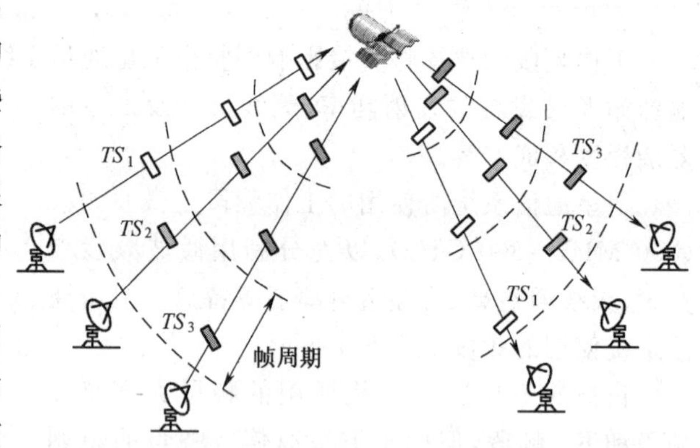

图 5-10　TDMA 方式示意图

TDMA 方式由于在任何时刻都只有 1 个站发出的信号通过卫星转发器，这样转发器始终处于单载波工作状态，因而从根本上消除了转发器中的互调干扰问题。与 FDMA 方式相比，TDMA 方式能更充分地利用转发器的输出功率，不需要较多的输出补偿。由于频带可以重叠，频率利用率比较高，易于实现信道的“按需分配”。但是各地球站之间在时间上的同步技术较复杂，实现比较困难。

3. 码分多址(CDMA)

CDMA 是指分别给各地球站分配一个特殊的地址码进行信号的扩频调制，各地球站可以同时占用转发器的全部频带发送信号，而没有发射时间和频率的限制(即在时间上和频率上可以相互重叠)。接收站只有使用某发射站的地址码才能提取出该发射站的信号，其他接收站解调时由于采用的地址码不同，因而不能解调出该发射站的信号。

CDMA 的实现方式有多种，如直接序列扩频(DS)、跳频(FH)和跳时(TH)等。图 5-11 为 CDMA/DS 方式的示意图。图中各地球站的信息分别经地址码 C_1、C_2 和 C_3 进行扩频调制生成扩频信号，然后各路信号可使用相同频率同时发射到卫星并进行转发，在接收端以本地产生的已知地址码为参考对接收到的所有信号进行鉴别，从中将地址码与本地地址码完全一致的宽带扩频信号还原为窄带而选出，其他与本地地址码无关的信号则仍保持或扩展为宽带信号而滤除。

与 FDMA、TDMA 相比，CDMA 方式具有较强的抗干扰能力，较好的保密通信能力。易于实现多址连接，灵活性大。但占用的频带较宽，频带利用率较低，选择数量足够的可用地址

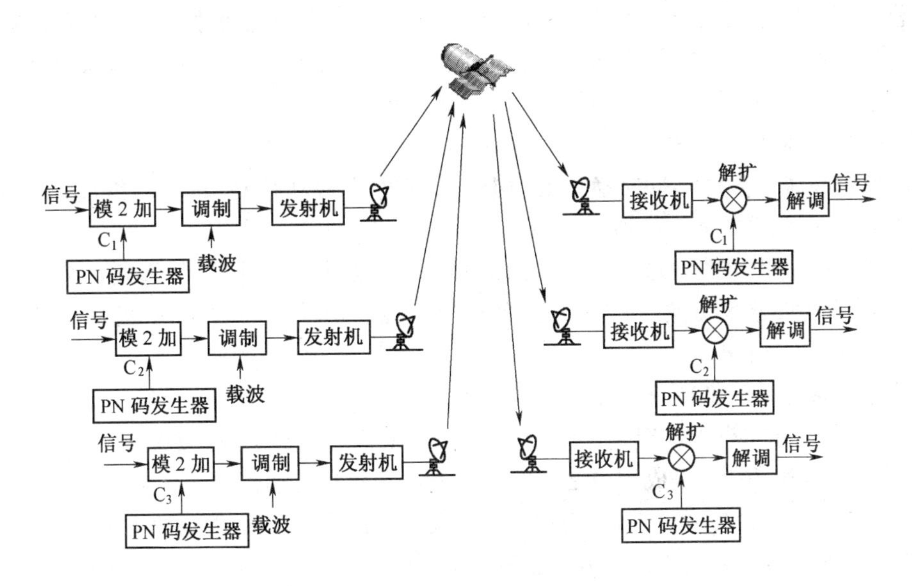

图 5-11　CDMA/DS 方式示意图

码较为困难。而且接收时，需要一定的时间对地址码进行捕获与同步。

4. 空分多址(SDMA)

SDMA 是指根据所处的空间区域的不同而区分各地球站，它的基本特性是卫星天线有多个窄波束(又称点波束)，它们分别指向不同区域的地球站，利用波束在空间直线的差异来区分不同的地球站。

图 5-12 为 SDMA 方式的示意图。卫星上装有转换开关设备，某区域中某一地球站的上行信号，经上行波束送到转发器，由卫星上转换开关设备将其转换到另一个通信区域的下行波束，从而传送到该区域的某地球站。一个通信区域内如果有几个地球站，则它们之间的站址识别还要借助于 FDMA、TDMA 或 CDMA 方式。

图 5-12　SDMA 方式示意图

SDMA 方式卫星天线增益高，卫星功率可得到合理有效的利用。不同区域地球站所发信号在空间互不重叠，即使在同一时间用相同频率，也不会相互干扰，因而可以实现频率重复使用，这会成倍地扩大系统的通信容量。SDMA 方式对卫星的稳定及姿态控制提出了很高的要求。卫星的天线及馈线装置也比较庞大和复杂；转换开关不仅使设备复杂，而且由于空间故障难以修复，增加了通信失效的风险。

第四节　移 动 通 信

一、移动通信概述

1. 移动通信的概念

移动通信是指通信的双方或至少有一方是在移动中进行信息交换的通信方式。它包括移动用户之间的通信及固定用户与移动用户之间的通信。其主要目的是实现任何时间、任何地点和任何通信对象之间的通信。

随着移动通信应用范围的不断扩大，移动通信系统的类型也越来越多，如蜂窝移动通信、集群调度移动通信、无线寻呼、无绳电话和小灵通等。移动通信以其显著的特点和优越性能得以迅猛发展，并应用在社会的各个领域。

2. 移动通信系统的组成

移动通信系统一般由移动交换中心（MSC）、基站（BS）和移动台（MS）组成，如图 5-13 所示。

MSC 是整个系统的核心，对本区域内的移动用户进行通信控制与管理。其主要完成呼叫处理、信道管理、越区切换、位置登记、鉴权等功能。MSC 还负责移动网络与其他网络的互联。

移动通信系统一般将整个服务区域划分为若干个无线小区，每个无线小区设置一个 BS。BS 一方面以无线方式与 MS 相连，负责无线信号的发送、接收和无线资源管理；一方面以有线或无线方式与 MSC 相连，完成用户之间的通信连接和信息传递。

MS 是整个系统的终端设备，是用户唯一能够接触到的设备。MS 的类型有车载台、便携台和手持台。MS 通过无线方式接入通信网络，使用户获得网络所提供的通信服务。

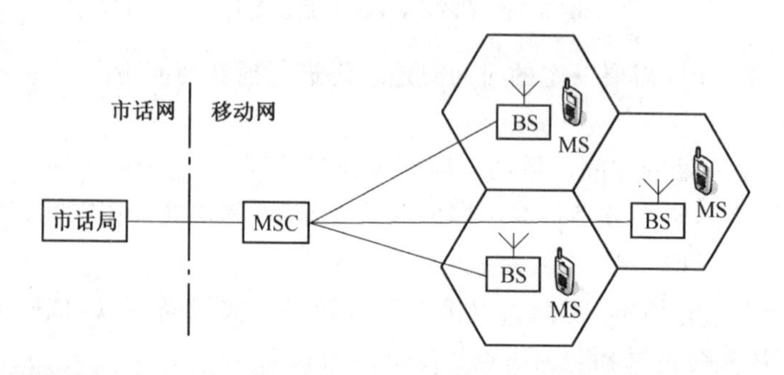

图 5-13　移动通信系统的基本组成

3. 移动通信的特点

(1)电磁波传播情况复杂

为了实现用户终端设备能够移动的目的，移动通信中基站至用户间必须靠无线电波来传送信息。无线电波的传播受地形地物影响很大，使移动台接收到的电波是直射波和绕射波、反射波、散射波的叠加，这样就造成所接收信号的强度起伏不定，这种现象称为衰落。另外，由于移动用户可能处于移动状态，这将导致移动台的工作频率随着载体的运动速度而改变，产生不同的频移，进而影响通信质量，这种现象称为多普勒效应。

(2)移动台受噪声的影响并在强干扰情况下工作

移动台所受到的噪声影响主要来自于城市噪声、各种车辆发动机点火噪声、各种工业噪声等。此外，移动通信网是多频道、多电台同时工作的通信系统。当移动台工作时，往往受到来自其他电台的干扰，主要的干扰有互调干扰、邻道干扰及同频干扰等。

(3)可用的频率资源有限

频率作为一种资源必须合理安排和分配。移动通信可以利用的频率资源非常有限，但是移动通信的用户数量却不断扩大，这就必须提高频谱的利用率。

(4)系统管理和控制复杂

由于移动台在通信区域内随时运动，需要随机选用无线信道进行频率和功率控制，以及选用位置登记、越区切换及漫游存取等跟踪技术，这就使其信令种类比固定网要复杂得多。此外，移动通信在入网和计费方式上也有特殊的要求。

(5)对移动台的要求高

移动台长期处于不固定位置状态，这就要求移动台具有很强的适应能力；此外，还要求移动台性能可靠、低功耗、携带方便、操作便利，并且能够适应新业务、新技术的发展，以满足不同人群的使用需求。

4. 移动通信的分类

移动通信系统的种类越来越多，其分类方法也多种多样，主要的分类方法如下：

(1)按使用环境划分

按使用环境可划分为陆地移动通信、海上移动通信和空中移动通信。

(2)按服务对象划分

按服务对象可分为公用移动通信和专用移动通信。

(3)按工作方式划分

按工作方式可分为单工通信、双工通信和半双工通信三种。

(4)按传输信号的形式划分

按传输信号的形式可分为模拟移动通信和数字移动通信。

(5)按使用的多址方式划分

按使用的多址方式可分为频分多址(FDMA)移动通信、时分多址(TDMA)移动通信和码分多址(CDMA)移动通信。

5. 移动通信的多址方式

在移动通信系统中，有许多用户都要同时通过同一个基站和其他用户进行通信，因此，必须对不同移动台和基站发出的信号赋予不同特征，使基站能从众多用户台的信号中区分出是哪一个移动台发出来的信号，而各移动台又能识别出基站发出的信号中哪个是发给自己的信号，解决这个问题的办法称为多址技术。在移动通信中采用的多址方式主要有三种，即频分多址(FDMA)、时分多址(TDMA)和码分多址(CDMA)。

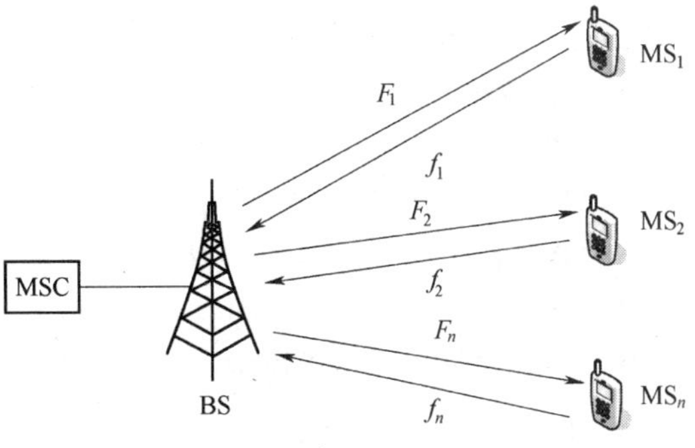

MSC　BS　F_1　f_1　MS_1　F_2　f_2　MS_2　F_n　f_n　MS_n

图 5-14　FDMA 通信系统的工作示意图

(1)频分多址(FDMA)

FDMA 是把通信系统的总频段划分成若干个等间隔的互不重叠的频道(或称信道)分配给不同的用户使用，即每一个通信中的用户占用一个频道进行通话。

图 5-14 为 FDMA 通信系统的工作示意图。由图可见，为了实现双工通信，收信、发信使用不同的频率(称为双频双工)。

FDMA 通信系统具有通信容量低、通信质量差、设备复杂庞大、系统控制困难等特点，主要用于模拟移动通信网中。

(2)时分多址(TDMA)

TDMA 是指在一个频道上把时间分割成周期性的帧，每一帧再分割成若干个时隙，每一用户占用不同的时隙进行通信，即同一个信道可供若干个用户同时通信使用。TDMA 通信系统是根据一定的时隙分配原则,使各个移动台在每帧内只能按指定的时隙向基站发射信号,基站可以在各时隙中接收到各移动台的信号而互不干扰。同时,基站发向各个移动台的信号都按顺序安排在预定的时隙中传输,各移动台只要在指定的时隙内接收,就能在合路的信号中把发给它的信号区分出来。图 5-15 是 TDMA 通信系统的工作示意图。

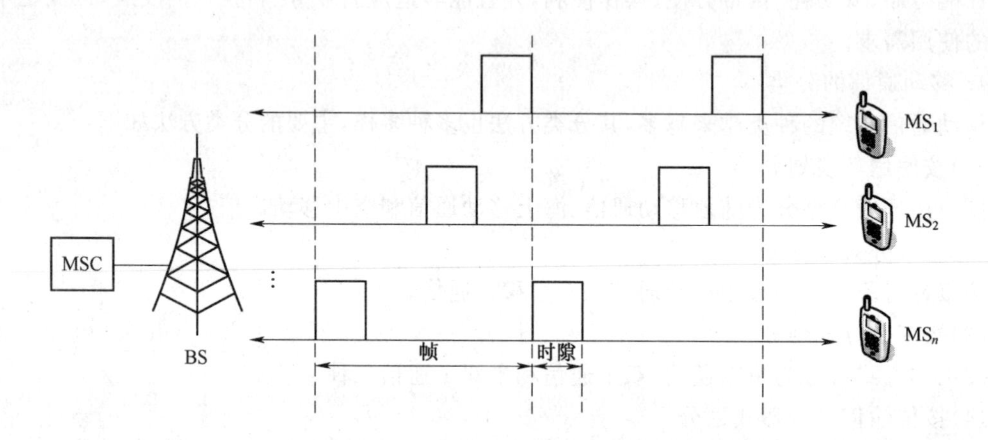

图 5-15 TDMA 通信系统的工作示意图

TDMA 通信系统具有突发传输的速率高、抗干扰能力强、系统容量大、基站复杂性减小、越区切换简单等特点,主要用于数字蜂窝移动通信网络(如 GSM 系统)。

(3)码分多址(CDMA)

CDMA 是指不同用户传输信息所用的信号不是靠频率不同或时隙不同来区分,而是用各自不同的编码序列来区分。在 CDMA 通信系统中,接收机用相关器可以在多个 CDMA 信号中选出其中使用预定码型的信号,其他使用不同码型的信号因为和接收机本地产生的码型不同而不能被解调。图 5-16 是 CDMA 通信系统的工作示意图。

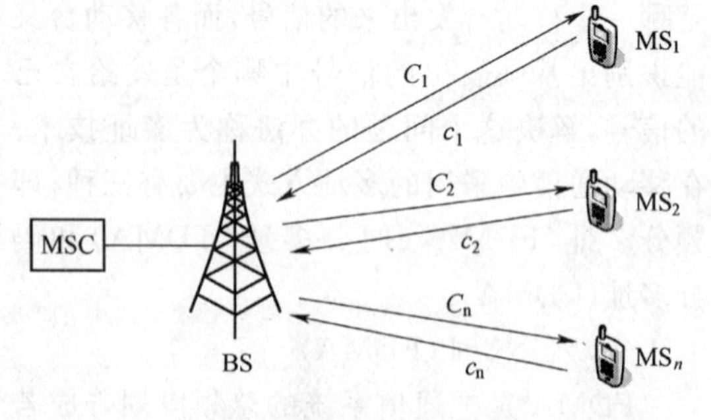

图 5-16 CDMA 通信系统的工作示意图

CDMA 通信系统与 FDMA 通信系统或 TDMA 通信系统相比,具有更大的系统容量、更高的语音质量以及抗干扰、保密性强等优点,在第二代和第三代移动通信系统中得到广泛应用。

6. 移动通信的服务区体制

一般来说,移动通信网络的区域覆盖方式分为两类:一类是大区制;另一类是小区制。

(1)大区制

大区制是指用一个基站覆盖整个服务区,由此基站负责与区域内所有移动台的无线连接,如图 5-17 所示。

在大区制中,服务区范围的半径通常为 20～50 km。为了覆盖这样大的一个服务区,基站发射机的发射功率较大(100～200 W),基站天线要架设得很高(通常是几十米以上)。然而由于移动台的发射功率较小,基站往往难以直接接收位于服务区边缘的移动台发射的信号。为了解决这个问题,通常在一个大区内设若干分集接收站与基站相连。分集接收站接收附近移动台发射的信号,再通过有线或微波方式将信号传输到基站,从而改善上行链路的通信条件。

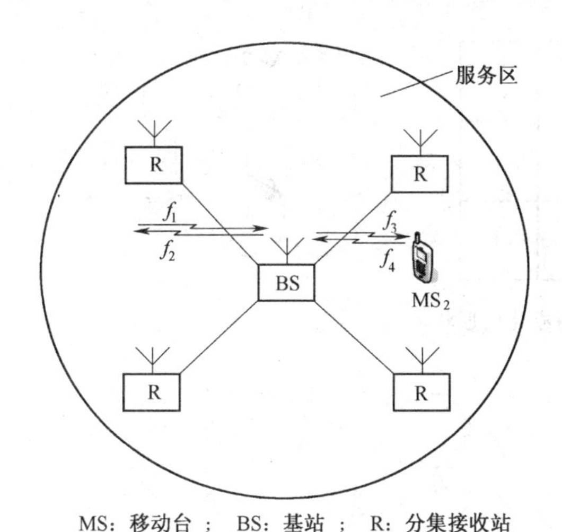

图 5-17 大区制示意图

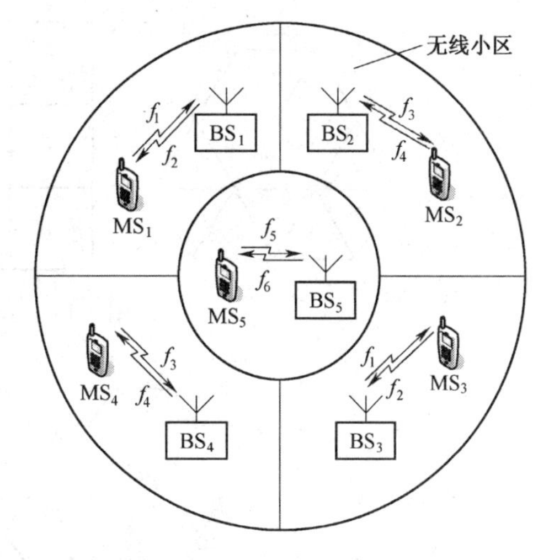

图 5-18 小区制示意图

在大区制中，同一时间每一无线信道只能被一个移动台使用。因此大区制的频谱利用率低，能容纳的用户数量少。大区制的优点是组网简单、投资少、见效快，适用于用户较少的地区。

(2)小区制

小区制是指将整个服务区划分成若干个无线小区，每个小区设置一个基站，负责与小区内所有移动台的无线通信。同时整个服务区设置若干个 MSC，统一控制基站协调工作，以便实现小区之间移动通信的转接及移动用户和市话用户之间的通信。只要移动用户在服务区内，不论在哪一个基站的覆盖区内都能正常地进行通信。小区制如图 5-18 所示。

小区制的主要特点是运用频率复用技术，即在相邻小区中分配频率不同的信道，而在非相邻的相隔一定距离的小区中分配相同频率的信道。这就解决了信道少而用户多的矛盾，可以大大提高系统的容量。由于相距较远，同时使用相同频率的信道也不会产生明显的同频干扰。无线小区的范围还可以根据实际客户数的多少灵活确定。

小区制组网灵活，如可以对不同用户数的小区分配不同数目的信道。当原来的小区容量不够时，可以进行小区分裂，以满足更大用户量需求。但小区制的组网比大区制复杂得多。移动交换中心要随时知道每个移动台正处在哪个小区中才能进行通信联络，因此必须对每一移动台进行位置登记。正在通信中的移动台从一个区进入另一个小区要进行越区切换，并且移动交换中心要与服务区的所有基站相连接，以传送控制信息和用户信息，所以采用小区制的网络管理和控制复杂、投资大。

当多个小区彼此邻接覆盖整个服务区时，用圆的内接正多边形来近似地代替圆，是实际和方便的。可以证明，由正多边形彼此邻接构成平面时，只能是正三角形、正方形和正六边形，分别称为正三角形小区、正方形小区和正六边形小区。

如图 5-19 所示，比较三种圆内接正多边形可以看出：对于同样大小的服务区域，采用正六边形覆盖所需的小区数最少，即所需基站数少，最经济；正六边形小区的中心间隔最大，各基站间的干扰最小；交叠区面积最小，同频干扰最小；交叠距离最小，便于实现跟踪交换。因此，小区的形状一般采用正六边形。若干个正六边形小区构成的网络形同蜂窝，因此把小区形状为六边形的小区制移动通信网称为蜂窝网，蜂窝网如图 5-20 所示。

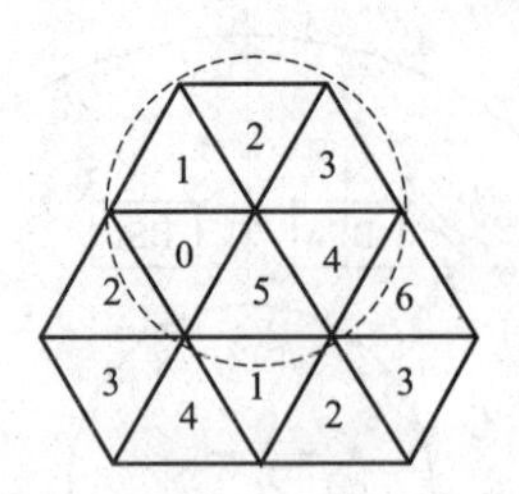

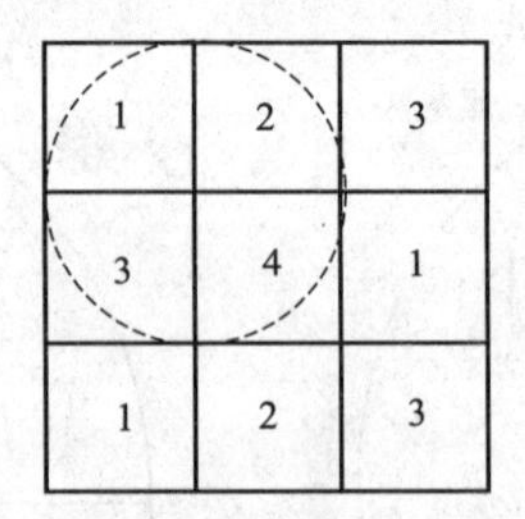

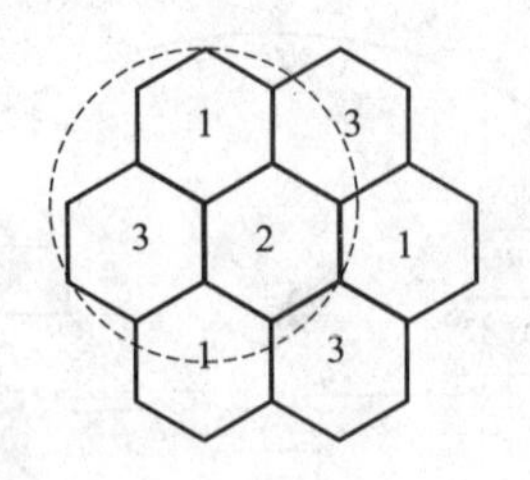

图 5-19 小区构成几何形状

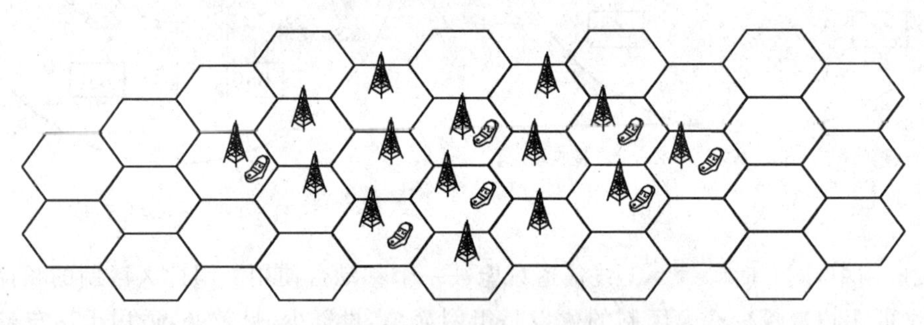

图 5-20 蜂窝网示意图

7. 移动通信的发展

现代的移动通信发展至今,根据其发展历程和发展方向,可以划分为三个阶段。

(1)第一代:模拟移动通信系统(1G)

时间是 20 世纪 70 年代中期至 80 年代中期。1978 年,美国贝尔实验室研制成功了高级移动电话系统(AMPS),建成了蜂窝状移动通信系统。而其他工业化国家也相继开发出蜂窝式移动通信网。这一阶段相对于以前的移动通信系统,最重要的突破是贝尔实验室在七十年代提出的蜂窝网的概念。蜂窝网,即小区制,由于实现了频率复用,大大提高了系统容量。

第一代移动通信系统的典型代表是美国的 AMPS 系统和后来的改进型系统 TACS 以及北欧移动电话服务网络(NMT)和日本的 NTT 等。第一代移动通信系统的主要特点是采用频分复用,语音信号为模拟调制,频道间隔为 30 kHz/25 kHz。第一代系统在商业上取得了巨大的成功,但是其弊端也日渐显露出来:频谱利用率低;业务种类有限;无高速数据业务;保密性差,易被窃听和盗号;设备成本高;体积大,重量大等。这些弱点妨碍了其进一步发展,因此模拟蜂窝移动通信已经逐步被数字蜂窝移动通信所替代。

(2)第二代数字移动通信系统(2G)

为了解决模拟系统中存在的这些根本性技术缺陷,数字移动通信技术应运而生,并且快速发展起来,这就是以 GSM 和 IS-95 为代表的第二代移动通信系统,时间是从二十世纪八十年代中期开始。欧洲首先推出了泛欧数字移动通信网(GSM)的体系。随后,美国和日本也制订了各自的数字移动通信体制。第二代移动通信系统以数字传输、时分多址和窄带码分多址为主要特征,相对于模拟移动通信,提高了频谱利用率,支持多种业务服务,并与 ISDN 等兼容。第二代移动通信系统以传输话音和低速数据业务为目的,因此又称为窄带数字通信系统。

代表产品分为两类:一类是 TDMA 系列,该系列中比较成熟和最有代表性的制式有:泛欧 GSM、美国 D-AMPS 和日本 PDC。另一类是 N-CDMA(窄带码分多址)系列,主要是以高通公司为首研制的基于 IS-95 的 N-CDMA。

由于第二代移动通信以传输话音和低速数据业务为目的，从1996年开始，为了解决中速数据传输问题，又出现了2.5代的移动通信系统，如GPRS和IS-95B。

(3)第三代数字移动通信系统(3G)

由于网络的发展，数据和多媒体通信的发展势头很快，需要的将是一个综合现有移动电话系统功能和提供多种服务的综合业务系统，所以国际电联要求在2000年实现商用化的第三代移动通信系统(3G)，即IMT-2000，它的关键特性有：高速传输以支持多媒体业务；世界范围设计的高度一致性；IMT-2000内业务与固定网络的兼容；高质量；世界范围内使用小型便携式终端。

第三代移动通信系统最早由国际电信联盟(ITU)于1985年提出，当时称为未来公众陆地移动通信系统(FPLMTS，Future Public Land Mobile Telecommunication System)，1996年更名为IMT-2000(International Mobile Telecommunication-2000)，意即该系统工作在2 000 MHz频段，最高业务速率可达2 000 kbit/s。第三代移动通信系统的主要体制有WCDMA、CDMA2000和TD-SCDMA。

二、GSM移动通信网

1. GSM概述

1982年在欧洲邮电行政大会(CEPT)上成立“移动特别小组(Group Special Mobile)”，简称“GSM”，开始制定适用于欧洲各国的一种数字移动通信系统的技术规范。1990年完成了GSM900的规范，并于1991年率先投入商用，随后在整个欧洲、大洋洲以及其他国家和地区得到了广泛应用，随着设备的开发和数字蜂窝移动通信网的建立，GSM逐渐演变为“全球移动通信系统(Global System for Mobile Communication)”的简称，成为目前覆盖面最大、用户数最多的数字蜂窝移动通信系统。GSM系列主要有GSM900、DCS1800和PCS1900三部分，三者之间的主要区别是工作频段的差异。

GSM系统的工作频段如表5-4所示。

表5-4 GSM系统主要技术参数

	GSM900	DCS1800	PCS1900
上行频带(MHz)	890～915	1 710～1 785	1 850～1 910
下行频带(MHz)	935～960	1 805～1 880	1 930～1 990
双工间隔(MHz)	45	95	80
占用带宽(MHz)	25×2	75×2	60×2

2. GSM系统结构

GSM移动通信系统由网络交换子系统(NSS)、基站子系统(BSS)、操作支持子系统(OSS)和移动台(MS)四大部分组成，如图5-21所示。

(1)网络交换子系统(NSS)

NSS具有系统交换功能和管理控制功能。NSS由移动业务交换中心(MSC)、归属位置寄存器(HLR)、访问位置寄存器(VLR)、鉴权中心(AUC)、设备识别寄存器(EIR)和操作维护中心(OMC)组成。

①移动业务交换中心(MSC)

MSC是整个GSM网络的核心，对它所覆盖区域中的移动台进行通信控制和管理。它除

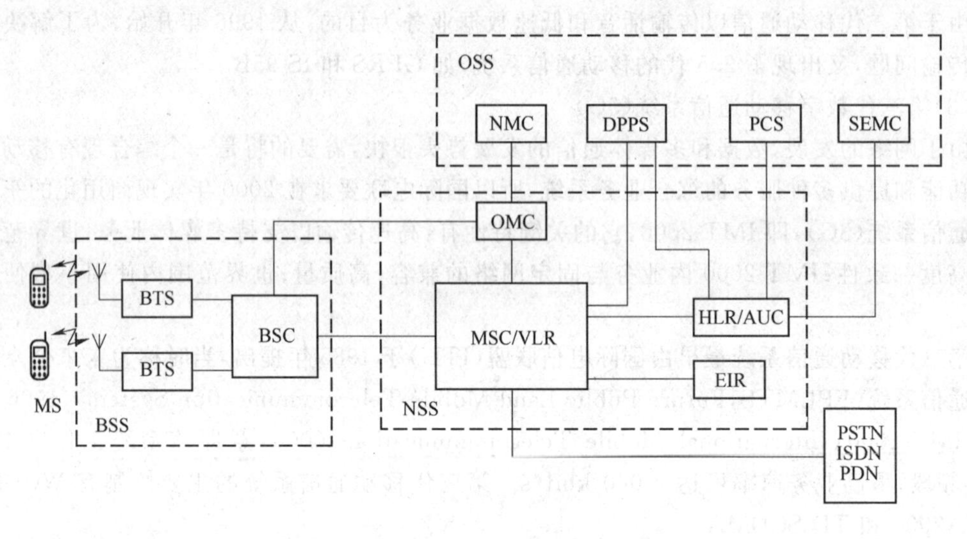

图 5-21 GSM 系统结构

OSS:操作支持子系统;	BSS:基站子系统;	NSS:网络交换子系统;
NMC:网络管理中心;	DPPS:数据后处理系统;	SEMC:安全性管理中心;
PCS:用户识别卡个人化中心;	OMC:操作维护中心;	MSC:移动业务交换中心;
VLR:来访用户位置寄存器;	HLR:归属用户位置寄存器;	AUC:鉴权中心;
EIR:移动设备识别寄存器;	BSC:基站控制器;	BTS:基站收发信台;
PDN:公用数据网;	PSTN:公用电话网;	ISDN:综合业务数字网;
MS:移动台		

了完成呼叫接续、路由控制等功能外,还要完成无线资源的管理、移动性管理、安全性管理等功能,如信道分配、鉴权、越区切换、漫游等。MSC 还起到 GSM 网络和公众电信网络(如 PSTN,ISDN,PLMN,PSPDN 等)的接口作用。

当其他网络的用户呼叫 GSM 网络用户时,首先将呼叫接入到关口 MSC(GMSC),由 GMSC 负责获取位置信息,并把呼叫转接到该移动用户所在的 MSC。GMSC 具有与固定网或其他 NSS 实体互通的接口,其功能一般在 MSC 中实现。根据网络的需要,GMSC 功能也可以在固定网交换机中综合实现。

②归属位置寄存器(HLR)

HLR 是管理本地移动用户的主要数据库,每个移动用户都应在某 HLR 注册登记。HLR 主要存储两类信息数据:一是登记在该 HLR 中有关用户的参数,如:MSLSDN,IMSI,MS 类别,接入优先等级等;二是登记在该 HLR 中用户所注册的有关电信业务、承载业务和附加业务等方面的数据,用户位置信息等。

③访问位置寄存器(VLR)

VLR 也是一个用户数据库,用于存储当前位于该 MSC 服务区域内所有移动用户的动态信息,如用户的号码、所处位置区的识别、向用户提供的服务等参数。每个 MSC 都有一个它自己的 VLR。

当移动用户漫游到新的 MSC 服务区时,它必须向该区的 VLR 申请登记。VLR 要向该用户归属的 HLR 查询其有关的参数,要给该用户分配一个新的漫游号码(MSRN),并通知其 HLR 修改该用户的位置信息。HLR 在修改该用户的位置信息后,还要通知原来的 VLR,删除此用户的有关参数。所以,VLR 可看作是一个动态的数据库。

④鉴权中心(AUC)

AUC负责确认移动用户的身份,产生相应的认证参数。AUC对任何试图入网的移动用户进行身份认证,只有合法用户才能接入网中并得到服务。

⑤设备识别寄存器(EIR)

EIR是存储有关移动台设备参数的数据库,主要完成对移动设备的识别、监视、闭锁等功能。每个移动台有一个唯一的国际移动设备识别号(IMEI),以防止被偷窃的、有故障的或未经许可的移动设备非法使用本GSM系统,移动台的IMEI要在EIR中登记。

⑥操作维护中心(OMC)

OMC的任务是对全网进行监控和操作,例如系统的自检、报警与备用设备的激活、系统故障诊断与处理、话务量统计、计费数据的统计以及各种资料的收集、分析与显示等。

(2)基站子系统(BSS)

BSS包含了GSM系统中无线通信部分的所有地面基础设施。它通过无线接口与MS相连,负责无线发送、接收和无线资源管理;另一方面,BSS通过接口与MSC相连,并接受MSC控制,传送用户信息和控制信息。BSS分为两部分,即基站控制器(BSC)和基站收发信台(BTS)。

①基站控制器(BSC)

BSC是BSS的控制部分,具有对一个或多个BTS进行控制的功能,主要负责完成信息交换、无线资源管理、无线参数管理、移动性管理、功率控制等。

②基站收发信台(BTS)

BTS是BSS的无线部分,由BSC控制,它是为一个小区提供服务的无线收发信设备,其主要功能是提供无线电发送和接收。BTS包括发射机、接收机、天线、接口电路等设备。

(3)移动台(MS)

MS是用户使用的设备,它由两部分组成:移动设备和用户识别模块(SIM)。

移动设备主要完成信息发送和接收;SIM卡存有与用户相关的信息,如鉴权和加密信息、位置信息、业务级别信息等。只有插入SIM卡后移动设备才能进入网络。

(4)操作支持子系统(OSS)

OSS的主要功能是移动用户管理、移动设备管理以及网络操作和维护。移动用户管理包括用户数据管理和呼叫计费管理。用户数据管理一般由HLR完成;呼叫计费管理可以由各个MSC分别处理,也可以由HLR或独立的计费设备来管理;移动设备管理由EIR来完成;网络操作与维护由OMC来完成。

OSS是一个相对的管理和服务中心,不包括与GSM系统的NSS和BSS部分密切相关的功能实体。它主要由网络管理中心(NMC)、安全性管理中心(SEMC)、用于用户设备卡管理的个人化中心(PCS)、用于集中计费管理的数据库处理系统(DPPS)等功能实体组成。

3. GSM系统话音信号的处理过程

GSM系统中,如何把模拟话音信号转换成适合在无线信道中传输的数字信号形式,直接关系到话音的质量、系统的性能,这是一个很关键的过程。GSM系统话音信号的处理过程如图5-22所示。

在发送端,模拟话音信号首先经过话音编码转换成13 kbit/s的数字话音信号,然后经过信道编码、交织、加密和突发脉冲形成等功能模块生成基带数字信号,其速率为33.8 kbit/s,基带信号再经过调制、变频、功率放大后形成射频信号,并由天线将其发送出去。接收端的处理过程与发送端的处理过程相反。

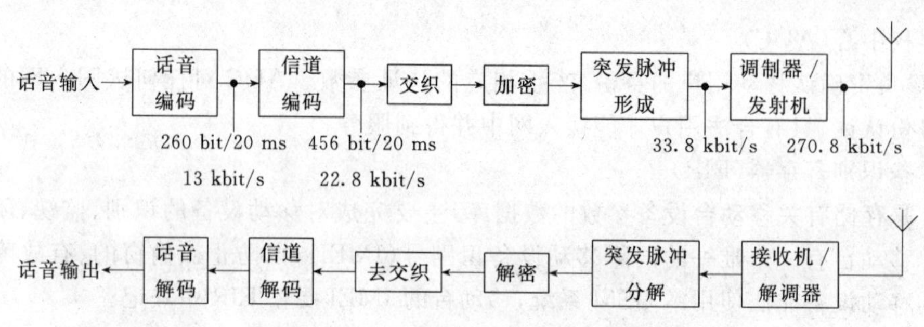

图 5-22 GSM 系统话音信号的处理过程

4. GSM 的网络结构

我国的 GSM 网络为三级结构，即：移动业务本地网、省内网和全国网。

(1)移动业务本地网

移动业务本地网的网络结构如图 5-23 所示。

全国划分为若干个移动业务本地网，原则上在长途编号区为二位、三位的地区建立移动业务本地网，每个移动业务本地网中应相应设立一个 HLR(必要时可增设 HLR)，用于存储归属该本地网的所有用户的有关数据。每个移动业务本地网中可设一个或若干个 MSC(也称作移动端局)，每个 MSC 区可划分成若干个蜂窝式小区。原则上 MSC 间应开设直达电路，局间业务量很小的 MSC 间可不设直达电路。

移动本地网的各个 MSC 与其所在地的固定网中的市话长途局(TS)和汇接局(Tm)相连。在没有汇接局或话务量足够大的时候，亦可与本地端局(LS)相连。每个 MSC 均为数字蜂窝移动网的入口 MSC(GMSC)。

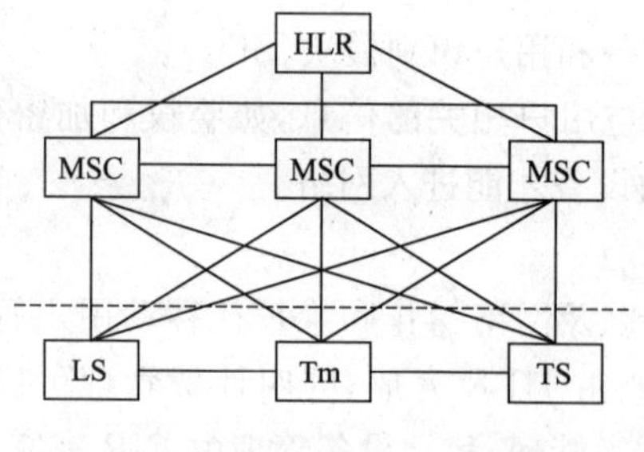

图 5-23 移动业务本地网示意图

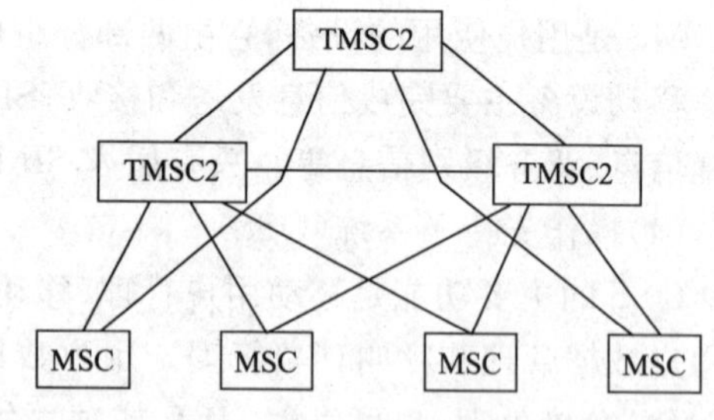

图 5-24 GSM 省内网示意图

(2)省内网

GSM 省内网的网络结构如图 5-24 所示。

省内网由省内的各移动业务本地网组成。各省设两个或两个以上移动业务二级汇接中心，称为 TMSC2，它们彼此间网状相连，完成省内各地区移动业务本地网的业务汇接。省内的每一个移动端局至少与省内两个 TMSC2 相连。

(3)全国网

GSM 全国网的网络结构如图 5-25 所示。

全国网由各个省内网组成。在各主要省

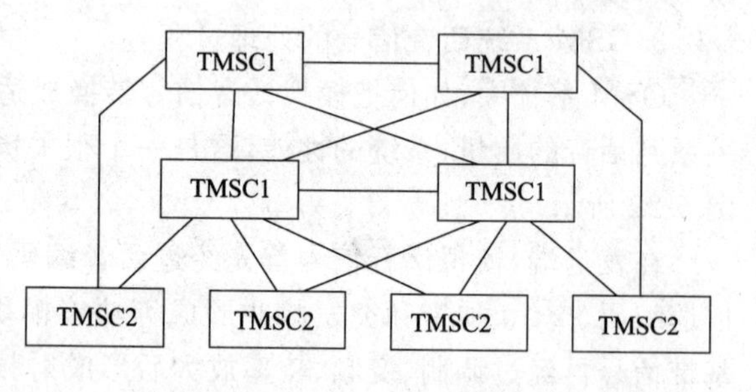

图 5-25 GSM 全国网示意图

份的省会设有移动业务一级汇接中心，称为 TMSC1，各 TMSC1 之间网状相连，实现省际移动业务的汇接。各省的各 TMSC2 至少与两个 TMSC1 连接。

5. GPRS 网络

(1)GPRS 概述

GPRS(General Packet Radio Service)是通用分组无线业务的简称，它是第 2.5 代移动通信系统，是 GSM 向 3G 过渡的一个桥梁。

GPRS 是在 GSM 系统基础上引入新的部件而构成的无线数据传输系统，目的是为 GSM 用户提供分组形式的数据业务。现有的 BSS 从一开始就可提供全面的 GPRS 覆盖。GPRS 允许用户在端到端分组转移模式下发送和接收数据，而不需要利用电路交换模式的网络资源，从而提供了一种高效、低成本的无线分组数据业务。GPRS 特别适用于间断的、突发性的和频繁的、少量的数据传输，也适用于偶尔的大数据量传输。

(2)GPRS 的网络结构

GPRS 网络其实是叠加在现有的 GSM 网络上的另一网络，它在原有 GSM 网络的基础上增加了 SGSN、GGSN 等功能实体，如图 5-26 所示。GPRS 共用现有 GSM 网络的 BSS 系统，但要对软硬件进行相应的更新；同时 GPRS 和 GSM 网络各实体的接口必须作相应的界定；另外，要求移动台提供对 GPRS 业务的支持。GPRS 支持通过 GGSN 实现和其他数据网的互联，接口协议可以是 X.75 或者是 X.25，同时 GPRS 还支持和 IP 网络的直接互联。

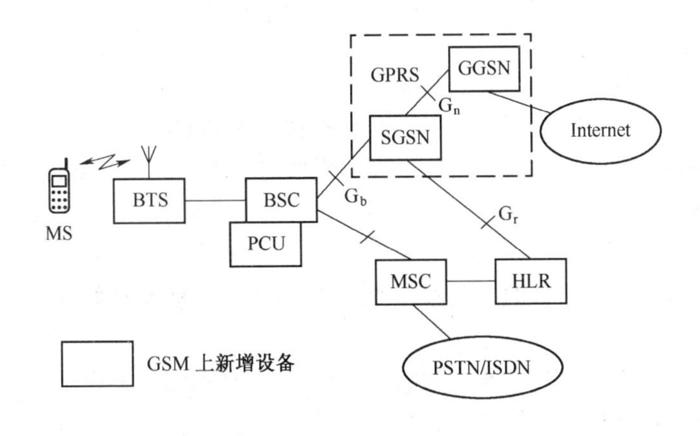

图 5-26 GPRS 的网络结构

GPRS 网络的主要功能实体介绍如下。

①GPRS MS

GPRS MS 有如下三种类型。

A 类 GPRS MS：能同时连接到 GSM 和 GPRS 网络，同时提供 GPRS 业务和 GSM 电路交换业务。

B 类 GPRS MS：能同时连接到 GSM 网络和 GPRS 网络，可用于 GPRS 分组业务和 GSM 电路交换业务，但两者不能同时工作。

C 类 GPRS MS：在某一时刻只能连接到 GSM 网络或 GPRS 网络。如果它能够支持分组交换和电路交换两种业务，只能人工进行业务切换，不能同时进行两种操作。

②分组控制单元(PCU)

PCU 是在 BSS 侧增加的一个处理单元，主要完成 BSS 侧的分组业务处理和分组无线信道资源的管理，目前 PCU 一般在 BSC 和 SGSN 之间实现。

③服务 GPRS 支持节点(SGSN)

SGSN 的主要作用是记录移动台的当前位置信息，并且在 MS 和 GGSN 之间完成移动分组数据的发送和接收。

④网关 GPRS 支持节点(GGSN)

GGSN 是连接 GSM 网络和外部分组交换网(如因特网和局域网)的网关。GGSN 可以把网络中的 GPRS 分组数据包进行协议转换，从而可以把这些分组数据包传送到远端的 TCP/IP 或 X. 25 网络。

三、CDMA 移动通信网

1. CDMA 系统的基本原理

CDMA 即码分多址，它是利用相互正交的编码来区分不同的用户、基站、信道。CDMA 系统的基本原理如图 5-27 所示。

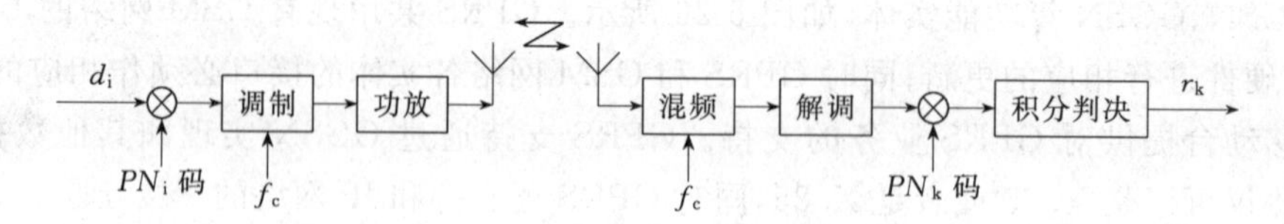

图 5-27　CDMA 系统的基本原理

在发送端，利用自相关性很强而互相关值为 0 或很小的周期性码序列作为地址码，与用户信息数据相乘(或模 2 加)进行地址调制后输出；在接收端，以本地产生的已知地址码为参考，根据相关性的差异对收到的信号进行相关检测，提取与本地地址码一致的信号，而与本地地址码不一致的信号则被滤除。

实现码分多址的几个必备条件是：

(1)要达到多路多用户的目的有足够多的地址码，地址码间有良好的自相关特性和互相关特性。

(2)各接收端必然产生与发送端一致的本地地址码，且在相位上完全同步。

(3)网内所有用户使用同一载波、相同带宽，同时收发信号，使系统成为一个自干扰系统，为把各用户间的相互干扰降到最低，码分系统必须和扩频技术相结合，为接收端的信号分离作准备。

扩频通信技术一种信息传输方式，其系统占用的频带宽度远大于要传输的原始信号的带宽(或信息比特率)，且与原始信号带宽无关。在发送端，频带的展宽是通过编码及调制(即扩频)来实现的；在接收端，用与发送端完全相同的扩频码进行相关解调(即解扩)来恢复信息。扩频通信具有抗干扰能力强、保密性好、可以实现码分多址、抗多径干扰、能精确定时和测距等优点。

图 5-23 所示的系统既是码分多址系统，同时也是扩频通信系统。发送端的数据 d_i 与对应的 PN_i码相乘，进行地址调制的同时又进行扩频调制；在接收端，扩频信号经过与发送端完全相同的本地 PN 码($PN_k=PN_i$)解扩，相关检测得到所需的用户信息($r_k=d_i$)。在这种方式中，PN 码既用作地址码又用作扩频码。此外，也可以单独设置地址码和扩频码，分别进行地址调制和扩频调制，则系统性能会更好，但系统的复杂性也提高。

2. CDMA 系统的特点

与 TDMA 和 FDMA 相比，CDMA 通信系统的优势在于：

(1)抗多径衰落的能力强。CDMA 系统中的信号以频谱扩展形式传输，信号能量分布于整个工作频带。由地面移动信道多径反射造成的频率选择性衰落只能影响信号的某一部分而不致对信号造成整体性损害，可以大大降低多径衰落的影响。

(2)系统容量大。CDMA 系统是一种不受频道和时隙划分制约的自干扰系统，系统容量仅受限于系统运行时的总平均干扰(信道噪声与多用户干扰)，任何使干扰降低的措施都有助于提高系统的容量。理论分析表明，在相同的频率带宽下，CDMA 系统是模拟 FDMA 系统的 10 倍以上，是数字 GSM 系统的 3 倍以上。

(3)话音质量高。CDMA 的话音编码采用码激励线性预测(CELP)方式，编码速率为 13 kbit/s 的话音质量已达到有线长话的话音水平。同时，CDMA 体制的抗多径衰落能力也保证了较好的话音质量。

(4)保密性能好，允许低功率谱密度。首先，在 CDMA 系统中使用扩频技术，使它所发射的信号频谱被扩展得很宽，从而使信号完全隐蔽在噪声、干扰之中，不易被发现和接收，因此也就实现了保密通信。其次，在通信过程中，各用户所使用的地址码各不相同，在接收端只有完全相同的地址码(包括码型和相位)的用户才能收到相应的发送数据，对非相关的用户来说是一种背景噪声，所以 CDMA 系统可以防止有意或无意的窃取，具有很好的保密性能。

(5)软容量。CDMA 通信系统的性能主要取决于系统中的多址干扰。用户数的增加只会引起系统性能的逐步变坏，不会出现因没有信道而不能通话的现象，因此它是一种“柔性容量”系统。当系统容量达到饱和时，可以让通信质量稍有变坏作为代价来增加少量用户。

(6)软切换。软切换就是当移动台需要跟一个新的基站通信时，并不先中断与原基站的联系，当与新基站的连接完成以后，再断开与原基站的连接，即“先连接再断开”。软切换只能在具有相同频率的 CDMA 信道间进行。软切换在两个基站覆盖区的交界处起到了话务信道的分集作用，完全克服了硬切换容易掉话的缺点。

当然，CDMA 系统也具有一些缺陷：如存在远近效应、系统实现复杂等。

四、第三代移动通信系统(3G)

1. 3G 概述

第三代移动通信系统(3G)最早由 ITU 于 1985 年提出，考虑到该系统将于 2000 年左右进入商用市场，并且其工作的频段在 2 000 MHz，故于 1996 年正式更名为 IMT-2000(International Mobile Telecommunication-2000)。

3G 是一种能够提供多种类型、高质量多媒体业务的全球漫游移动通信网络，是移动通信网络的发展方向，正在全球范围内快速地展开建设和应用。

2. 3G 的目标

ITU 明确提出了第三代移动通信系统的目标，即实现移动通信网络全球化、业务综合化和通信个人化。具体包括：

(1)以低成本的多种模式的手机来实现全球漫游。用户不再限制于一个地区和一个网络，而能在整个系统和全球漫游。

(2)适应多种环境。采用多层小区结构，即微微蜂窝、微蜂窝、宏蜂窝，将地面移动通信系统和卫星移动通信系统结合在一起；不管身处何方，依然近在咫尺。

(3)能提供高质量的多媒体业务,包括高质量的话音、可变速率的数据、高分辨率的图像等多种业务。

(4)足够的系统容量、强大的多种用户管理能力、高保密性能和服务质量。质量和保密功能对这一代移动通信技术提出更高的要求。

(5)在全球范围内,系统设计必须保持高度一致。在 IMT-2000 家族内部以及 IMT-2000 与固定通信网之间的业务要互相兼容。

(6)具有较好的经济性能,即网络投资费用,和用户终端费用要尽可能低,并且终端设备应体积小、耗电省,满足通信个人化的要求。

为实现上述目标,对无线传输技术提出了以下要求:

(1)高速传输以支持多媒体业务,室内环境至少 2 Mbit/s;室外步行环境至少 384 kbit/s;室外车辆环境至少 144 kbit/s。

(2)传输速率按需分配。

(3)上下行链路能适应不对称业务的需求。

(4)简单的小区结构和易于管理的信道结构。

(5)灵活的频率和无线资源管理、系统配置和服务设施。

3. 3G 标准

3G 标准的发布主要由两个标准化协调组织完成,即 3GPP 和 3GPP2。第三代合作伙伴计划(3GPP)是领先的 3G 技术规范机构,是由欧洲的 ETSI、日本的 ARIB 和 TTC、韩国的 TTA 以及美国的 T1 在 1998 年底发起成立的,旨在研究制定并推广基于演进的 GSM 核心网络的 3G 标准,即 WCDMA,TD-SCDMA,EDGE 等。中国无线通信标准组(CWTS)于 1999 年加入 3GPP。

3GPP 受组织合作伙伴委托制定通用的 WCDMA 技术规范。其组织机构分为项目合作和技术规范两大职能部门。项目合作部(PCG)是 3GPP 的最高管理机构,负责全面协调工作;技术规范部(TSG)负责技术规范制定工作,受 PCG 的管理。

3GPP 的目标是实现由 2G 网络到 3G 网络的平滑过渡,保证未来技术的后向兼容性,支持轻松建网及系统间的漫游和兼容性。

3GPP2 主要工作是制订以 ANSI-41 核心网为基础,CDMA2000 为无线接口的移动通信技术规范。该组织于 1999 年 1 月成立,由美国 TIA、日本的 ARIB、日本的 TTC、韩国的 TTA 四个标准化组织发起,中国无线通信标准研究组(CWTS)于 1999 年 6 月在韩国正式签字加入 3GPP2,成为这个当前主要负责第三代移动通信 CDMA2000 技术的标准组织的伙伴。中国通信标准化协会(CCSA)成立后,CWTS 在 3GPP2 的组织名称更名为 CCSA。

ITU 在 2000 年 5 月确定了 WCDMA、CDMA 2000 和 TD-SCDMA 三大主流无线接口标准。WCDMA 由欧洲一些国家提出,其标准化工作由 3GPP 来完成;CDMA 2000 是在基于 IS-95 标准基础上提出的 3G 标准,其标准化工作由 3GPP2 来完成;TD-SCDMA 标准由中国无线通信标准组织(CWTS)提出,已经融合到 3GPP 关于 WCDMA-TDD 的相关规范中。

WCDMA 能够基于现有的 GSM 网络,可以较轻易地过渡到 3G,因此 WCDMA 具有先天的市场优势。

CDMA 2000 是从窄带 CDMA One 标准衍生出来的,可以从原有的 CDMA One 结构直接升级到 3G,建设成本低廉。但目前使用 CDMA 的地区只有日本、韩国和北美,所以 CDMA 2000 的支持者不如 WCDMA 多。

TD-SCDMA 是由中国内地独自制订的 3G 标准，该标准在频谱利用率、对业务支持、频率灵活性及成本等方面具有独特优势。另外，由于国内庞大的市场，该标准受到各大主要电信设备厂商的重视，全球一半以上的设备厂商都宣布可以支持 TD-SCDMA 标准。

4. 3G 的频谱分配

3G 系统的主要工作频段如下。

(1)主要工作频段

频分双工(FDD)方式：1 920～1 980 MHz/2 110～2 170 MHz；

时分双工(TDD)方式：1 880～1 920 MHz/2 010～2 025 MHz。

(2)补充工作频率

频分双工(FDD)方式：1 755～1 785 MHz/1 850～1 880 MHz；

时分双工(TDD)方式：2 300～2 400 MHz。

(3)卫星移动通信系统工作频段

1 980～2 010 MHz/2 170～2 200 MHz。

5. 3G 的网络结构

3G 系统的构成如图 5-28 所示，它主要由四个功能子系统构成，即核心网(CN)、无线接入网(RAN)、移动台(MT)和用户识别模块(UIM)，分别对应于 GSM 系统的交换子系统(SSS)、基站子系统(BSS)、移动台(MS)和 SIM 卡。

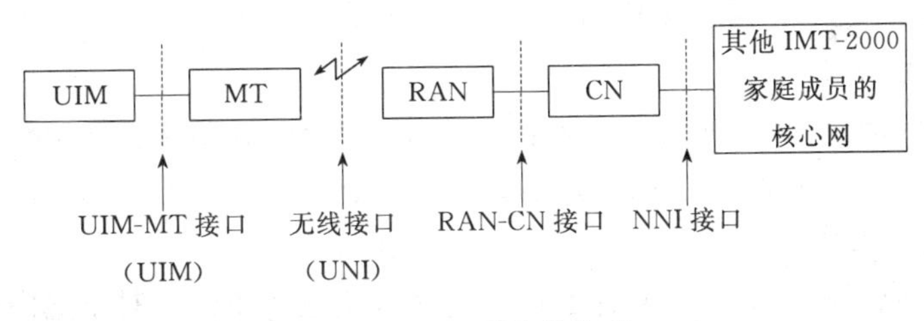

图 5-28　3G 系统的构成

另外 ITU 定义了如下 4 个标准接口。

(1)NNI 接口：网络与网络接口，由于 ITU 在网络部分采用了“家族概念”，因而此接口是指不同家族成员之间的标准接口，是保证互通和漫游的关键接口。

(2)RAN-CN 接口：无线接入网与核心网之间的接口，对应于 GSM 系统的 A 接口。

(3)UNI 接口：无线接口，移动台和无线接入网之间的接口，对应于 GSM 系统的 Um 接口。

(4)UIM-MT 接口：用户识别模块和移动台之间的接口。

五、未来移动通信系统(4G)

1. 4G 概述

4G 是第四代移动通信及其技术的简称，其概念可以被称为宽带接入和分布网络。该网络具有非对称的超过 2 Mbit/s 的数据传输能力及自适应的速率切换能力，是多功能集成的宽带移动通信系统、宽带接入 IP 系统，包括宽带无线固定接入、宽带无线局域网、移动宽带系统和交互式的广播网络，集成了不同模式的无线通信。

目前，业界专业人士对 4G 概念移动通信系统的共识主要是：用户可以在任何地点、任何时间以任何方式不受限制地接入到网络中来；移动终端可以是任何类型的；用户可以自由地选择业务、应用和网络；可以实现非常先进的移动电子商务；新的技术可以非常容易地被引入系统和业务中来。

2. 4G 移动通信的特点

目前正在开发和研制中的 4G 通信将具有以下特征：

(1)通信速度快

4G 最大的数据传输速率超过 100 Mbit/s，这个速率是移动电话数据传输速率的 1 万倍，也是 3G 移动电话速率的 50倍。

(2)网络频谱更宽

要想使 4G 通信达到 100 Mbit/s 的传输速度，那么 4G 网络在通信带宽上比 3G 网络的蜂窝系统的带宽就要高出许多。据估计每个 4G 信道会占有 100 MHz 的频谱，相当于 W-CDMA 3G 网路的 20 倍。

(3)智能性能高

4G 通信系统将是一个高度自治、自适应的网络，可自动管理、动态改变自己的结构以满足系统变化和发展的要求，采用智能信号处理技术对信道条件不同的各种复杂环境进行结合的正常发送与接收，有很强的智能性、适应性和灵活性。

(4)实现更高质量的多媒体通信

4G 通信提供的无线多媒体通信服务将包括语音、数据、影像等，大量信息透过宽频的信道传送出去，为此 4G 也称为"多媒体移动通信"。

(5)实现真正的无缝漫游

4G 移动通信系统实现全球统一的标准，能使各类媒体、通信主机及网络之间进行"无缝连接"，真正实现一部手机在全球的任何地点都能进行通信。

(6)良好的覆盖性能

4G 通信系统应具有良好的覆盖并能提供高速可变速率传输。对于室内环境，由于要提供高速传输，小区的半径会更小。

(7)基于 IP 的网络

4G 通信系统将会采用 IPv6，IPv6 将能在 IP 网络上实现话音和多媒体业务。

(8)实现不同 QoS 的业务

4G 通信系统通过动态带宽分配和调节发射功率来提供不同质量的业务。

3. 4G 网络结构

4G 系统针对各种不同业务的接入系统，通过多媒体接入连接到基于 IP 的核心网中。基于 IP 技术的网络结构使用户可实现在 3G、4G、WLAN 及固定网间无缝漫游。4G 网络结构可分为三层：物理网络层、中间环境层、应用网络层。物理网络层提供接入和路由选择功能，中间环境层的功能有网络服务质量映射、地址变换和完全性管理等。物理网络层与中间环境层及其应用环境之间的接口是开放的，使发展和提供新的服务变得更容易，提供无缝高数据率的无线服务，并运行于多个频带，这一服务能自适应于多个无线标准及多模终端，跨越多个运营商和服务商，提供更大范围服务。

4. 4G 移动通信系统中的关键技术

(1)正交频分复用(OFDM)技术

第四代移动通信系统主要是以 OFDM 为核心技术。OFDM 技术实际上是多载波调制的一种。其主要思想是：将信道分成若干正交子信道，将高速数据信号转换成并行的低速子数据流,调制在每个子信道上进行传输。正交信号可以通过在接收端采用相关技术来分开,这样可以减少子信道之间的相互干扰。每个子信道上的信号带宽小于信道的相关带宽,因此每个子信道可以看成平坦性衰落,从而可以消除符号间干扰。而且由于每个子信道的带宽仅仅是原信道带宽的一小部分,信道均衡变得相对容易。

OFDM 有很多独特的优点:①频谱利用率高;②抗多径干扰与窄带干扰能力较单载波系统强;③能充分利用信噪比比较高的子信道,抗频率选择性衰落能力强。

(2)智能天线技术

智能天线采用了空时多址(SDMA)的技术,利用信号在传输方向上的差别,将同频率或同时隙、同码道的信号进行区分,动态改变信号的覆盖区域,将主波束对准用户方向,并能够自动跟踪用户和监测环境变化,为每个用户提供优质的上行链路和下行链路信号从而达到抑制干扰、准确提取有效信号的目的。这种技术具有抑制信号干扰、自动跟踪及数字波束等功能,被认为是未来移动通信的关键技术。

(3)MIMO 技术

多输入多输出技术(MIMO)是指在基站和移动终端都有多个天线。MIMO 技术为系统提供空间复用增益和空间分集增益。空间复用是在接收端和发射端使用多副天线,充分利用空间传播中的多径分量,在同一频带上使用多个子信道发射信号,使容量随天线数量的增加而线性增加。空间分集有发射分集和接收分集两类。基于分集技术与信道编码技术的空时码可获得高的编码增益和分集增益,已成为该领域的研究热点。MIMO 技术可提供很高的频谱利用率,且其空间分集可显著改善无线信道的性能,提高无线系统的容量及覆盖范围。

(4)软件无线电(SDR)技术

在 4G 移动通信系统中,软件将会变得非常繁杂。为此,专家们提议引入软件无线电技术,将其作为从第二代移动通信通向第三代和第四代移动通信的桥梁。其中心思想是:构造一个具有开放性、标准化、模块化的通用硬件平台,将工作频段、调制解调类型、数据格式、加密模式、通信协议等各种功能用软件来完成,并使宽带 A/D 和 D/A 转换器尽可能靠近天线,以研制出具有高度灵活性、开放性的新一代无线通信系统。

由于各种技术的交叠有利于减少开发风险,所以未来 4G 技术需要适应不同种类的产品要求,而软件无线电技术则是适应产品多样性的基础,它不仅能减少开发风险,还更易于开发系列型产品。此外,它还减少了硅芯片的容量,从而降低了运算器件的价格,其开放的结构也会允许多方运营的介入。

(5)多用户检测技术

4G 系统的终端和基站将用到多用户检测技术以提高系统的容量。多用户检测技术的基本思想是:把同时占用某个信道的所有用户或部分用户的信号都当作有用信号,而不是作为噪声处理,利用多个用户的码元、时间、信号幅度以及相位等信息联合检测单个用户的信号,即综合利用各种信息及信号处理手段,对接收信号进行处理,从而达到对多用户信号的最佳联合检测。它在传统的检测技术的基础上,充分利用造成多址干扰的所有用户的信号进行检测,从而具有良好的抗干扰和抗远近效应性能,降低了系统对功率控制精度的要求,因此可以更加有效地利用链路频谱资源,显著提高系统容量。

(6)IPv6 技术

4G 通信系统选择了采用基于 IP 的全分组方式传送数据流,因此 IPv6 技术将成为下一代网络的核心协议。

IPv6 技术以其巨大的地址空间将在一段可预见的时期内，它能够为所有网络设备提供一个全球唯一的地址。IPv6 的基本特性是支持无状态和有状态两种地址自动分配方式，在这种方式下，需要配置地址的节点使用一种邻居发现机制获得一个局部连接地址。一旦得到这个地址之后，它使用另一种即插即用的机制，在没有任何人工干预的情况下，获得一个全球唯一的路由地址。从协议的角度看，IPv6 与目前的 IPv4 提供相同的 QoS，但是 IPv6 的优点体现在能提供不同的服务。移动 IPv6（MIPv6）在新功能和新服务方面可提供更大的灵活性。每个移动设备设有一个固定的家乡地址，这个地址与设备当前接入互联网的位置无关。当设备在家乡以外的地方使用时，通过一个转交地址来提供移动节点当前的位置信息。移动设备每次改变位置，都要将它的转交地址告诉给家乡地址和它所对应的通信节点。在家乡以外的地方，移动设备传送数据包时，通常在 IPv6 报头中将转交地址作为源地址。

融合现有的各种无线接入技术的 4G 网络将成为一个无缝连接的统一系统，实现跨系统的全球漫游及业务的可携带性，是满足未来市场需求的新一代的移动通信系统，它将帮助我们实现充满个性化的通信梦想。

1. 什么是无线通信？无线通信系统是如何组成的？
2. 无线通信有哪几种工作方式？
3. 什么是微波通信？微波通信的主要特点是什么？
4. 微波中继通信系统由哪些部分组成？
5. 什么是卫星通信？它有何特点？
6. 卫星通信系统是如何组成的？
7. 卫星通信中常用的多址连接方式有哪些？
8. 什么是移动通信？它有何特点？
9. 什么是多址方式？比较 FDMA、TDMA、CDMA 的原理和特点。
10. 移动通信系统由哪几部分组成？各部分的作用是什么？
11. 什么是大区制和小区制？它们各自的特点是什么？
12. GSM 系统是如何组成的？简述各部分的功能。
13. 简述 GSM 系统话音信号处理的基本过程。
14. 我国的 GSM 移动通信网是如何构成的？
15. 什么是 GPRS？
16. GPRS 网络的基本组成在原来的 GSM 系统基础上做了哪些改进？增加了哪些功能？
17. CDMA 系统有哪些特点？
18. 3G 的目标是什么？谈谈 3G 会给人们的生活、工作带来哪些影响。
19. 比较 WCDMA、CDMA2000 和 TD-SCDMA 的特点。
20. 请查阅 4G 的相关资料，了解 4G 的最新进展。

第六章

图 像 通 信

【学习目标】

1. 理解图像压缩的可能性及必要性；
2. 掌握会议电视、可视电话的组成、技术及相关标准；
3. 了解图像通信的发展历程及前景；
4. 了解机顶盒的功能与分类。

第一节　图像通信概述

图像通信是传送和接收图像信号(图像信息)的通信。它与目前广泛使用的声音通信方式不同，传送的不仅是声音，而且还有看得见的图像、文字、图表等信息，这些可视信息通过图像通信设备变换为信号进行传送，在接收端再把它们真实地再现出来。可以说图像通信是利用视觉信息的通信，或称为可视信息的通信。

一、图像信号的概念

图像是当光辐射到物体上经过反射或透射，或发光物体本身发出的光能量在人的视觉器官中产生的物体视觉信息。与语音或文字信息相比较，图像主要具有以下几个特点：

1. 信息量大、直观性强

图像具有信息量大、直观性强的特点，一幅图像所包含的内容如果用文字来描述，往往难以完全确切地表达。我国古代著名文学家苏轼曾对一幅画作过远异常人的判断。这幅画画的是几个人在赌钱，有人在大喊“六”，但这个人的嘴张的比较小，苏轼凭借这一点断定赌钱的是福建人，令众人钦服。“一眼望去，所得很多，再次细瞧，更能有新”，可见图像包含信息量之大。“一眼望去，所得很多”也说明了图像具有直观性强、接受方便的特点。

2. 图像信息的模糊性

图像存在一定的模糊性。“一千个人眼里有一千个哈姆雷特”，不同年龄、不同文化背景、不同风俗习惯等都会造成人们在解读图像时产生不同的看法、不同的感受。所以说图像的解读带有一定的主观因素，也就是说图像信息具有模糊性。

3. 图像的实体化和形象化

很明显，图像信息相比文字和语言信息更具实体化和形象化的功能。这也就意味着我们能够更好地理解、记忆相关信息。

随着计算机技术、通信技术、网络技术以及信息处理技术的发展，人类社会已经进入信息化时代，图像信息的传输、处理、存储在人们的日常生活中起到的作用将会越来越大。

图像本身源于自然景物，是连续的模拟量。当它转化为数字形式进行处理与传输时，它具有成本低、质量好、小型化与易于实现等诸多优点。图像通信是通信事业发展的重要方向，也是未来通信市场领域的热点所在。

二、图像通信的发展

视频图像信息是自然界景象经摄像机等摄取或投影后在某种介质上的二维或三维的表达。照片、传真及各种图片是静止图像，而电视视频信号或电影等记录的主要是活动图像。无论是静止图像还是活动图像，在传输或通信时均首先通过扫描将图像信息变换成一定格式的视频图像信号，然后经图像处理、图像信源编码、信道编码及调制后发送出去，在接收端经相反的过程将图像信息恢复出来，从而实现通信的目的。

从 20 世纪 40 年代黑白电视到 50 年代的彩色电视，模拟电视走过了四五十年漫长的道路。随着科学技术的进步，对电视信号进行模拟处理和传输已越来越不能满足人们对电视信号高质量、高清晰度及多功能的要求。那么，解决这一问题的根本途径是什么？经过多年来的研究得出的结论是：利用数字电视技术对电视信号进行处理和传输与模拟电视技术相比具有无可比拟的优越性。

从 1837 年莫尔斯发明电报机，1895 年马可尼成功进行了无线电报实验，到 1995 年 11 月发布低数码率视频编码的 H.263 建议，可视电话与会议电视已成为重要的通信手段，图像通信也得到快速发展。

这里我们把图像通信的发展简要概括为以下几点：

1. 模拟电视到数字电视

模拟电视信号是指幅度及时间均连续变化的电视信号，NTSC、PAL、SECAM 三大电视制式均是对模拟电视信号进行模拟处理和传输的体制。为了节省传输带宽，红(R)、绿(G)、蓝(B)模拟电视信号先组成一个亮度信号和两个色差信号，然后使色差信号对某副载波进行调制，调制后的色度信号再和亮度信号混合后变成全电视信号进行传输。为了能在接收端分离亮度信号和色度信号，可以在色差信号对副载波进行调制时将其频谱分布和亮度信号的频谱实现频谱交错。由于模拟梳状滤波器梳状特性较差，且亮度与色度的能量在高频谱部分不可避免地重叠在一起，以致在接收机中亮度和色度信号不能进行完善的分离，亮度、色度之间的串扰甚为严重，这是造成图像质量下降的重要原因之一。

隔行扫描是三大制式的共同特点，它原本是提高清晰度、减少带宽的有效方法，但正是因为隔行扫描引起了行间闪烁与爬行现象。且由于帧频与场频太低，电视图像出现了大面积闪烁，而且每帧行数太少，使行结构粗糙。模拟电视制式已不能满足人们对电视图像质量越来越高的要求。

电视信号的数字化早在 1948 年就提出来了。在 20 世纪 70～80 年代，科学家们已经研制出各种数字电视设备，如数字帧同步机、数字制式转换器、数字录像机和数字降噪器等，但这仅仅是模拟海洋中的一个个“数字孤岛”。之后又实现了在电视台内的数字电视处理与传输，除了信号源及发射端外，在电视台内几乎实现了全数字的处理。数字分量等手段的采用大大提高了电视台节目的制作质量，但遗憾的是，电视台内的数字电视信号还需要转换成模拟电视信号才能进行调制发射。接收机接收到的仍是模拟电视信号。

为了克服上述两个缺点，可以在不改变原来制式的情况下，在电视接收机内利用数字处理技术以提高接收机电视图像质量，这就是所谓的改良清晰度电视(IDTV)。其方法是：在接收机内将视频检波后的全电视信号进行数字化，然后对数字视频信号进行数字处理，利用数字梳状滤波器构成数字的亮色分离电路，大大提高亮色分离的性能，将亮色之间的串扰降低到人眼难以察觉的程度。

隔行扫描所引起的行间闪烁与爬行现象、帧频太低所引起的大面积闪烁以及每帧行数太少引起的行结构粗糙等现象可以用倍行及倍场的方法加以改善。倍行即使行频增加一倍，倍场即使场频增加一倍。倍行、倍场处理后，每帧行数增加了一倍，行结构不再粗糙；场频增加了一倍，从 50 Hz 增加到 100 Hz，消除了大面积闪烁、行间闪烁与爬行现象，改善了图像质量，实现了模拟到数字的转换。

与模拟传输相比，数字传输具有如下几个优点：

(1)噪声积累现象较轻，适合远距离传输。

(2)有利于采用压缩编码技术，带宽要求不高。

(3)易于与计算机技术相结合。

(4)易于加密。

(5)由于采用信道编码技术使得数字系统的抗干扰能力较强。

2. 有线电视到可视电话

20 世纪 80 年代末及 90 年代初世界各国先后成功研制出了全数字的电视系统，主要有美国的 ATSC 及欧洲的 DVB 数字电视广播系统。1995 年欧美开通了卫星及有线数字电视广播，1998 年开通了地面数字电视广播。2003 年日本开播了 ISDB-T 数字电视系统。我国也在 1999 年成功地试播了自行研制的 HDTV 地面数字电视系统，目前，我国已建成世界上覆盖人口最多，无线、有线、卫星、互联网等多种技术手段并用，中央与地方、城市与农村并重的规模庞大的广播影视网络。

美国贝尔实验室早在 1927 年就进行了可视电话的实验。1964 年，贝尔公司在纽约世界博览会上展出了世界上第一部可视电话，直到 1984 年国际电信联盟 ITU-T 才制订出首个会议电视及可视电话 H. 100 系列建议。1996 年 5 月 ITU-T 批准了 H. 320 会议电视系统，对会议电视系统的性能指标、压缩算法、信息结构、控制命令及组建会议电视网的原则等作了完整的规定，随后又公布了 H. 324 建议、H. 323 建议和 H. 310 建议等。这些建议的发表大大推动了可视电话及会议电视的发展及商品化。近几年发展起来的高清晰会议电视提供的 9 倍 CIF 的高清晰图像带来了视觉的新体验，其色彩更加鲜明逼真，运动更加清晰流畅。

3. 专用到综合

随着通信网络技术即信息高速公路基础设施技术的飞速发展，原来的电信网、有线电视网及计算机网这三大网络有合一的趋势，数字电视信号及图像通信信号所产生的数字码流可以在这三大网络中进行传输、交换。人们可以通过信息高速公路收看世界上任一电视台播放的电视节目(只要向这一电视台发送一个点播信息即可)，还可以根据需要收看不同清晰度电视的节目(所付费用不同)。可以和世界各地任何地方的人们"面对面"地进行通话或召开电视会议讨论某一重大决策。数字电视和图像通信已经没有什么本质上的区别，两者达到了实质性融合，人类已经进入了多媒体信息时代。

第二节　图像通信关键技术简介

一、压缩编码技术

1. 图像信号的可压缩性

图像信号是高维信息，内容复杂，数据量大，如果直接将数字图像信号用于通信或存储，往往受到信道和存储设备的限制，在很多情况下无法实现，因此，图像的压缩编码成为图像通信的关键技术。从图像信号的特点来说，图像压缩的可能性主要在于：

(1)在空间域上，图像具有很强的相关性。

(2)在频率域上，图像低频分量多，高频分量少。

(3)人眼观察图像时有暂留与掩盖现象，因为可以去除一些信息而不影响视觉效果。

简单来说图像之所以能够压缩是因为图像数据中存在着冗余。图像数据的冗余主要表现为：图像中相邻像素间的相关性引起的空间冗余；图像序列中不同帧之间存在相关性引起的时间冗余；不同彩色平面或频谱带的相关性引起的频谱冗余。数据压缩的目的就是通过去除这些数据冗余来减少表示数据所需的比特数。由于图像数据量的庞大，在存储、传输、处理时非常困难，因此图像数据的压缩就显得非常重要。

2. 图像压缩编码系统

图像压缩系统框图如图 6-1 所示，变换器对输入图像数据进行一对一变换，其输出是比原始图像数据更适合高效压缩的图像表示形式。变换包括线性预测、正交变换、二值图像的游程变换等。量化器要完成的功能是按一定的规则对取样值作近似表示，使量化器输出幅度值的大小为有限多个。量化器可以分为无记忆量化器和有记忆量化器。编码器为量化器输出端的每个符号分配码字，编码器可采用等长码和变长码。不同的图像编码系统可能采用上图中的不同组合。按照压缩编码过程是否失真，可分为有失真压缩方法和无失真压缩方法。

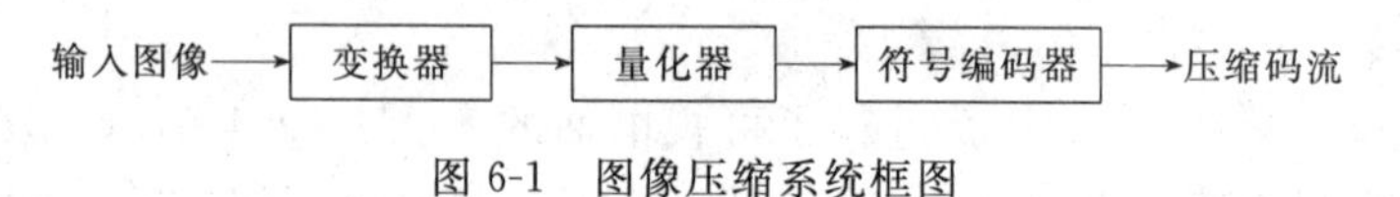

图 6-1　图像压缩系统框图

图像压缩编码的技术有很多，图像预测编码技术、图像变换编码技术、统计编码(包括霍夫曼编码、算术编码与行程编码)及矢量量化编码等都是基本的图像压缩编码技术。

3. 压缩标准

MPEG(Moving Picture Experts Group，运动图像专家组)是专门从事多媒体视频和音频压缩标准制定的国际组织，MPEG 系列标准已成为国际上影响最大的多媒体技术标准，它给数字电视、视听消费电子和多媒体通信等信息产业的发展带来了巨大而深远的影响。随着技术的进步，MPEG-2 已不能适应信息时代飞速发展的要求。而新一代视频编码标准 H. 264 (MPEG-4 AVC)具有压缩效率高、算法先进、性能优异等技术优势，目前 H. 264 高清实时解码专用集成电路(ASIC)已经研制成功，可以预见，在不远的将来，H. 264 极有可能会取代 MPEG-2 而成为数字电视及其存储媒体的统一编码方式。

另外，中国数字视音频编解码标准工作组制定了面向数字电视和高清晰度激光视盘播放机的 AVS 标准。AVS 基于 H. 264 标准，与 MPEG-2 完全兼容，同时又兼容 H. 264 基本层，在许多方面具有自主知识产权，从而使专利费用大为降低。AVS 压缩效率可达到 MPEG-2 的 2～3 倍，与 H. 264 相比较，AVS 具有更加简洁的设计，显著降低了芯片实现的复杂度。利用 AVS 取代 MPEG-2，摆脱 MPEGLA(MPEG 许可证管理局)组织的专利束缚，对于中国视听产业的发展具有重要意义。

在图像通信与数字电视中，传送声音也是极为重要的。在一般的可视电话和会议电视系统中，声音带宽较窄(300 Hz～7 kHz)，而在数字电视系统中，高保真度的声音信号的带宽很宽(10 Hz～20 kHz)。利用声音信息的冗余度及人的听觉生理——心理特性，亦能高效地对数字声音信息进行压缩编码(针对不同的带宽要求，国际组织制订了不同的声音压缩编码标准)。对于窄带语音信号 ITU 发布了各种基于参数及波形编码的低码率混合编码标准，如 G.711、G.721、G.722、G.723、G.728 及 G.729 等各种标准。除了 G.722 的取样频率为 16 kHz 外，其他各种标准取样频率均为 8 kHz。而量化精度除 G.711 为 8 bit 外，其他均为 16 bit。上述各种标准的输出码率最低为 5.3 kbit/s(G.723)，最高为 64 kbit/s(G.711 及 G.722)。

对于宽带的高保真度声音信号，其主要标准有两个，一个是 MPEG 音频压缩编码标准，它是以欧洲的 MUSICAM 及 ASPEC 算法为基础而改进的一种标准；另一个是 Dolby AC-3 音频压缩编码标准。AC-3 标准对声音信号的取样频率为 48 kHz，量化精度为 16～24 bit，其基带音频的输入多达 6 个声道，即中心声道、左声道、右声道、左环绕、右环绕及低频增强声道。AC-3 已作为 DVD 数字视盘及 ATSC(美国数字电视标准)的声音压缩编码标准。

二、数字电视传输技术

1. 复用

数字电视系统中对多媒体数据在传输中进行打包、解包处理，亦称复用、解复用技术，它为系统具备可扩展性、可分级性与互操作性奠定了基础。在发送端复用设备将视频、音频和辅助数据等信源编码器送来的数据比特流经处理复合成单路的串行比特流，送给信道编码系统及调制系统，接收端与发送端正好相反。MPEG-2 在系统传输层定义了两类数据流，即节目流(PS)与传送流(TS)，H.264 采用与 MPEG-2 相同的系统传输层。

在数字电视复用传输标准方面，美国、欧洲、日本均采用 MPEG-2 标准，其中规定 HDTV 数据分组长度为 188 字节，正好是 ATM 信元的整数倍，因此，可以用 4 个 ATM 信元来传送一个完整的 HDTV 数据包，从而可方便地实现 HDTV 与 ATM(异步传输模式)的接口，这对今后实现电信网、电视网、计算机网三网融合，构建基于 ATM 宽带交换以及大容量光纤传输的多媒体通信网具有重要意义。

2. 调制与解调

在数字电视系统中，采用多进制的数字调制技术可大大提高信道的频谱利用率。主要调制技术如下。

正交幅度调制(QAM)：调制效率高，传输信噪比要求高，适于有线电视电缆传输。

四相移相键控(QPSK)：调制效率高，传输信噪比要求低，适于卫星传输。

残留边带(VSB)调制：抗多径传播效果好(即消除重影效果好)，适于地面开路传输。

编码正交频分复用(COFDM)：抗多径传播效果和同频干扰好，适于地面开路广播和同频网广播。

3. 条件接收技术

条件接收系统是数字电视收费运营机制的重要保证。收费电视系统的基本特点是所提供的业务仅限于授权用户使用，即在节目供应单位、节目播出单位和收视用户之间建立起一种有偿服务体系。正是这种有偿服务体系，才使电视节目制作及播出的巨大投资得以补偿，为数字电视产业的持续健康发展奠定了良性循环的经济基础。条件接收系统集成了数据加扰/解扰、加密/解密及智能卡等技术。同时也涉及用户管理、节目管理及收费管理等信息应用管理技术，还能实现各项数字电视广播业务的授权管理及接收控制。

4. 高清显示技术

如何使数字电视信号经信道传输之后的图像与伴音能够高质量、无失真地呈现给观众，这是显示领域的重要研究课题。以 LCD(液晶显示)、PDP(等离子体显示屏)等为代表的平板显示技术已日益完善与成熟,平板电视正在逐步取代传统的 CRT(阴极射线管)电视,并成为数字电视接收机的主流,它们不仅具有高清晰度的图像质量,色彩生动艳丽,而且性能优异、环保健康,再配之以高质量的环绕立体声,必将会带给观众高质量的视听享受。

第三节 可视电话

可视电话是指在普通电话功能的基础上,采用图像通信相关技术,使双方能够互相看到对方活动图像的一种通信方式。其通信过程包括语音信号和图像信号,使人们的通话过程不再是单调的语音交谈形式,还可以互相看到对方的相应图像信息,丰富了通信的内容,实现了图像与语音的结合。可视电话是一种面向公众的图像业务,传输费用较之普通电话相差不大;由于图像内容较为简单,通话过程中,对图像的细节要求并不高。这里我们将简要介绍可视电话的相关知识。

一、可视电话系统及相关标准

可视电话系统有多种分类方式,按照图像色彩的不同可以分为黑白和彩色可视电话系统;按照传输信道的不同可分为模拟式和数字式可视电话系统;按照传输图像类型的不同可分为静止图像和活动图像可视电话系统;按照终端设备的不同可分为普通型和多功能型可视电话系统。种类虽有很多,但其系统组成基本一致,如图 6-2 所示。

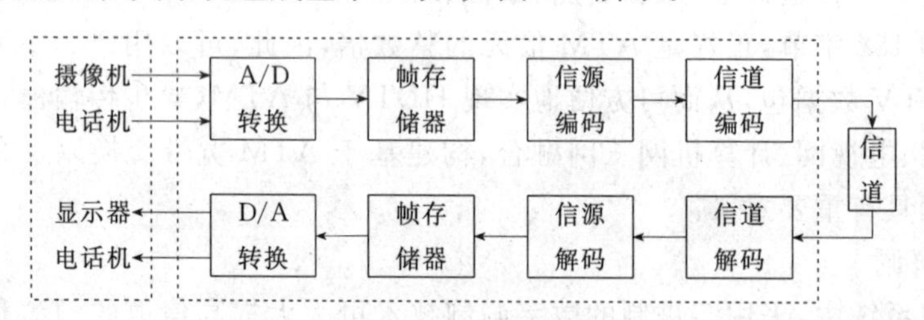

图 6-2 可视电话系统

(1)语音处理部分:普通电话机、语音编码器等。

(2)图像信号输入部分:摄像机等。

(3)图像信号输出部分:监视器、显示器、打印机等。

(4)图像信号出来部分:专用图像处理器等。

这些都有较为成熟的技术产品,可以通过直接购买适合的产品。在这些设备中,核心设备是专用图像处理器。

图像处理器主要包括 A/D 和 D/A 转换器、帧存储器、信源编解码器和信道编解码器等。A/D(D/A)转换器用来实现模拟到数字(数字到模拟)的转换;帧存储器容量和类型的选择取决于所处理的图像信号;信源编码用于减少图像信息中的冗余度,压缩图像通信信号的频带抑或是降低其数码率;信道编码的目的是在压缩后的图像信息中插入一些识别码、纠错码等控制信号,提高信号的抗干扰能力。

1. 可视电话标准

如同普通电话传输一样,可视电话在传输时也有相应的标准,标准的统一化有利于通信的发展。可视电话系统的标准是 ITU-T 的 H.324 系列标准。从图 6-3 中我们可以看到 H.324

系列标准的一些内容。

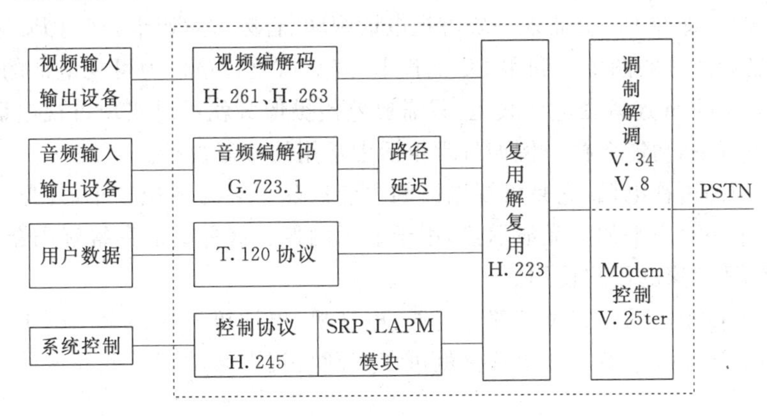

图6-3 H.324系列标准

2. 可视电话的图像质量

相比数字图像来说,人们更关心的是在低速模拟通道上传输的视频图像的质量。这类图像的主要问题体现在:

(1)帧频较低、图像分辨率低。

(2)画面粗糙、有动画感,在活动性较强的图像中尤为明显。

(3)图像有拖影,图像边缘有缺陷。

当帧频为20帧/秒时,图像效果好,画面清晰,无拖影现象,性能基本与电视图像类似;当帧频为15帧/秒时,图像效果较好,画面较为清晰,但有拖影现象,与语音的唇表情不能很好的实现同步;当帧频为5帧/秒时,图像失真现象严重,与语音的唇不能同步,甚至分不清唇动作。

可视电话的质量主要从两个方面:图像的清晰度和图像的运动感觉衡量。尤其是大屏幕,清晰度和运动感觉显得更为重要。对于基于电视的通过PSTN连接到机顶盒的可视电视,用户期望能看到清晰、动感的TV质量图像,而不是模糊、跳动的图像。在这种情况下,用户一般对这类可视电话图像质量评价较低。而如果是较小的屏幕,比如目前流行的笔记本电脑、上网本等,用户就不大会产生图像质量差的感觉。所以在大部分情况下,可视电话一般选用小屏幕、独立式样,以利于用户从心理上接受。

3. 低速视频编码

在较低的传输速率下,一般采用H.261标准作为图像编码方案,这种编码方案难以取得较好的图像质量。因此,ITU-T在H.261建议的基础上专门制定了低速率图样压缩编制H.263,使图像的质量大大提高,但其编码方案仍然是混合编码,只适合在普通模拟电话线路和ISDN上的数字图像通信业务。H.263的视频信源编码算法的基本结构以H.261建议为基础,利用帧间预测减少时间相关性,然后利用对预测误差的编码减少空间相关性。信源编码可采用sub-QCIF、QCIF、CIF、4CIF及16CIF等图像格式。

为了在较低码率条件下取得较好的图像效果,ITU-T在1998年发布了H.263+建议,在2000年发布了H.263++建议,其中增加了许多选项。这些技术的采用,保证了在极低的码率上取得比H.261编码器更好的图像质量。为了适应多种通信业务的需要,H.263还吸收了MPEG建议中的一些措施,进一步提高了帧间编码的预测精度。

4. 可视电话的产品形式

可视电话前景广阔,现有不少公司加入到可视电话领域,各类新产品不断推出。目前较为流行的可视电话主要包括以下几种形式：

(1)PC插卡式，即在PC上插入一块可视电话视频、音频编解码卡，利用PC显示器上的视频窗口显示自己和对方的图像。利用PC的声卡、麦克风及音箱作为可视电话的语音输入、输出通道。PC的Modem连接在电话线上，只需要外接摄像头就可以实现可视电话功能。这种方式的好处是投资少，功能多样。例如日常生活中常用的QQ视频。

(2)独立机型的可视电话，它是可视电话的主流产品。它的体积较小，外形与不同电话类似，只是多了一个小而扁平的液晶显示器，用于显示图像。这种电话集编解码器和Modem为一体，使用方便，适合家庭用户使用。

(3)机顶盒式可视电话。它由三部分组成：电视机、电话机和机顶盒。由于一般家庭都有电视机和电话机，所以只需要一个机顶盒就可以实现可视电话功能。但是这种方式实现起来较为复杂。

会议电视系统是在可视电话系统的基础上发展而来，具体内容见本章第五节。

二、目前国内可视电话发展情况

我国从20世纪90年代开始就一直有很多厂家开始研制可视电话，近年来，加入视讯设备的研究和生产的厂家更多了。不但有电信产品起家的华为、中兴通信、大唐电信等大型上市公司，一些大型家电企业也加入了其中，例如长虹、TCL和新飞等厂商都研制了自己的可视电话。清华紫光、北京跨越与亿华、湖南光电仪器厂、杭州远见、广东康惠、深圳天珍、上海爱普和广东松日等众多厂家和美国AT&T、日本卡西欧、日本半导体等多家企业也有参与。

可视电话的核心技术——解压缩芯片大多是采用美国或台湾开发的芯片，成本加上厂家和销售商的利润导致售价居高不下。价格的原因可以说是可视电话长期以来叫好不叫座的原因，随着未来芯片技术的发展和价格的降低，可视电话才会被消费者接受。

目前可视电话有三种接入方式：普通电话网(PSTN)、一线通(ISDN)和IP网。其中，一线通(ISDN)作为过渡产品已经被淘汰。占据主流的主要是普通电话网(PSTN)和IP网两种方式。

基于普通电话网的可视电话，技术相对低端，投资门槛也相对低一些。普通电话网(PSTN)的可视电话，使用方便，直接插入电话线就可以使用，费用也比较低，考虑到国内的一亿多固定电话用户，它目前的优势是明显的。在国内，新飞、长虹和紫光等厂家主要是开发基于普通电话网的可视电话。

中兴、华为等是以生产IP可视电话为主。而IP可视电话是基于宽带网，它的优点是传输质量好，但是费用相对要高一些。

视讯产品有两个主要市场——面向中小企业和家庭的个人可视系统和面向集团用户的高清综合电话会议系统。长期以来，视讯的用户一直就是面对企业的，而企业对此的需求将会放缓。可视电话整个行业真正的发展必须要走个人用户的路线。

第四节　数字电视

数字电视DTV是指一个从节目摄制、编辑、制作、存储、发射、传输，到信号的接收、处理、显示等全过程完全数字画的电视系统。数字电视广播的最大特点是以数字形式广播电视信号，其制式与传统的模拟广播电视制式有着本质的区别。数字电视广播系统不仅使整个电视广播节目的制作和传输质量得到明显改善，信道资源利用率大大提高，还可以提供其他增值业务，如电视购物、电子商务、视频点播等，使传统的广播电视媒体从形态、内容到服务形式都发生了革命性的改变。

一、数字电视系统综述

1. 数字电视发展历程

1948 年，电视信号数字化；

1980 年，国际电联提出 601 建议；

1982 年，德国 ITT 研制出一套 PAL 接收机中使用的数字处理芯片；

1991 年 公布 JPEG《静止图像编码建议》(草案)；

1992 年，MPEG-1《活动图像及伴音编码建议》正式被批准成为国际标准；

1993 年，MPEG-2 建议出台；

1994 年，美国开始数字卫星(SDTV)直播，同年欧洲公布 DVB《数字视频广播标准》(草案)；

1996 年，美国"联邦通信委员会"(FCC)批准数字电视标准；

1997 年 4 月，美国 FCC 会议做出决定：NTSC 向 DTV 过渡的日程表、电视地面广播的政策(含频谱规定)；

1998 年，DTV 包括普通标准数字广播电视(SDTV)和高清晰度数字电视广播(HDTV)在美国市场启动；

1999 年初，推出 MPEG-4 标准；

2001 年，欧洲 DVB 组织提出了数字视频广播的 DVB 标准。

2. 数字电视的分类

从图像清晰度的角度，数字电视可分为低清晰度数字电视(LDTV)、标准清晰度数字电视(SDTV)和高清晰度数字电视(HDTV)。

低清晰度电视扫描线数在 200 到 300 之间，图像分辨率对应于以前的 VCD；标准清晰度电视要求电视至少具备 480 线隔行扫描，分辨率为 720×480i/30 和 720×576i/25；高清晰度电视要求电视至少具备 720 线逐行或 1 080 线隔行，分辨率为 1 280×760p/60 和 1 920×1 080i/50，屏幕纵横比为 16∶9，音频输出为 5.1 声道(杜比数字格式)，同时能兼容接收其他较低格式的信号并进行数字化处理、重放。

从传输信道来分，数字电视可以分为卫星数字电视、有线数字电视和地面数字电视三大类。它们的信源编码都是采用 MPEG-2 标准，但是由于它们的传输信道不同，信道编码采用不同的调制方式。

3. 数字电视的优点

数字电视给广播电视带来了新的活力，又为广播电视开展增值业务提供了条件。它促进了信息化的发展，同时也为广播电视的持续发展提供了较大的空间。

数字电视相比模拟电视而言，具有如下优点。

(1)图像质量高

在数字方式下，电视信号在传输过程中不容易引入噪声和干扰，大大改善了常有的模糊、重影、闪烁、雪花、失真等现象，接收端的质量好，像素数高达 1 920×1 080。

(2)节目容量大

数字电视传送的是经过压缩编码的信号,占有频带较窄,可充分利用有限的频带资源。传送一套模拟电视信号节目所占用的频带资源可以传输最多 5 套数字电视节目。

(3)伴音质量好

模拟电视的伴音是单声道或者是简单的双声道。而数字电视采用 AC-3 或 MUSICAM 等环绕立体声编解码方案,既可避免噪声、失真,又能实现多路纯数字环绕立体声,使声音的空间临场感、音质透明度和保真度等方面更好。而且可以送 4 路以上的环绕立体声,真正实现了家庭影院的伴音效果。

(4)节省频率资源

采用数据压缩编码技术,在画面伴音质量相同的情况下,所需频带仅是模拟的 1/4,可以传输多套数字节目或一套高清晰度电视节目,充分利用信道资源。

(5)便于信号存储

信号的存储时间与信息特性有关。近年来,数字电视采用超大规模集成电路,可存储多帧电视信号,完成模拟技术不能达到的处理功能。

(6)功能多、用途广

数字化信号便于制式转换,有利于加入许多新功能,如画中画,静止画面、画面放大等,也用于加密、收费、与计算机互联网连接等功能。

4. 数字电视(DTV)系统的关键技术

在数字电视系统中,技术核心是信源编解码、传输复用、信道编解码、调制解调、软件平台、条件接收以及大屏幕显示等。数字电视系统框图如图 6-4 所示。

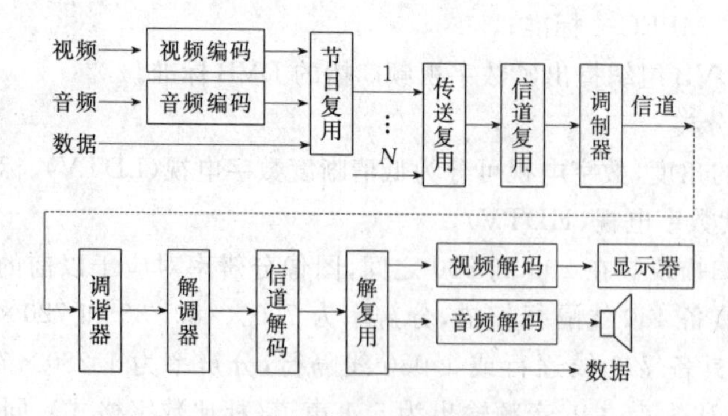

图 6-4　数字电视系统框图

(1)信源编解码

信源编解码包括压缩编辑码技术和音频编解码技术。未经压缩的数字电视信号都有较高的数据率。首先必须对数字电视信号进行压缩处理,才能在有限的频带内传送数字电视节目。在视频压缩编解码方面,国际上统一采用 MPEG-2 国际标准。MPEG-2 采用不同的层和级组合,应用面很广,支持分辨率 16:9 宽屏及 HDTV 等多种格式。在音频编码方面,主要有 MPEG-2 和 AC-3 两种标准,欧洲、日本采用 MPEG-2 标准,美国采用了 AC-3 方案。

(2)传送复用

在发送端,复用器把音频、视频以及辅助数据的码流通过打包器打包,然后复合成单行串行的传输比特流,送给信道编码器及调制器。在接收端其过程则相反。采用电视节目数据打包的方式,使电视具备了可扩展性、分级性和交互性。同样,国际上统一采用 MPEG-2 标准作为数字电视的传输复用标准。

(3)信道编解码及调制解调

经过信源编码和系统复接后生成的节目传送码流要到达用户接收机，通常需要通过某种传输通道。一般情况下，编码码流是不能或不适合直接通过传输信道传输的，必须将其处理成适合在规定信道中传输的形式。这种处理就称为信道编码与调制。

数字电视信道编解码及调制解调的目的是通过纠错编码、网格编码、均衡等技术提高信号的抗干扰能力，通过调制把传输信号放到载波上，为发射做好准备。各国数字电视标准不同，主要是纠错、均衡等技术不同，带宽不同，尤其是调制方式不同。

数字电视广播信道编码及调制标准规定了经信源编码和复用后信号在向有线电视、卫星、地面等传输信道发送前需要进行的处理，包括从复用器之后到最终用户的接收机之间的整个系统，它是数字电视广播系统的重要标准。

(4)软件平台(中间件)

在数字电视系统中，如缺少软件系统，电视内容的显示、节目信息、操作界面等都无法实现，更不可能在数字电视平台上开展交互电视等其他增强型电视业务。中间件(Middleware)是一种将应用程序与底层的实时操作系统以及硬件实现的技术细节隔离开来的软件环境，支持跨硬件平台和跨操作系统的软件运行，使应用不依赖于特定的硬件平台和实时操作系统。

(5)条件接收

条件接收系统(CAS，Conditional Access System)是数字电视广播实现收费的技术保障。如何阻止用户接收未经授权的节目和如何从用户处收费，这是条件接收系统必须要解决的两个问题。解决这两个问题的基本途径就是在发送端对节目进行加扰，在接收端对用户进行寻址控制和授权解扰。

二、高清晰度数字电视(HDTV)

高清晰度电视(HDTV)是数字电视(DTV)标准中最高级的一种。国际电信联盟的定义是："高清晰度电视是一个透明系统，一个正常视力的观众在据该系统显示屏高度的三倍距离上所看到的图像质量，应具有观看原始景物或表演时所得到的印象。"高清晰度电视称为"第三代电视"，是电视技术的发展方向。

1. 高清晰度数字电视的清晰度

图像清晰度是人们主观感觉到图像细节所呈现的清晰程度，即人眼在某一方向上能够看到的像素点数，用线数或行数表示。显然，扫描行数越多，图像的像素数越多，景物的细节就表现得越清楚，主观感觉到图像清晰度就越高。所以常用扫描行数来表示电视系统的清晰度。一台电视机的清晰度，受到整机信号带宽的限制，行扫描频率的限制以及显像管物理尺寸的限制。当扫描电子束能够聚焦到足够小的点，起主要作用的就是两个荧光粉点之间的最小距离，简称粉截距，这个数字越小就说明显像管的像素数越多。所以，电视图像的清晰度与电视机的下面3个指标有着密切的关系：

(1)图像信号的频带宽度，单位是MHz，标准不低于30 MHz。

(2)行扫描频率，单位是kHz，标准不低于45 kHz。

(3)显像管的粉截距，单位是mm，高清晰电视标准不高于0.74 mm。

例如某品牌搞清晰度电视机，其屏幕长宽比是16∶9，采用变行频技术，逐行扫描方式，现在我们来看一下这 3 项指标：

(1)频带宽：该机点频带宽是 74.25 MHz(点频带宽)，折算成图像信号频带宽度，是 32 MHz(−3 dB 带宽)或 48 MHz(−6 dB 带宽)。该机理论上可以提供的最高水平清晰度线在 1 920 线左右，垂直清晰度线可以达到 1 500 线左右。

(2)行频范围：该机的行频范围是 15～48 kHz，即该机的最高行扫描频率是 48 kHz，也就是在 1 秒钟内最多可以扫描 4 万 8 千条行线，这说明该机可以支持的扫描格式非常多。例如美国的数字高清晰度电视标准中的 1 920×1 080i×60 Hz 隔行扫描格式，需要的行频是 33 kHz 左右；美国标准的另一种更高格式为 1 280×720p×60 Hz 逐行扫描格式，需要的行频是 45 kHz。这些高清晰度数字电视的显示格式都在这个行频范围之内。

(3)显像管粉截距：0.63～0.73 mm。

2. 高清晰度数字电视标准

数字电视的传输方式主要通过地面无线、卫星和有线电视广播。传输信道的特性不同，采用的信道编码和调制方案就不同，需要制定的传输标准也就不同。

对于卫星电视广播和有线电视广播，各国采用的信道编码和调制方案基本雷同。卫星广播系统信道编码和调制标准采用基本 QPSK 调制的欧洲 DVB-S，有线广播系统信道编码和调制标准采用基于多电平的 QAM 调制。

在地面数字电视广播方面，由于信号传播性能的不同及所处传送环境的差异，各国所采用的信道编码和调制方案也不尽相同。目前，全球数字电视广播已经形成三种不同的地面数字电视传输标准体系：

美国的 ATSC(Advanced Television System Committee)数字电视标准(1996 年提出)；

欧洲的 DVB-T(Digital Video Broadcasting)数字电视标准(1997 年提出)；

日本的 ISDB-T(Integrated Services Digital Broadcasting)数字电视标准(1999 年提出)。

ATSC 采用单载波 8VSB 调制方式；DVB-T 和 ISDB-T 采用多载波 COFDM 调制方式。

我国的数字电视广播系统信道编码与调制规范 GT/T 17700-1999 基本上采用 DVB-S 标准，有线数字电视广播系统信号编码与调制规范 GY/T170-2001 基本上采用 DVB-C 标准。

我国从 1994 年开始了 HDTV 的研究。1996 年，成立了“HDTV 总体组”，负责我国 HDTV 方面的技术研究和开发工作，开始了我国第一台 HDTV 样机的研制工作。

针对近年来互联网发展对多媒体电视广播新的服务需求，考虑到未来技术与市场的发展，清华大学 DMB 传输方案研究小组提出了一种创新的、适合我国国情的地面数字电视广播传输系统，称为地面数字多媒体电视广播 DMB-T(Terrestrial Digital Multimedia/TV Broadcasting)方案。

DMB-T 方案的目的是提供一种数字信息传输方法，系统的核心采用了 MQAM、QPSK 的时域同步正交频分复用 TDS-OFDM(Time Domain Synchronous-Orthogonal Frequency Division Multiplexing)调制技术。系统使用创新的前向纠错编码技术，并实现了分级调制的编码和编码，同时，可以实现多媒体业务。

DMB-T 传输系统由传输协议、信号处理算法和硬件系统等功能模块组成。

(1)系统组成

其一：传输协议

基于多载波调制方式的时域同步正交平分复用 TDS-OFDM 调制技术；

基于递归算法的纠错编码技术；

分级复接编码调制技术；

扩频同步技术。

其二：信号处理算法

多载波调制算法 OFDM；

伪随机序列同步算法；

前向纠错编码递归、交织算法；

信号复接技术；

接收机同步、解调、编码算法。

(2)硬件系统

发射机的数字复接、调制和编码；

发射机的上变频和功率放大；

接收机的高频头；

接收机的数字解调和编码。

(3)DMB-T 的信道编码与调制

前向纠错编码。针对不同的应用，地面数字多媒体电视传输系统的前向纠错编码分为两种模式：电视模式和多媒体模式。

用于电视节目广播的前向纠错编码是采用 2/3 格型码、卷积交织码和 RS 分组码构成的级联码。DMB-T 传输系统如果采用电视节目广播前向纠错编码模式，其数据传输速率为每个信号帧可传 9 个 MPEG-TS 码流包，相当于 24.383 Mbit/s。

三、数字电视机顶盒(STB)

随着电视广播的数字化技术的不断发展，模拟电视剧最终将被数字电视机所取代。但是，我国目前老百姓的家庭中有几亿台的模拟电视机，在我国逐步从模拟电视广播向数字电视广播过渡的进程中，这些模拟电视机不可能即时淘汰。数字机顶盒 STB(Set Top Box)就是这一过渡期间最好的解决方案。

数字电视机顶盒是一种扩展电视机功能的新型家用电器，由于人们通常将它放在电视上边，所以称为机顶盒。它可以把卫星直播数字电视信号、地面数字电视信号、有线电视网信号甚至互联网的数字信号转换成模拟电视机可以接收的信号，使现有的模拟电视机也能显示数字化信号。

1. 数字机顶盒的原理

机顶盒由两大类，一种是通过接收数字编码的电视信号(来自卫星或有线电视网。使用 MPEG 压缩方式)，获得更清晰、更稳定的图像和声音质量，这种机顶盒一般称为电视机顶盒。另外一种机顶盒内部包含操作系统和互联网浏览软件，通过电话网或有线电视网连接国际互联网，使用电视机作为显示器，从而实现没有电脑的上网，这种机顶盒叫做互联网机顶盒。

数字有线电视机顶盒框图如图 6-5 所示。它主要由高频调谐解调器、频率合成器、信道解码器和 MPEG-2 解压缩器组成。其中高频调谐解调器、频率合成器、信道解码器组成了数字高频头。数字电视机顶盒的基本功能是将从电视网接收的数字有线电视信号，经高频调谐解调器进行下变频得到频率较低的中频信号，完成选台功能。高频调谐解调器同时还要完成数字解调功能，中频信号经放大后再进行信道解码，在信道解码中它要完成 R-S 解纠错、卷积解交织、解能量扩散等工作，然后送入 MPEG-2 解码板中，再进行传输流解多路复用、节目流解多路复用，最后进行数字视频解压缩、数字音频解压缩，之后，输出模拟的视频、音频信号。

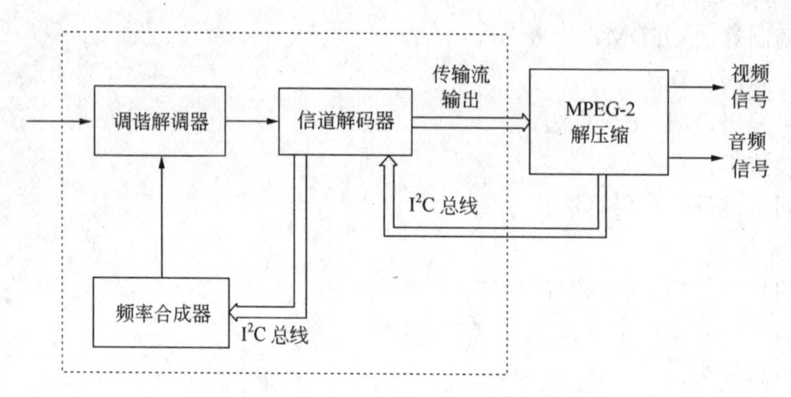

图 6-5　数字电视机顶盒框图

2. 数字机顶盒的功能

数字机顶盒的基本功能是接收数字电视广播节目，同时它还具有广播和交互式多媒体应用功能。具体包括下述功能：

(1)电子节目指南

为用户提供一种容易使用、界面友好、可以快速访问想看节目的方式，用户可以通过该功能看到一个或多个频道甚至所有频道上近期将播出的电视节目。

(2)高速数据广播

能为用户提供股市行情、票务信息、电子报纸、热门网站等各种信息。

(3)软件在线升级

这一功能可看成是数据广播的应用之一。数据广播服务器按 DVB 数据广播标准将升级软件广播下来，机顶盒能识别该软件的版本号，在版本不同时接收该软件，并对保存在存储器中的软件进行更新。

总之，到目前为止，围绕数字机顶盒的数字视频、数字信息与交互式应用三大核心功能已开发了多种增值业务。

(4)数字机顶盒实例

这里介绍一种满足使用 LGS8222 构建的 DMB-T 协议标准清晰度机顶盒的方案。

如图 6-6 所示，DMB-T 标清机顶盒的主要组成部分包括：高频头、DMB-T 信道解调芯片、MPEG-2 解码芯片、电源单元、各种外围存储器和放大器。标清机顶盒内建解复用器、MPEG-2 解码器和 PAL/NTSC 编码器、红外遥控接口以及一个 81 MHz 的 CPU。系统使用 16 MB 的 SDRAM 作为 MPEG 和 CPU 共享的存储器，使用 4 MB 的 Flash 存储器作为程序存储器。机顶盒的电源输入为直流 12 V，系统总功耗 8 W。为便于监视接收性能，机顶盒还提供了误码指示信号。

四、数字电视的优点及发展数字电视的重要意义

数字电视和以三大制式为代表的模拟电视相比，有着突出的优点。其主要优点如下：

1. 电视频道的利用率大大提高。在同样的频道中，模拟电视节目数与数字电视节目数

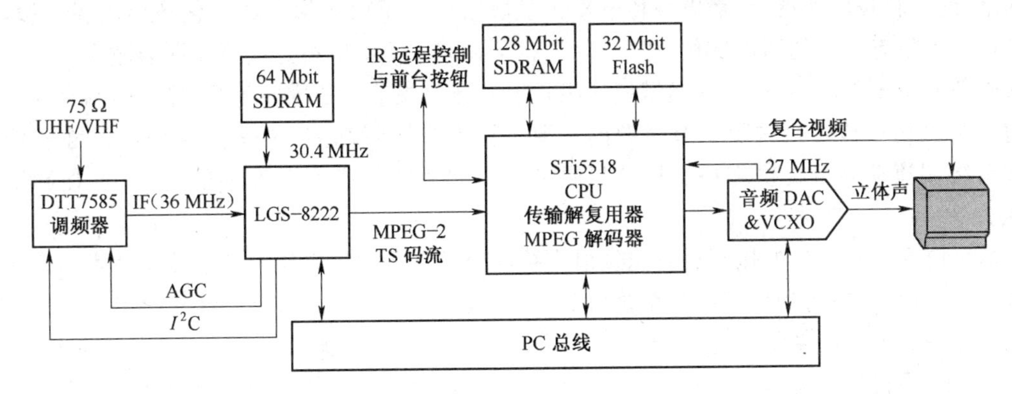

图 6-6　DMB-T 机顶盒框图

的比较如表 6-1 所示。如上海数字有线电视台，1 个 8 MHz 频道可传送 6 个 DVD 质量的节目。

表 6-1　模拟电视节目数与数字电视节目数比较

	模拟电视节目数(300 线)	数字电视节目数	
		DVD 质量(500 线)	HDTV 质量(1 000 线)
1 个频道(8 MHz)	1 个	6 个	1～2 个
68+16=84 个频道(48.5～957.75 MHz)	84 个	504 个	84～168 个

2. 节目传输的可靠性及节目质量均大为提高。在数字电视的接收终端接收到的图像质量与播出图像质量相当。这是因为数字电视信号杂波比和连续处理的次数无关。电视信号经过数字化后用若干位二进制的 0 和 1 两个电平表示，在连续处理的过程中如果引入杂波，其杂波幅度只要不超过某一额定电平，通过数字信号再生就可以把杂波清除掉。即使数字电视在传输的过程中有某一杂波因电平超过额定值而造成了误码，也可以利用纠错编/解码技术把它们纠正过来。所以，在数字信号传输过程中不会降低信噪比，数字电视还可实现高质量的移动接收。

3. 数字电视很容易实现加密/解密和加扰/解扰技术。这项技术可以实现对用户收视权限及各类收费业务的控制，便于专业应用(包括军用)以及视频点播应用(VOD)，还能开展各类条件接收的收费业务，这是数字电视的重要增值点，也是数字电视得以快速滚动式发展的基础。这项技术还可以实现各种数据增值业务以及视频点播等各种交互电视业务(或称互动电视业务)。

4. 数字电视具有可扩展性、可分级性及互操作性，能够实现不同层次质量图像的相互兼容，易于建立全国数字电视传输网。

5. 数字电视可以与计算机"融合"而构成一类多媒体计算机系统，成为未来国家信息基础设施的重要组成部分。可实现与计算机网络及互联网等的互通互连。数字电视可以实现设备的自动化操作和调整，与计算机配合可实现各种自动控制和操作。

如今，广播电视数字化转换进程加快，新型服务不断开拓。随着数字化的推进，新型广播电视业务层出不穷，如交互电视、视频点播、海量的信息服务、车载移动电视和手持终端多媒体广播等。

经过几十年的艰苦努力，我国形成了有线、无线、卫星等多种技术并用的广播电视传输覆盖网络，随着科技的发展，广播电视传输覆盖手段已进入了由模拟向数字化转换的新阶段，无线、有线、卫星有各自的明确定位，相互分工，相互补充。无线电视是广播电视为城乡群众提供公共服务的主要手段，有线电视是城镇居民接收广播电视节目的主要手段，卫星传输是为全国各地播出机构和传输机构提供节目源的主要手段，移动多媒体广播是为各种小尺寸和便携式移动终端流动人群提供广播电视节目服务的主要手段。它们各有各的定位、责任和服务对象。

数字电视是从节目的摄制、播出、发射到接收全部采用数字编码与数字传输技术的新一代电视。一个健全、完善的数字电视系统由节目、传输、服务和监管 4 个平台共同组成。发展数字电视是一项庞大的系统工程，需要相关行业及其支撑技术的推动与促进。伴随着通信、计算机、微电子、现代信号处理及多媒体技术的突飞猛进，通信网、计算机网与电视网的融合速度将越来越快，构筑全球性的信息高速公路已成为信息时代发展的重中之重。因此，发展数字电视已经不是单纯地为用户提供高品质的视听服务，更为重要的是，它将为电子信息产业提供一个难得的发展机遇，它提供了一个综合性的信息服务平台，从而有效地促进视听产品制造业及其相关产业的战略升级以及广播电视新兴产业的形成和发展。

第五节　会议电视系统

会议电视系统就是利用电视技术和设备通过通信网络在两地(点到点会议系统)或多点(多点会议电视系统)召开会议的一种通信方式。它是一种集通信技术、计算机技术、微电子技术于一体的远程通信方式，是一种典型的、应用广泛的图像通信系统，也是迄今为止世界范围内发展最为普及的图像通信的应用方式之一。

会议电视利用实时图像、语音和数据等进行通信。参与通信的双方或多方可以不受实际地理距离的限制，实现面对面交流，不仅能够相互听到对方的声音，看到对方的面貌、表情和动作等，还能面对同一图纸、图片和文本等进行讨论，合作设计、创作等。通信的参与者不需要实际集合到一起，大大地节省了时间、出差费用和精力，从而极大地提高了工作效率。国内的宽带、高速通信网的建成和发展，为广泛开展会议电视业务提供了良好的基础。

一、会议电视系统的发展

会议电视系统的发展经历了从模拟方式传输(20 世纪 70 年代)到数字方式传输(20 世纪 80 年代)的发展过程。从 20 世纪 60 年代开始，世界发达国家就开始研究模拟会议电视系统，并逐渐商用化。20 世纪 70 年代末期，在压缩编码技术推动下，会议电视系统由模拟系统转向数字系统。20 世纪 80 年代初期，国外研制出 2 Mbit/s 彩色数字会议电视系统，日本和美国形成了非标准的国内会议电视网。80 年代中期，大规模集成电路技术飞速发展，图形编解码技术取得突破，网络通信费用降低，为会议电视走向实用提供了良好的发展条件。80 年代末期 ITU-T 制定了 H. 210 系列标准，统一了编码算法，解决了设备间的互通问题。20 世纪 90 年代以来，H. 320 标准作为视听多媒体业务的一种应用，在社会性的信息交流中起到了巨大的沟通作用。同时，随着 IP 网的发展，基于 IP 的 H. 323 标准的会议电视系统也随之得以实现。

目前，成熟的基于 H. 320 的会议电视系统势必进入转型阶段，即由电路交换的 ISDN 和专线网络向分组交换式的 IP 网过渡。所针对的市场由大型公司转向小型的工作组会议室、个人工作桌面直至发展到家庭。因此，基于分组交换网络的多媒体通信标准 H.323 的视频通信已成为业内人士和用户关注的焦点。

二、会议电视系统的分类

会议电视系统的分类方法很多，基于不同的出发点可以把会议电视分为不同的类型。

按会场数量来分，会议电视系统可分为点到点会议电视系统和多点会议电视系统两种。前者仅有两个会场，而后者则不少于三个会场。多点会议电视系统通常采用星形网络拓扑结构，并配有会议电视多点控制器 MCU(Multipoint Control Unit)。

按传输信道来分，会议电视系统可分为地面会议电视系统、卫星会议电视系统和混合型会议电视系统。地面会议电视系统的传输信道一般采用有线信道和微波通信信道，为全双工传输。会议控制信息和会议电视业务信息在带内一起进行传输。卫星会议电视系统的传输信道通常采用卫星通信网络，因卫星转发器资源有限，卫星会议电视系统不能为全双工传输，会议控制信息必须通过专用信道进行传输，即采用带外传输。混合型会议电视系统为地面会议电视系统和卫星会议电视系统的综合。

按会议电视终端来分，可分为会议室型会议电视系统、桌面型会议电视系统和可视电话会议电视系统。会议室型会议电视系统实用标准的 H.320 终端，通信速率一般在 384 kbit/s 以上。桌面型会议电视系统使用 H.320 或 H.323 终端，能够利用现有的计算机网络，特别是可以利用 Internet，具有广泛的应用前景。可视电话型会议电视系统使用 H.324 终端，通信速率一般在 64 kbit/s 以内，在模拟或数字电话线上传输。

按有无独立的 MCU 来分，会议电视系统可分为集中型、分散性和混合型。集中型会议电视系统必须具有 MCU，分散型会议电视系统没有 MCU。

按不同的网络特点划分，会议电视系统主要有 H.320 系统、H.310 系统、H.321 系统、H.322 系统、H.323 系统、H.324 系统等六种类型。H.320 系统是基于 P×64 kbit/s 的数字式传输网络的系统，典型的应用环境为 N-ISDN 网络、DDN 网络以及由数字专线组成的专网等。H.310/H.321 系统是基于 ATM(Asynchronous Transfer Mode)网络环境的系统。H.320 系统是基于保证质量的 LAN 上的系统，除了网络物理接口不一样之外，它与 H.320 系统使用相同的协议。H.323 是基于 IP 分组网络上的系统。H.324 系统是基于普通电话线的系统，常用于可视电话系统。其中，H.321 和 H.322 实质上是将系统的码流分别重组为 ATM 网和 LAN 网可接收的码流，起着一种网间适配的作用，本质上仍然是 H.320 系统。目前，较为实用的系统主要有两类，即用于 N-ISDN 的 H.320 系统和用于分组网的 H.323 系统。H.320 系统占有最大的应用市场，但基于 IP 的 H.323 系统具有良好的发展前途，将会成为未来会议电视发展的主流，但它的发展并不是取代 H.320 系统，而是更加促进 H.320 系统的发展。

三、会议电视系统的组成

1. 会议电视系统的组成

会议电视系统由终端设备、多点控制单元(MCU)、传输网络等几部分组成。

终端设备包括视频输入/输出设备、音频输入/输出设备、视频解码器、音频解码器和复用/分解设备等，主要完成语音、图像的编码及各种传输接口处理。它可以是多点交互式会议电视终端，也可以是安装了音频、视频硬件和软件的普通电脑，甚至是电话等。

多点控制单元(MCU)作为会议控制中心,能够将三个以上的终端连接成为一个完整的、由多人参与的会议。同时,它能够将来自多个会议终端的语音、视频和数据合成为一个多组交互式会议场景。MCU 的使用很简单,既支持工作站管理方式,也支持 Web 管理方式,可由终端用户使用 MCU 进行会议的控制和管理。

传输网络是会议电视传输视频、音频等信息的通道,主要有卫星帧中继网、地面帧中继网、DDN 专线、ISDN 网络和 X. 25 网。宽带网络的普及给远程会议电视带来了更为广阔的空间,基于 H. 323 协议的会议电视应用在 ADSL、LAN 等宽带接入网络上已经取得了相当好的效果。

2. 基于 IP 的 H. 323 会议电视系统

随着计算机技术、通信技术、图像编解码技术和多媒体通信技术的迅速发展,基于 IP 的 H. 323 电视会议系统已成为研究和开发的热点。在原 H. 320 基础上发展起来的 H. 323 完全兼容 H. 320。H. 323 能够运行在通用网络体系平台上,提供了网络宽带管理功能,支持不同厂商的多媒体产品和应用具有互操作性。

H. 323 用在基于包交换的网络上传输音频、视频和数据等多媒体信息。H. 323 系统的基本组成单位是域,一个域至少包含一个终端。

H. 323 终端是提供单向或双向实时通信的客户端,具有对视频和音频信号的编解码及显示功能,还具有传送静止图像、文件、共享应用程序等数据通信功能。H. 323 终端允许不对称的视频传输,即通信双方可以以不同的图像格式、帧频和速率传输。H. 323 的终端结构如图 6-7 所示。

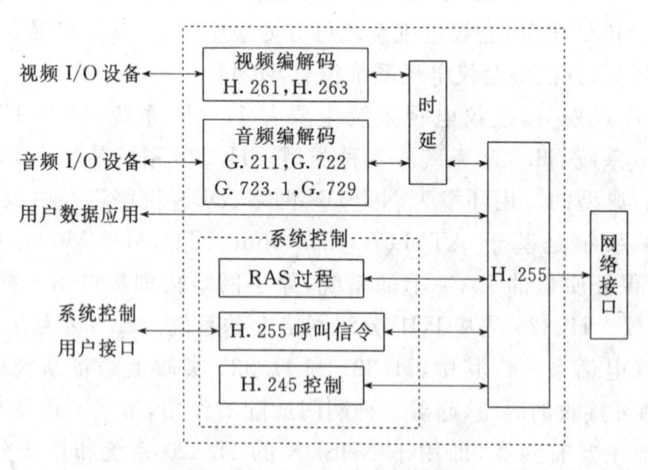

图 6-7 H. 323 的系统终端

1. 相比语音信号来说,图像信号有哪些特点?
2. 与模拟传输相比,数字传输具有哪些优点?
3. 简述 H. 263 标准与 H. 261 标准的不同。
4. 会议电视系统是如何分类的?
5. 数字机顶盒具有哪些功能?

6. 简述多点控制单元(MCU)的作用。
7. 数字电视和以三大制式为代表的模拟电视相比,有哪些突出的优点?
8. 图像压缩编码技术包括哪些?
9. DMB-T 传输系统由那些模块组成?简要介绍各模块。
10. 可视电话系统是如何分类的?
11. 如何衡量可视电话的图像质量?

第七章

铁路专用通信

【学习目标】

1. 掌握铁路专用通信的特点、要求及业务种类；
2. 了解车站运输作业指挥系统构成；
3. 掌握站场通信系统组成；
4. 掌握车站集中机的分盘组成，所接用户种类、工作过程；
5. 了解站场扩音系统、站场无线电话系统及客运广播系统构成；
6. 了解铁路数字调度通信系统的构成；
7. 掌握铁路干线调度网、局线调度网、区段调度网的网络组成、网络编号及呼叫方式；
8. 掌握区段数字调度通信系统的组成、系统单机及多机运用方式、系统主要业务及功能；
9. 了解铁路无线列调系统组成、制式、通信方式；
10. 了解 GSM-R 技术概况；
11. 掌握 GSM-R 特色应用、优势及工作过程；
12. 了解 GSM-R 系统在铁路运输中的十大功能；
13. 了解高铁专用通信的技术特点；
14. 掌握应急通信的基本概念；
15. 了解铁路突发事件应急指挥体系；
16. 了解铁路应急通信的管理规定；
17. 掌握现场应急接入系统的组成；
18. 掌握应急通信系统的接入方式。

第一节　概　　述

一、铁路专用通信业务

铁路是一个庞大的企业，包含了运、机、工、电、车辆等专业部门，各部门围绕铁路运输生产协同动作，为保证各部门之间信息畅通，指挥列车运行和编解列车，铁路需要有一套完整的专用通信系统。

铁路专用通信一直被人们誉为铁路的“千里眼、顺风耳”，是铁路运输的重要基础设施，对铁路运输指挥和安全生产起着至关重要的作用。

传统的铁路专用通信的业务包括干、局线通信，区段通信，站场通信，无线专用通信，应急通信和列车通信，近年来铁路正在大力发展 GSM-R 数字移动通信系统，具体业务见表 7-1。

表 7-1　铁路专用通信业务

干、局线通信	区段通信			站场通信	无线专用通信	应急通信	列车通信
	区段调度通信	区段专用通信	区段数据通信				
1. 干线各种调度通信； 2. 局线各种调度通信； 3. 干、局线会议电话； 4. 干、局线会议电视	1. 列车调度通信； 2. 货运调度通信； 3. 电力调度通信； 4. 其他调度通信	1. 车务、工务、电务等电话； 2. 桥隧守护电话； 3. 道口电话； 4. 站间行车电话； 5. 区间电话	1. 各类MIS信息通道； 2. 电力远动通道； 3. 红外线轴温检测通道； 4. 信号控制信息通道； 5. 其他控制信息通道	1. 站内调度电话； 2. 站场内部电话； 3. 扳道电话； 4. 客运广播； 5. 客运信息系统； 6. 站场扩音对讲	1. 列车无线调度电话； 2. 列车无线防护报警； 3. 站场无线电话； 4. 铁路数字无线通信系统； 5. 公安、工务无线对讲	1. 救援指挥系统电话； 2. 图像传输； 3. 数据传输	1. 列车广播； 2. 列车电话； 3. 闭路电视； 4. 旅客电话； 5. 列车安全告警系统

铁路运输调度通信是铁路专用通信的重要组成部分，是直接指挥列车运行的通信设施，是铁路专用通信的主体，按铁路运输指挥系统分干线、局线、区段三级调度通信体系。

干线调度通信是在铁道部与铁路局之间设立的各种调度通信，协调完成全国铁路运输计划。

局线调度通信是在铁路局与编组站、区段站，主要大站之间设立的各种调度通信，协调完成全局运输计划。

区段调度通信是铁路局为指挥运输生产，在调度员与所管辖区段的铁路各中间站按专业、部门设置的调度通信系统，统称区段调度，按业务性质可分为列车调度、货运调度、电力牵引调度以及无线列车调度等。

二、铁路专用通信的特点和要求

铁路专用通信，即凡是与铁路运输有关的一切通信设施构成的通信，统称为铁路专用通信。其中与行车有关的有调度、站间、站内、区间等四项通信业务，这是根据行车组织的需要而提出的通信业务，各项通信业务有其不同的特点和要求。

1. 调度通信

以列车调度为例，铁路局列车调度员使用的终端设备称为××列车调度台，其调度对象为所辖车站值班员、相关站段调度员。

特点：

(1)通信的目的是直接指挥列车运行。

(2)调度员对车站值班员为指令型通信，值班员对调度员为请示汇报型通信。

(3)以调度员为中心，一点对多点的通信。

(4)铁路线点多线长，呈线状分布，列调通信也呈链状结构。

要求：

(1)列车调度电话的电路是独立封闭型的，除救援列车电话、区间施工领导人电话可临时接入外，其他任何用户不允许接入。

(2)调度电话必须保证无阻塞通信，调度台处于定位受话状态，调度分机摘机便可直接呼叫调度台调度员。

(3)调度员在调度台单呼所辖调度分机，并且有全呼、组呼功能。

(4)调度分机之间不允许相互直接呼叫。

2. 站场通信

站场通信有两种类型,一种是大型车站多个作业场,主场车站调度员与各相关值班员构建的若干个一点对多点的调度通信,简称站调。另一种是小站车站值班员与若干个站内用户之间构建一点对多点的站内通信,在这里,我们用站内通信一词,以区别大型车站的站场通信。

站场通信的特点和要求与调度通信基本类同,所不同的只是组网方式不同。

3. 站间通信

站间通信为站和站之间的点对点通信,即站间行车电话或闭塞电话,两者的含义不同,闭塞电话是信号的一个组成部分,在区间闭塞采用电话闭塞法时,车站与相邻站用电话来办理闭塞,对闭塞电话 a、b 两根线不能任意调换,更不能随意中断,严禁办理越站闭塞,所以闭塞电话只能是相邻站之间通信。随着信号设备的发展,区间闭塞法几乎不再采用电话闭塞法,已大量采用自动闭塞,这时的站间电话只是用来通报列车运行状态和相关行车业务,于是出现了站间行车电话这一称谓,同时又出现了非相邻站之间的站间通信。

特点:点对点通信。

要求:固定直达电路(回线),不允许搭挂其他任何电话分机。

4. 区间通信

区间通信为区间作业人员提供对外联络的通信。

要求:

(1)在同一区间两个点之间可以相互呼叫并通话。

(2)区间可以呼叫上行站、下行站、列调、电调。

由上述内容可知调度员不单对所辖调度用户要进行调度指挥,还要受理来自区间的意外情况报告;值班员不单接受所属调度台的指令性调度业务,还要与相邻站、区间、站内用户处理与行车有关的业务。

第二节 站场通信

站场通信是铁路专用通信的一部分。顾名思义,它主要是解决站场工作人员相互通信的问题。主要设备是数字专用通信系统(或车站电话集中机)、站场扩音机等。

站场通信服务范围在几十平方米到数平方公里内,主要解决车站值班员与下属工作人员间的通信联络。

站场通信的主要设备有:车站电话集中机、站场扩音设备(包括扩音机、扩音转接架、扬声器等)。有些地区还配有站场无线电话机等。

站场通信网的构成如图 7-1 所示。

车站值班员通过车站电话集中机可以呼叫各种不同的用户电话分机,如共电分机、磁石分机、调度总机等。各种分机摘机后,亦可呼叫车站值班员,其间均是直通联络。

车站值班员通过车站电话集中机,扩音转接机,可以利用扩音机对室外人员通告有关事宜,室外工作人员使用通话柱,通过转接机与车站电话集中机可和值班员相互对讲,也可向站场其他工作人员通告有关事宜。

设有站场无线调度电话的站场,通过转接设备,车站值班员可和站场调车、司机以及邻近

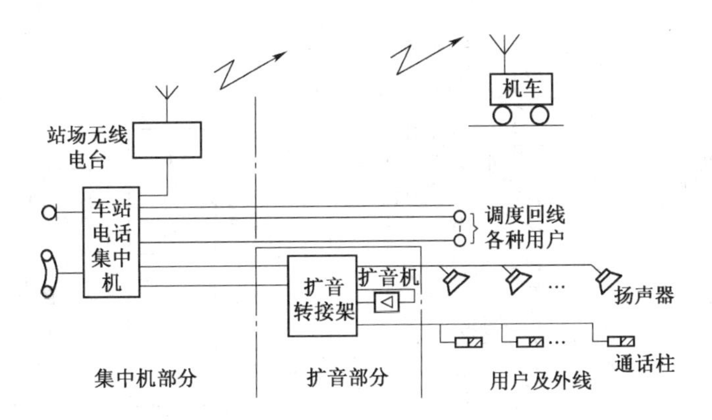

图 7-1 站场通信网的构成示意图

有关区段内行进中的机车司机相互联络通话。

通话柱通常装设在室外,供室外通话点通话或扩音时使用。一般可接入对讲通路或扩音通路,均由相应按键操作。

扩音转接机主要有对讲盘、扩音盘、转接盘等组成。对讲盘构成室外通话柱与车站值班员间的对讲通路;扩音盘用来控制扩音机的高压(或功放级的电源电压)开关,需要扩音时扳动相应电键,通过开关电路,将高压(或功放级电源电压)接入相应端子,扩音完毕后,恢复扳键位置,又切断相应的电源回路。

一、车站电话集中机

车站电话集中机将铁路站场内应设的各种行车电话和专用电话集中在一个机箱内,是一种电话集中设备,方便值班员使用。

车站电话集中机的种类很多,电路各不相同,但组成方框图基本相似,集中机由用户分盘和公共盘组成,如图 7-2 所示。由图可以看出,车站电话集中机由用户电路,控制电路(主控电路即主值班员控制电路,助控电路即助理值班员控制电路),送、受信放大电路,混合线圈,直流铃电路,防振鸣电路等几部分组成。

为了适应不同的用户分机电路,集中机设有五种不同的用户分盘电路,用户分盘的总数即为集中机的门数。

1. 用户分盘

(1)共电总机分盘(简称共总盘):本盘作共电总机用,供接入对方为共电分机的电话电路。

(2)组呼分盘(简称为组呼盘):本盘作共电总机用,将几个业务性质相同的使用共电分机的用户,分别接入几个组呼盘,这几个用户可以同时呼叫、集体通话,也可以单独呼叫通话。

(3)选号分盘(简称为选号盘):本盘只作程控调度分机或音频调度分机的通话电路用,可接入对方为定位受话的音频调度电话或程控调度电话使用。

(4)共电分机分盘(简称共分盘):可接入对方为共电总机的电路,即两台车站电话集中机连接时,对方为共总盘。

(5)磁石分盘(简称磁石盘):本盘磁石电话机用,可接入对方为磁石式电话机的电路或对方集中机的磁石分盘。

在改进型车站电话集中机中,除上述各用户分盘外,还有自动分机分盘。通过该分盘车站电话集中机接入地区自动交换机。根据各种车站业务范围的大小,车站电话集中机通常有 18

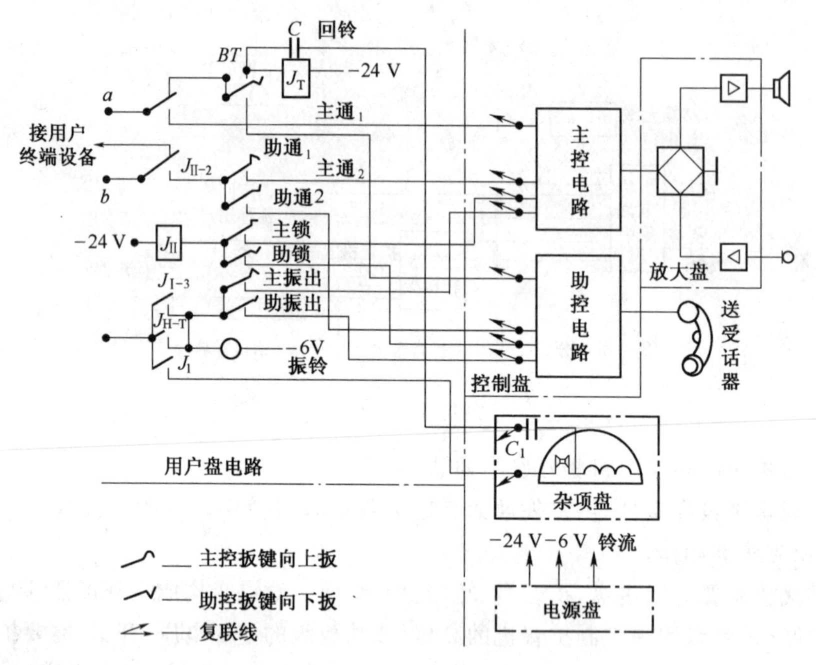

图 7-2　车站电话集中机的组成方框图

回线、8 回线等几种。

2. 公共分盘

(1)电源盘:将 220 V 交流电压经变压、整流、稳压后,得到 24 V 和 6 V 直流电压及变压为 50～70 V 交流电压(作铃流信号),交流停电时,可自动倒换用 24 V 和 6 V 备用直流电压及 BD 型振铃器。

(2)发信盘和受信盘:用作放大主值班员的送、受话音信号。

(3)杂项盘:装有开关电路、电铃电路、助理值班员送信放大电路、消侧音受话电路。

(4)主控盘和助控盘:两盘电路完全一样,分别供主值班员和助理值班员使用,用以控制振出、呼入、通话。

根据车站运输业务的需要,规定凡连接在车站电话集中机上的电话机,只能和车站值班员进行直通通话联系。一般情况下,彼此之间不允许通过车站电话集中机联系通话。

车站电话的通话过程如下。

(1)呼入:当某一用户呼入,则相应于该用户的用户分盘灯亮,通过继电器,一方面使直流铃响,另一方面通过电容给用户送出回铃音。此时值班员得知用户呼叫,扳动相应于该用户的扳键(主值班员向上扳,助理值班员向下扳),通过控制电路与用户电路的作用使继电器接点接通,此时即可通话。

(2)呼出;若值班员需要呼叫某一用户时,可扳动相应于该用户的用户分盘扳键,使相应的继电器接点动作,此时通过控制电路及用户电路,把铃流送至该用户,该用户闻铃摘机,通过控制电路自动切断铃流电路,双方即可通话。通话结束,将扳键复原,电路立即复原。

控制电路除了上述在通话过程中的作用外,还有一锁闭作用,就是一个值班员电路同时只能接入一个用户。当值班员错误地扳了两个用户扳键时,通过控制电路与用户电路配合作用能使后接入用户盘中的继电器不动作,从面完成了锁闭作用。

车站电话集中机装有两个值班员电路，均采用双工对讲方式，主值班员用传声器及扬声器对讲，而助理值班员用送、受话器对讲。各用户分盘面板上装设表示灯一个，扳键在定位时，灯亮表示对方呼入；扳键在反位时，灯亮表示线路正在接通。如灯不亮则表示被锁与值班员电路不能接通。应答时，扳键向上扳是把用户接入主值班员电路，使用传声器通话。向下扳是把用户电路接入助理值班员电路，使用送受话器通话。呼叫用户时将扳键向上或向下扳动，铃流即可送出。

二、站场扩音对讲系统

根据车站运输作业两大系统的需要，分别设置供行车作业系统使用的扩音对讲设备及供调车作业系统使用的扩音对讲设备。

行车作业系统指的是到发场的接发列车作业及列车技术检查作业。接发车作业由车站值班员指挥，应设置以车站值班员为中心，连接有关部门用户的扩音对讲系统。列检作业由列检值班员指挥，应设置以列检值班员为中心，连接所属各部门用户的扩音对讲系统。接发车作业和列检作业同时在一个车站场内平行进行，无法划分为两个扩音区时，可以合用一套扩音对讲设备。

调车作业系统指的是编组场的列车解体、溜放和编组作业。应设置以调车区长为中心，连接所属各部门用户的扩音对讲系统。

扩音对讲设备由电话集中机、扩音机、扩音转接机、室外扩音通话柱、扬声器等部分组成。通过上述设备，室内值班人员与室外作业人员可以互相对讲，并且室内值班人员和室外作业人员都可以向室外扩音。

三、站场无线电话系统和客运广播系统

1. 站场无线电话系统

在站场的流动作业人员横向之间和流动作业人员与固定作业人员纵向之间，均需要及时联系。为保证作业人员的安全和提高工作效率，在有条件时应尽量采用站场无线电话设备，即平面调车系统。

在固定人员地点设固定电台，流动作业人员携带袖珍电台。它不但可以代替站场内的有线电话和扩音对讲设备，而且可以消除扩音的噪声公害。

站场无线电话设备，一般采用定型的铁路站场无线电台。国家无线电管理委员会分配给铁路的站场专用频率为 150 MHz、400 MHz、450 MHz。

2. 客运广播系统

客运广播系统是为客运作业而设置的，在客运站和旅客最高聚集人数大于 300 人的客货运站可装设客运扩音设备。扩音机应设在广播室或其邻近的通信机械室内。广播室应设在便于瞭望旅客乘降及列车到发的处所。

广播是组织客运的工具，为了使其服务更有针对性，客运扩音设备采用分路输出，即通过分路控制设备可以分别向候车室、各站台、站前广场等处所进行广播。现场广播设在进出站口、站台和售票厅等较集中的地方，以便更好地为旅客服务，旅客站广播网示意图如图 7-3 所示。

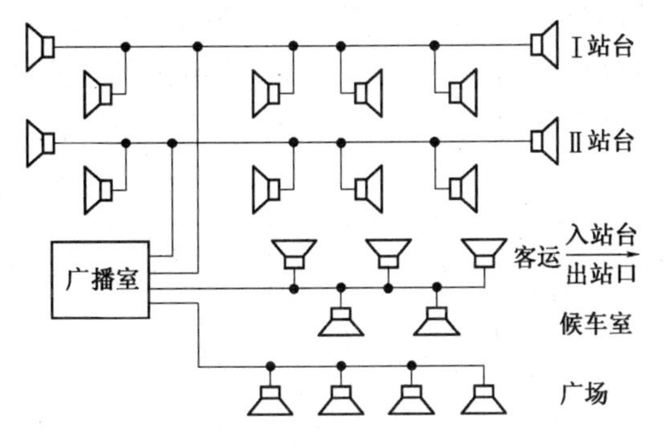

图 7-3　旅客站广播网示意图

第三节 区段通信与数字调度通信系统

一、铁路数字调度通信系统

铁路调度通信网的网络结构根据铁路运输调度体制，分为干线、局线、区段三层，铁路局和站段为各层网络的相切点。例如，局调台在干调网内是一台干调分机，可是在局调网内是局调指挥中心，同样，区段调度台在局调网内是一台局调分机，可是在区段调度网内是区段调度指挥中心，可见调度网是根据调度业务流程和地理位置来组网。干、局调网络是一个呈辐射型的星形网络，区段调度网络是一个呈链状的总线型网络，如图 7-4 所示。

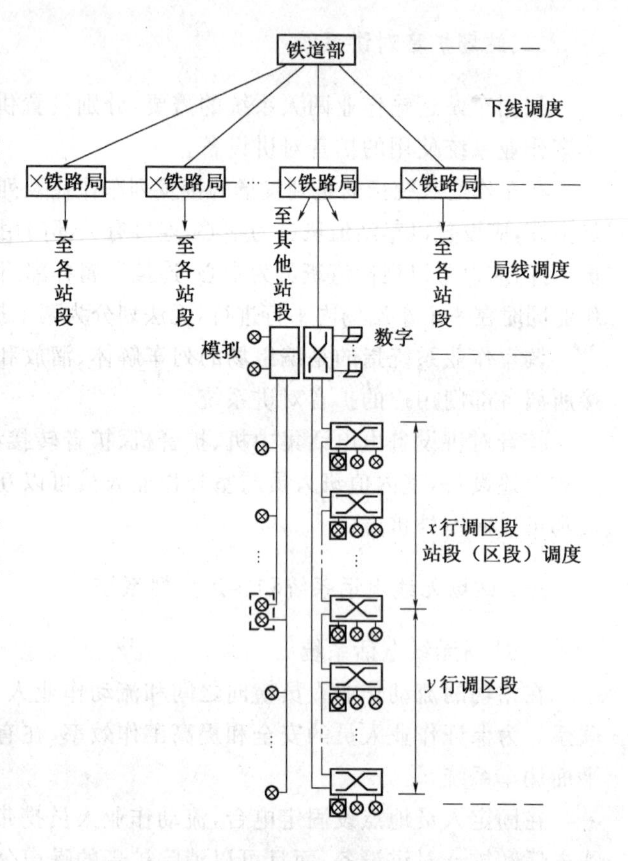

图 7-4 铁路调度通信网的网络结构

1. 铁道部干线调度通信网

铁道部运输指挥中心设数字调度交换机，用数字中继通道与各铁路局运输指挥中心的数字调度交换机相连，相邻铁路局的数字调度交换机之间也以数字中继通道作为直达路由，从而组成一个复合星形网络结构的干线调度通信网。

(1)网络组成

干线调度通信网络由设在铁道部的 Hicom 382 数字调度交换机为汇接中心，与设在各铁路局的 Hicom 372 数字调度交换机用 2 M 数字中继通道相连接，相邻铁路局的 Hicom 372 数字调度交换机之间也以 2 M 数字中继通道相连作为直达路由，从而构成一个复合星形网络的干线调度通信网。

(2)网络编号及呼叫方式

干线调度专用网用户与局线调度专用网用户的电话号码，全路统一编号，采用五位码(ABCDE)编号，前两位 AB 为调度局向号，后三位 CDE 为用户号，分别以铁道部、各铁路局、各铁路站段为一个编号区，根据铁道部运输局运基通信[2003]455 号文《铁路运输应急通信系统技术体制》规定，各局向的调度区号见表 7-2。

表 7-2 铁路调度区号表(部分)

通达地点	区号	通达地点	区号	通达地点	区号	通达地点	区号	通达地点	区号
铁道部	20	长春站段	30	青岛站段	40	羊城公司	50	成都局	61
北京局	21	沈阳局	31	上海局	41	武汉站段	51	成都站段	62
北京站段	22	沈阳站段	32	上海站段	42	郑州站段	52	重庆站段	63
天津站段	23	哈尔滨局	33	济南局	43	郑州局	53	贵阳站段	65
太原站段	27	大连站段	34	济南站段	46	广铁集团	57	昆明局	67

纳入调度台的用户，调度员无需拨号，单键直呼所属调度分机，遇忙时可强插通话，调度员还可进行全呼、组呼。调度网内用户相互间呼叫，拨五位号码。

2. 铁路局局线调度通信网

铁路局的局线调度数字交换机用数字中继通道与各铁路站段数字调度交换机（也可利用区段数字调度设备）相连，构成一个星型网络结构的局线调度通信网。

不在站段所在地的局调分机，利用区段数字调度通道或专线延伸至区段站、编组站、中间站。

（1）网络组成

目前，局线调度电话系统大部分用自动电话网构成，也有的利用人工电话所进行接续。只有值班科长、行车调度台采用双音频调度电话总机、分机、汇接分配器、模拟传输通道等组成。

在数字调度设备日渐普及的今天，以数字调度设备组建局线调度通信网已成了必然趋势，在这里介绍如何以数字调度设备为基础组建局线调度通信网络。组网方式主要有以下几种。

①以中继线方式一组网

以中继线方式一组网，就是利用 Hicom 调度交换机系列组网，铁路局所在地仍利用干调通信网中的 Hicom372 调度交换机，各站段设 Hicom 315 调度交换机、各交换机之间用 2 M 数字中继通道相连组成星型局调网络。如图 7-5 所示。

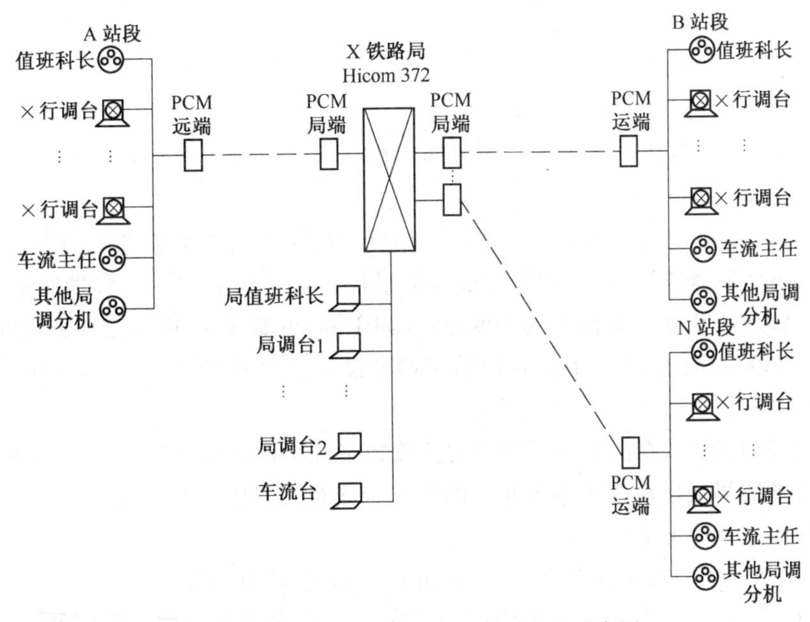

图 7-5 以 Hicom 调度交换机系列组网示意图

同一系列的调度交换机组网，网管、信令都比较容易解决，配置也比较灵活，但也存在一些问题：对沿线中间站的局调用户，延伸放号比较困难；未经数字化改造的模拟通信区段更无法放号，因为 Hicom 系列的调度分机不能数模兼容；不能充分利用已有的区段数字调度设备，这对通信资源是一种浪费。所以目前以这种方式组网的不多。

②以中继方式二组网

以中继方式二组网，就是利用区段数字调度设备组成局线调度通信网络，在铁路局所在地设数字专用通信主系统与局调 Hicom 372 调度交换机及区段调度设备主系统，之间以 2 M 数字中继方式相连，从而构成一个星形的局线调度通信网络，如图 7-6 所示。这是一个比较有代

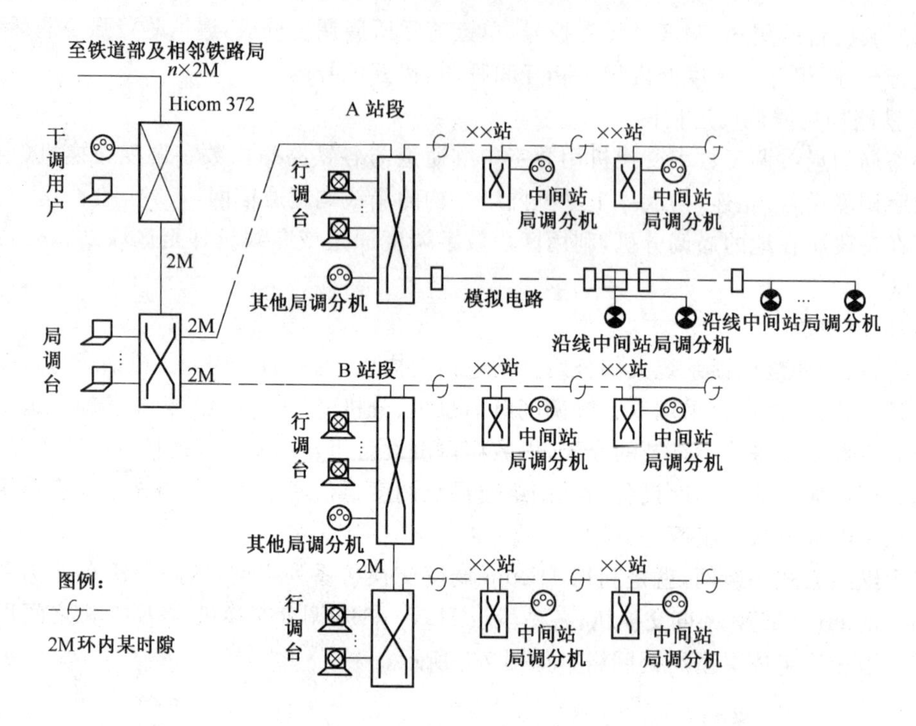

图 7-6　铁路数字专用通信系统组网示意图

表性的组网图,A 站段的局调用户包括:

a. 站段所在地的区段行调台及其他局调用户。从区段数字调度主系统的用户端口(2B+D 或 Z 接口)引出。

b. 沿线中间站的局调用户。从区段数字调度通信网络的 2 M 自愈环内占用 1~3 个共线时隙,以共线方式延伸至中间站,共线时隙的数量视该区段的局调用户数量而定,除了要保证局调台无阻塞呼叫,为便于其他上级调度用户(如干调)也能接入,必须足够数量的共线时隙。

c. 模拟区段的局调用户。利用区段数字调度设备数模兼容的特点,可以从主系统的模调接口直接接入。

B 站段的局调用户,在两个不同型号的区段数字调度设备中,它们之间用 2 M 数字中继方式相连接,与铁路局数字调度主系统相连的相当于交换网络中的汇接点,另一台相当于节点。

(2)网络编号及呼叫方式

局调网络内的用户与干调网络一样,采用五位码编号,铁路站段为一个单独编号区,前两位为调度局向号,见表 7-3;后三位为用户号,站段编号区的用户号编号原则见表 7-3。

表 7-3　站段编号区的用户编号原则

百位号	1	2	3	4	5	6	7	8	9	0
用户属性	运输部门电话及传真	运输部门电话及传真	机务、电力部门电话及传真	车辆部门电话及传真	工务部门电话及传真	电务部门电话及传真	预留	预留	区段调度台及应急通信	预留

局调台及大站所在地的局调用户可加入全路干、局调网络内直拨五位码进行呼叫通话。沿线中间站局调用户只能呼叫所属局调台和本地网内(区段调度网)的局调用户,不能出段;上级调度用户可直接拨号呼叫。

沿线中间站的局调模拟用户，只能呼叫所属局调台，上级调度用户呼叫局调模拟分机需经所属局调台转接。

3. 区段调度通信网

铁路站段运输指挥中心(站段调度所)设区段数字调度机(俗称主系统)，与所辖区段沿线各中间站车站数字调度机(俗称分系统)，用 2 M 数字通道呈串联型逐站相连，并由末端车站环回，组成一个 2 M 自愈环，如图 7-7 所示。

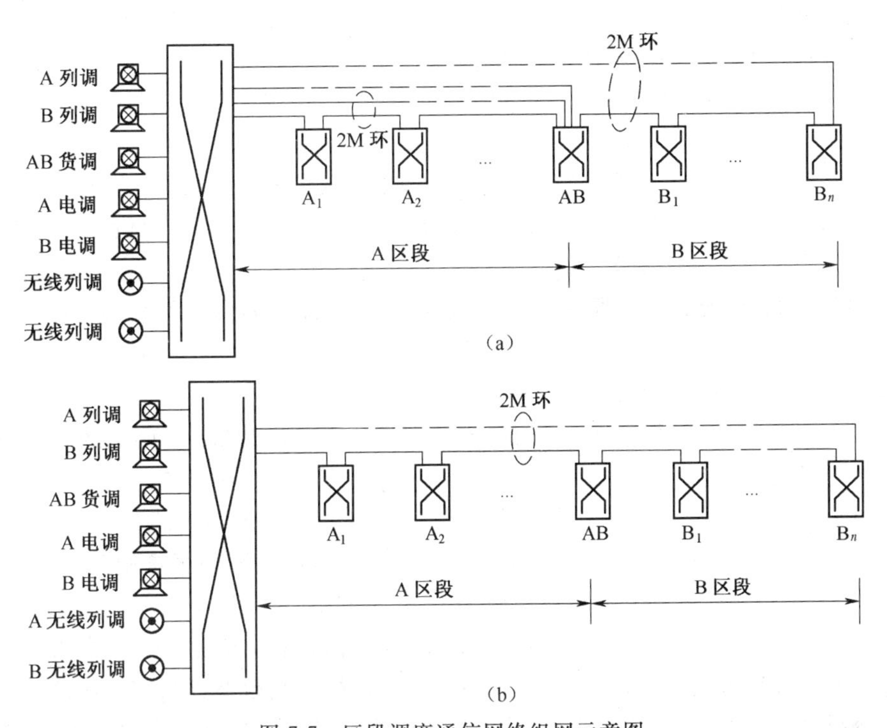

图 7-7 区段调度通信网络组网示意图

(a)一个停车调度区段用 2 M 自愈环组网；(b)两个停车调度区段用 2 M 自愈环组网

区段内所有调度业务(行调、货调、电调、无线列调)纳入 2 M 数字环内，一种调度业务固定占用一个共线时隙。

(1)区段调度通信网络的特点

铁路区段调度通信网络是根据调度通信业务性质、地理位置，以及安全可靠性的特殊要求等多方面因素来组建的，概括起来有两大特点。

①数字共线型的通信网络

区段调度的通信方式：调度所调度员—车站值班员为指令型，车站值班员—调度所调度员为请示汇报型。

根据调度业务性质为一点对多点的调度指挥，地理位置又呈链状结构，为有效利用传输通道，仍沿用模拟通信时的共线方式。

②以 2 M 自愈环组成区段调度通信网络

区段调度业务包括了列车调度、货运调度、电力调度，每一类调度分别只占用一个时隙，一个 2 M 传输通道的通信容量，完全可以容纳多个区段的各类调度业务。组网时，一个 2 M 数字通道从始端站至末端站按上下行逐站串接，末端站又从另一层传输网中的一个 2 M 返回至主系统，从而构成一个 2 M 数字环。逐站串接的 2 M 为主用，末端站迂回的 2 M 为备用。当区段通信线路在某一点中断,从断点至末端站可由迂回的 2 M 接通主系统,所以称之为 2 M 自愈环。尽管通信传输网络也具有自愈功能,区段调度通信网的 2 M 自愈功能为安全可靠运用多了一层保护,即使大通道全部中断,只要从主系统至末端站由异网沟通一个迂回 2 M,仍能保证调度通信的正常使用。

(2)区段调度通信网络的组成

区段调度通信组网时,必须根据数字传输通道和铁路运输区段的实际情况,综合考虑如何组成 2 M 自愈环。

①首先确定一个自愈环内串接多少个分系统(车站)。

在保持同步和呼叫响应时间不大于 50 ms 的要求下,根据制造商提供的资料可以稳定串接 50~64 个分系统。50 个车站之间的线路长度不会小于 500 km,至少有 4 个行车调度区段,这对安全可靠性来说是不可取的。在实际运用中,运输繁忙的主干线路上以一个行车调度区段为一个 2 M 自愈环,其他线路上以两个行车调度区段合用一个 2 M 自愈环,如图 7-7(a)、(b)所示。

图 7-7A、B 站为两个调度区段的分界站,必须同时纳入 A 列调台和 B 列调台。

②对几种特殊情况的处理。

a. 枢纽列车调度台的组网

枢纽列车调度(也称为集中列调或地区列调),是指大站周边的几个小站组成的一个列车调度网。

图 7-8(a)为枢纽列调地理位置示意图,对枢纽列调台组网时,要根据地理位置和数字通道传输情况来确定能自行组成 2 M 自愈环的是最佳方案,但在实际中很难做到,如图 7-8(b)所示,A 方向和 B 方向主干线路具有数字传输条件,可以将 A 方向的 A1、A2、A3 站和 B 方向的 B1、B2、B3 站分别纳入该方向主干线路的区段 2 M 自愈环内,占用一个时隙,C 方向的 C1、C2、C3 3 个小站自行构建一个 2 M 自愈环,D 方向未经数字化改造,Dl、D2 站的调度分机仍为模拟调度分机,接入主系统的模调接口,从而构成一个数模混用、星型加共线型的复合网络。

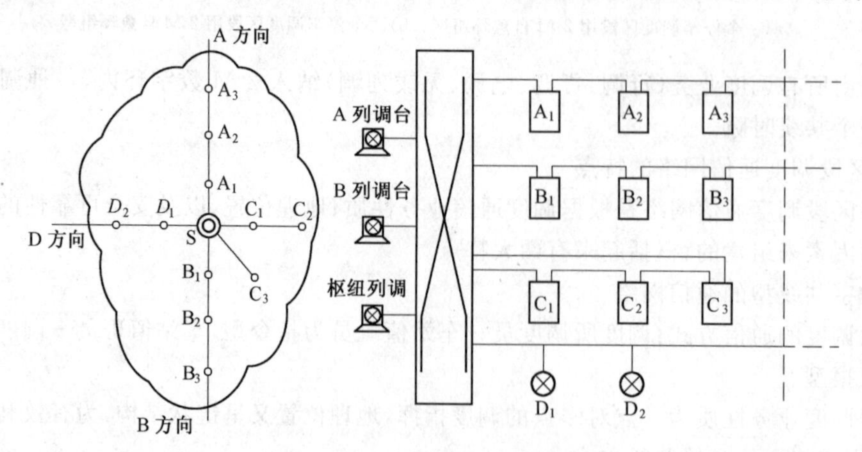

图 7-8　枢纽列车调度台组网示意图

(a)枢纽列调地理位置示意图;(b)枢纽列调组网示意图

b. 具有分支铁路线的区段调度通信网络

在主干铁路线上的某中间站有一条分支铁路线,分支线上几个中间站的调度电话纳入该调度区段,其地理位置分布如图 7-9(a)所示。

图 7-9(b)为分支线仍是模拟通信线路，分支线上的 $Z_1 \sim Z_4$ 4 个小站采用双音频调度分机，在 A_2 站的分系统需配置模调接口，并在该站分系统进行汇接。

图 7-9(c)为分支线已具有数字传输通道，该分支线自行组成一个 2 M 支环并接入 A_2 站分系统汇接处理，A_2 站分系统需配置 4 个 2 M 口。

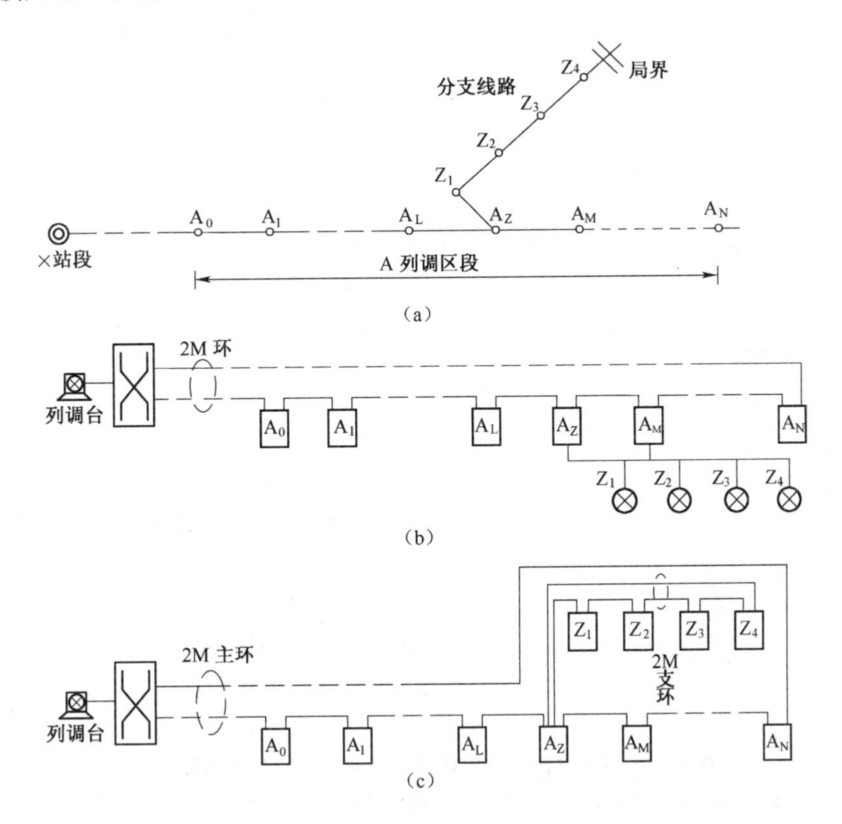

图 7-9　具有分支铁路线的区段调度通信网络组网示意图

(a)A 列调区段地理位置分别示意图；(b) 分支线为模拟通信线路的区段调度通信组网图；
(c)分支线为数字传输通道的区段调度通信组网图

c. 具有分流线路的区段调度通信网络

在主干铁路线上的某一段另建有一条分流铁路线，作为迂回或货运直达用，分流线上小站的调度电话纳入该调度区段，其地理位置分布如图 7-10(a)所示。

末端站 A_N 具有从传输网迂回 2 M 的条件，分叉站 A_F 不具有 2 M 迂回的条件，有两种组网方式。

组网方式一：设两个 2 M 自愈环，分别为分流线和主干线建立 2 M 自愈环，如图 7-10(b)所示，分别称之为 2 M 分环和 2 M 主环。

组网方式二：把分流线上的 4 个中间站(F1～F4)串接到 2 M 环内，如图 7-10(c)所示。

两种方式比较如下。

方式一：安全性好，但多占用一个 2 M 自愈环，加大了投资成本和日常运营费用。

方式二：保护用 2 M 在 A_F 至 A_N 站之间仍走区段传输通道中，一旦在这一段线路中断，无法自动形成保护，即使在 A_N 末端站由人工进行 2 M 倒接，也只能保证迂回分流线或主干线断点后的中间站，势必有部分车站中断，安全性较差，但可大大节省费用。

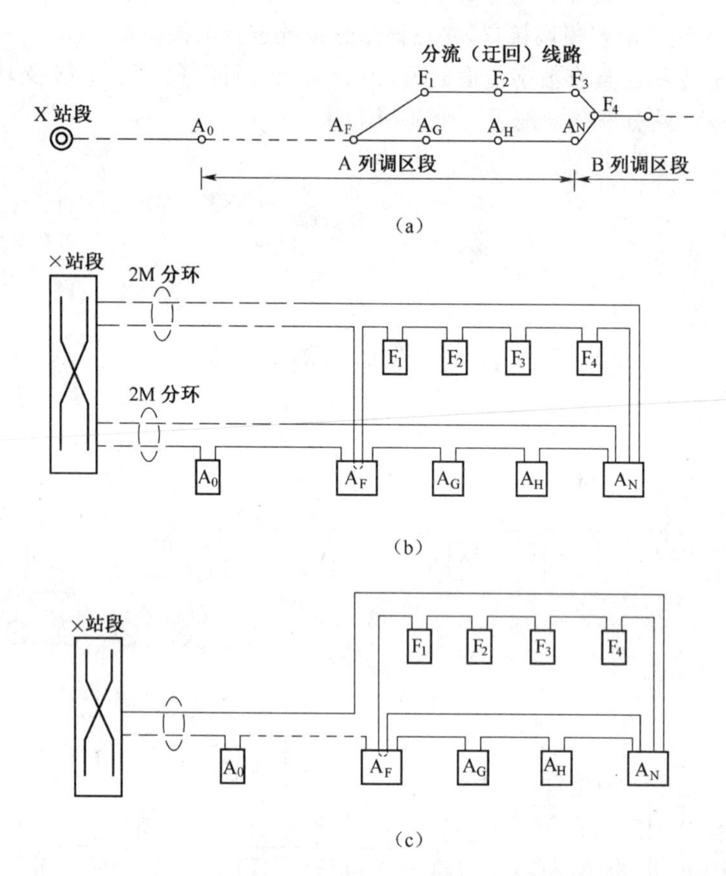

图 7-10　具有分流线路的区段调度通信网络组网示意图

(a)线路地理位置分别示意图；(b) 用两个 2 M 环组成的网络图；(c)用两个 2 M 环组成的网络图

要通过投资比较，线路安全状况、分流线路长度，经综合比较后选择方式二。

d. 中间站没有光纤网络单元(ONU)设备或 2 M 通道的处理

没有 2 M 传输设施的中间站，有下列几种情况：

一种是线路乘降站，不办理客货运业务，只需一台列车调度电话分机，那么可以在相邻站的分系统用 2B+D 接口延伸至线路乘降站，该列调分机采用数字话机，如果两站间距离超过 5 km。可以用电缆线路数字复用设备。总之，该线路乘降站的一切通信设施纳入相邻站的分系统。

另一种情况是比较大的中间站，传输系统及 ONU 接入设备设在该地区的通信站，将分系统也设在通信站，车站所有通信终端用地区电缆接入，这是一种最为简单的办法，但存在问题较多，如地区电缆线路有时要经过多处电缆交接箱，电缆芯线不够时，车站原有的模拟集中电话机还得利用，将影响全网的通信质量。可以采用级联的办法解决，如图 7-11 所示。

用级联方式连接，即在车站增设一台分系统，该分系统只设用户接口包括 2B+D 接口，通信站的分系统只设 2 M 接口和 2B+D 接口，2B+D 接口数 n 视车站对外的用户数而确定，如车站值班台、区间用户、站间行车电话等，这是目前常用方式之一。

此外，也可采用高速数字用户环路(HDSL)，如图 7-12 所示，将 2 M 延伸至车站。这种方

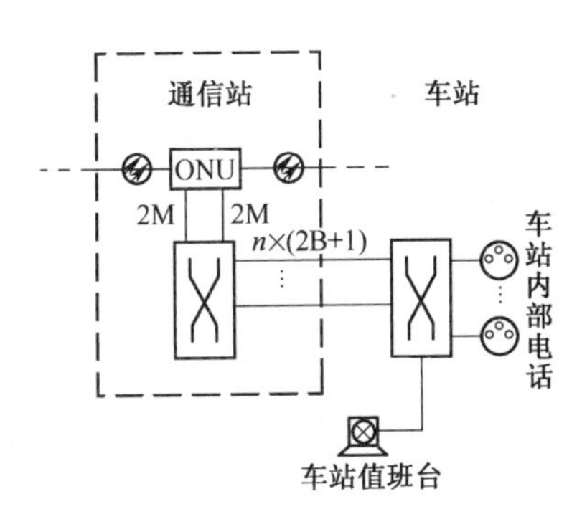

图 7-11　用级联方式连接示意图

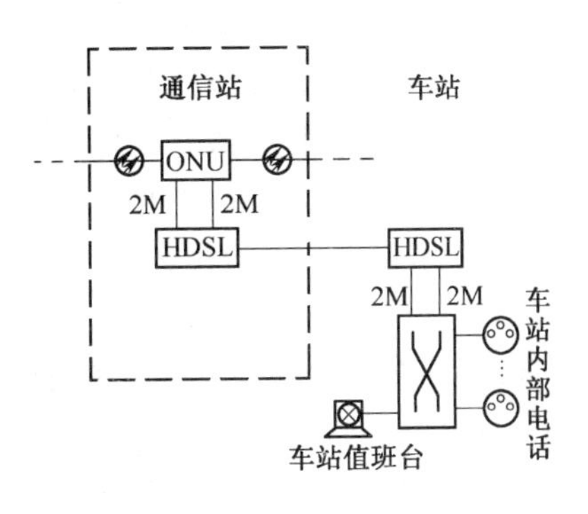

图 7-12　用 HDSL 方式连接示意图

式对传输线要求很高，HDSL 设备必须高质量，实际运用中很少采用。但是，这种方法维护界面很清楚，随着通信技术的发展将逐渐被接受。

(3)时隙分配及网络的综合运用

区段调度通信网络采用 PCM 30/32 路系统传输，TS_0 为同步时隙，TS_{16} 为标志信号时隙，$TS_1 \sim TS_{15}$ 及 $TS_{17} \sim TS_{31}$ 为 30 个话路时隙，区段调度通信网络组成采用 2M 逐站串接方式，其内部信令控制线需占用 3～4 个时隙，一般安排在 $TS_{28} \sim TS_{31}$，因此可用时隙还有 26 个。

区段内调度通信业务包括：列车调度、货运调度、电力调度、无线列车调度，占用 4 个共线时隙，即使由两个调度区段组成的 2 M 自愈环，也只需 6～8 个共线时隙，另外站间行车电话需占用 2～3 个站间时隙(将时隙分段使用)，因此，如果仅开放区段调度电话业务，只需 8～11 个时隙，还有 2/3 的通信容量空闲。而铁路数字专用通信系统完全是针对铁路区段通信的特点和需要而开发的产品，接口丰富、使用灵活，可以提供数字共线的通信业务，因此完全可以利用区段调度网络内的空闲时隙开放中间站局调分机、区间应急通信自动电话、区段公务专用电话等区段话音业务以及红外线轴温检测传输通道、电力远动、信号监测等区段数据通信，这样做不仅可以节省投资、降低运营成本，还可真正实现铁路区段专用通信数字化、综合化。

二、区段数字调度通信系统设备

铁路运输调度通信的性能是针对调度业务性质来确定的，干、局线调度业务比较单一，但区段调度通信网的调度用户—车站值班员，除了接受列车调度台指令性的调度业务之外，还要办理行车业务，因此还有站间通信、站内通信、区间通信等业务的接入，所以干、局线调度设备和区段调度设备不完全一样。干、局线调度设备是以 ISDN 交换机配置调度功能模块，组成数字调度交换机，而区段调度设备却不同，除了要有交换功能之外，还要实现共线型组网、其他通信业务的接入，列车调度台既是局调用户又是区段行车调度指挥员，必须与局调联网接受呼叫，并能转接所辖区段内任一行调分机。所以严格说来，区段调度设备不能称之为数字调度交换机，而是具有交换功能，以电路交换为平台构建多种通信业务综合接入的区段数字通信设备。利用其开放与区段调度有关的一切通信业务，所以习惯上称为数字调度通信设备。

区段数字调度通信设备有以下主要特点：

(1)基于数字传输的数字通信设备，具有优良的传输性能。

(2)基于数字交换平台与计算机技术融为一体，体现了技术先进性。

(3)数字与模拟的兼容性，为实际运用提供了方便。

(4)多种业务的兼容性,为区段通信数字化奠定了基础。

(5)安全可靠性高,为保证调度指挥不间断通信创造了条件。

(6)具有集中维护网络管理功能,大大减少了维护工作量,安全运行更有保障。

1. 区段数字调度通信系统组成

数字调度通信系统一般由数字调度主机、操作台、集中维护管理系统等组成。

(1)数字调度主机

数字调度主机是为调度所和站场提供调度指挥的数字交换设备。其主要功能为:网络和通道管理、组网、呼叫处理、交换及各种通信业务的综合接入。数字调度主机为模块化结构设计,一般由电源模块、控制模块、交换模块、资源模块、时钟模块、接口模块组成。系统框图见图 7-13。

电源模块实际上是二次电源,即输入为 -48 V,经 DC/DC 转换后,为系统提供各种工作电源,主要为 ±5 V、±12 V、铃流等。如现场没有 -48 V 电源,则需另配电源系统。

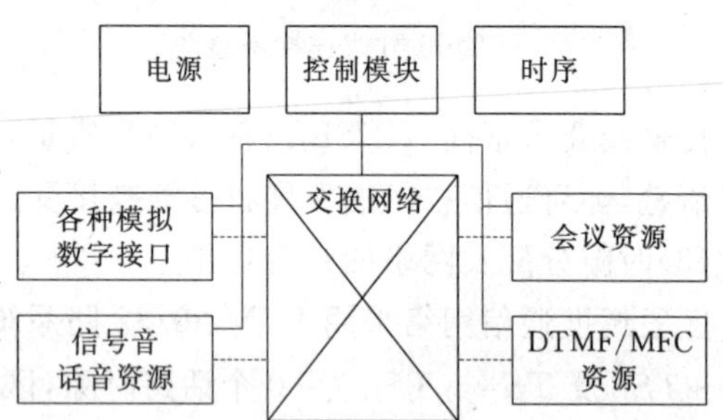

图 7-13 数字调度主机系统框图

控制模块实现对调度主机的交换网络、各种资源、各种接口的控制及管理以及各种信令的处理。

控制信令模块为多处理机结构、模块化设计、集中和分散相结合的控制方式,各处理机分级实现负载分担和功能分担。分级方法如下。

①主机处理:实现对全系统的综合控制和管理,包括对各子处理机、交换网络和重要资源等的控制和管理。具有实时热备份功能。

②子处理机:在主处理机的控制下实现对特定功能的控制和管理,热备份功能。

交换模块实现全系统的网络交换功能。各接口和各资源通过网络总线(PCM 线)连接到交换网络上,在控制模块(一般由主处理机直接控制)的控制下,完成两个接口间或某接口和某资源间的音频信号或数据交换。

资源模块提供系统所需的各种公共资源,主要是会议资源、双音多频(DTMF)资源、多频互控(MFC)资源等。所谓公共资源是指挂在交换网络上的任意接口均可使用这些资源。其中:会议资源用以实现系统所需的各种会议功能,包括数字共线、全呼、组呼、会议呼等功能;双音多频(DTMF)资源用以实现对各接口终端设备(如双音频话机)的双音频收发功能;多频互控(MFC)资源用以实现采用中国 1 号信令的局间数字中继的多频互控收发功能。

时钟模块为系统提供所需的各种时钟、时序信号。时钟模块是数字交换的核心和基础,为各模块提供统一时钟、工作时序,从而完成系统的交换功能。

接口模块实现系统与各终端(包括通用终端,如双音频话机)或其他设备的接口功能。接口模块由各终端电路组成。

数字调度主机的主要接口如下:

①2M 接口(A 接口)

数字调度主机通过 2M 接口经由 2M 透明通道实现各种形态的组网方式。

②U 接口(2B+D 接口)

数字调度主机通过 2B+D 接口与操作台连接,并为操作台提供工作电源。该接口为数字调度主机与操作台间提供 2 个 64 kbit/s 的话音和数据通道,以及 1 个 16 kbit/s 的信令通道。其传输载体为一般普通的双绞线。

③用户接口

用户接口兼具普通用户接口、共电接口功能。接入普通双音频话机或共电话机，作为拨号用户或调度、站场分机，支持脉冲/双音频拨号呼叫或摘机立接呼叫；接入既有集中机的共分盘，实现与集中机间的立接呼叫；接入区间电调回线，实现区间电调用户摘机呼叫电调的功能。

④共分接口(环路接口)

共分接口用以接入站场扩音、广播设备，实现站场广播，接入既有集中机的共总盘，实现与集中机间的立接呼叫。

⑤磁石接口

磁石接口接入只有站间闭塞回线或站间模拟通道，作为站间数字通信的备份；接入磁石电话用户，作为调度或站场分机；接入既有集中机的磁石盘，实现与集中机间的立接呼叫。

⑥下行区间接口

下行区间接口接入下行区间回线，与上行区间接口配合，完成既有区转机(QJ-76或QJ-87)的全部功能。支持脉冲和双音频收号。

⑦上行区间接口

上行区间接口接入上行区间回线，与下行区间接口配合的全部功能。

⑧2/4线音频接口

2/4线音频接口接入各类具有2/4线音频接口的终端，为其他业务(如无线列调、红外、调监等业务)提供透明的64 kbit/s通道，组网形态可以是共线或点对点方式。

⑨模拟调度接口

模拟调度接口可代替原有的各种调度总机(DC、GC、YD类)，把原有的调度回线接入到数字专用通信系统中，作为数字调度系统的备份资源，或作为未进行数字化改造区段的接入方式。

⑩选号接口

选号接口接入模拟调度回线或模拟专用电话回线，可接收各种模拟调度总机发出的模拟呼叫信号

(2)操作台

操作台是调度(值班)员进行调度操作的终端设备。调度(值班)员通过操作台上各按键进行各种调度操作，如应答来话、单呼组呼全呼用户、转移或保持来话、召集会议等。

操作台一般由键盘部分、显示部分、接口部分、控制部分、通话回路部分、电源部分、其他辅助功能部分等组成。

(3)集中维护管理系统

集中维护管理系统由一台或多台集中维护管理终端、打印机组成。当系统有多台集中维护管理终端时，放置于主系统所在地的终端称为主维护管理终端，其他终端称为分维护管理终端。

集中维护管理系统可对主系统和主系统管辖范围内的所有分系统进行集中维护管理及监控.但主系统与分系统之间必须通过2 M数字通道相连。

集中维护管理系统具有性能管理、配置管理、故障管理、安全管理等功能。

2. 系统运用

系统运用分单机运用和多机组网运用两种方式。

(1)单机运用

所谓单机运用，是指采用一套调度主机，完成单功能的通信设施，根据不同的需求，可在多种场合下使用。

①作为固定交换机使用

主机只需配置公共模块，包括电源模块、控制模块、交换模块、资源模块、时钟模块等。此外，根据实际运用需要，再配置中继模块，具有 E1 接口、模拟用户接口和数字用户接口，便成了一台固定交换机，具有 PBX 的全部呼出功能。

与铁路程控交换机相连，采用中国 1 号信令并统一编号，相当于将铁路自动电话延伸至铁路沿线中间站。

与干、局调交换机相连，采用中国 1 号数字用户信令并统一编号，相当于将干、局调用户延伸至区段中间站。

与移动交换机相连，采用中国 1 号数字用户信令并统一编号，完成固定用户与移动用户之间的交换接续，组成专用通信网，实现固定电话网与移动电话网业务融合。

②作为站场通信使用

主机除配置公共模块之外，还需配置 2B+D 数字用户接口以及与本系统配套的操作台，模块用户接口和调度回线接口。组成多个相互独立的封闭用户群，以完成站场内部通信业务，取代现有用多台模拟电话集中机的组网方式，操作台可作为内部用户群的主席台（车站值班台），例如某站场有到达场、出发场、编组场等三场，每场均有自己的值班台与所属用户组成一个内部相对独立的封闭用户群，值班台与相应的列车调度台相连。

对于较大的站场，场与场之间相隔较远，如果只设一台主机，要将所有用户电缆接入，需重新铺设电缆，施工困难，造价又高，可以设多台数字调度主机用级联方式组网，应根据运用需求、地理环境、既有电缆布局等因素综合考虑如何组网。

(2)多机组网综合运用

所谓多机组网综合运用，就是采用一套主系统和若干套分系统组网，完成多种业务的通信设施，区段调度通信系统就是一个典型的实例。系统总体结构及主系统与分系统的连接分别如图 7-14(a)、(b)所示。

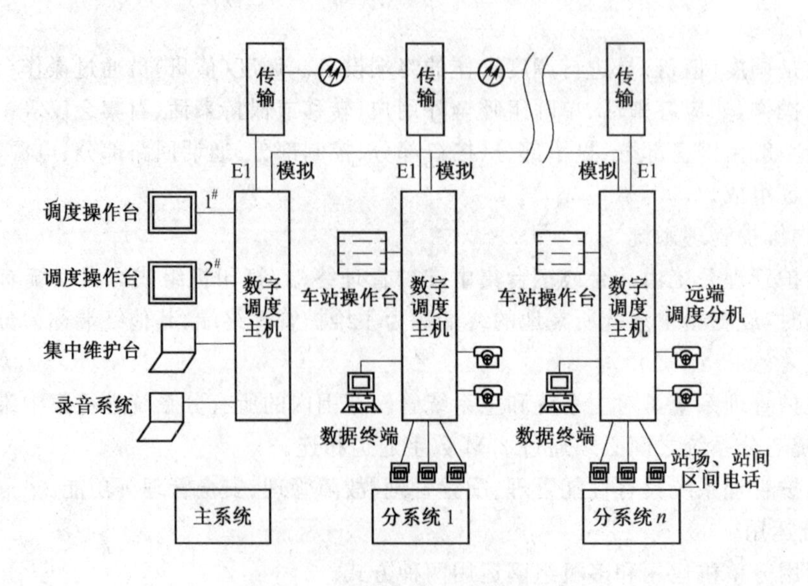

图 7-14(a)系统总统结构示意图

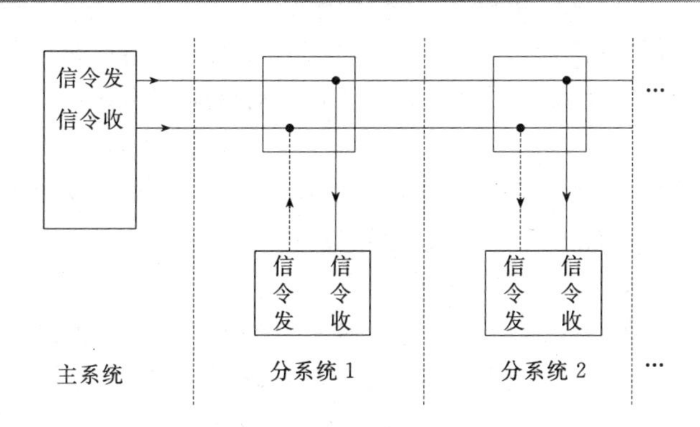

图 7-14(b)　主系统与分系统的连接示意图

①系统总体结构

主系统放置于站段调度所或大型调度指挥中心，主要用于接入各调度操作台和各种调度电路，是整个系统的核心。主系统由数字调度主机、调度操作台、集中维护管理系统、录音系统等组成。分系统放置于站段管辖范围内各车站，通过数字传输通道与主系统相连，主要用于接入车站操作台、远端调度分机、站间电话、区间电话、站场电话等。分系统由数字调度主机、车站操作台等组成。

②系统的呼叫与通信方式

在模拟调度系统中，调度总机对分机的呼叫是通过发送不同双音频组合来呼叫不同的分机，调度分机呼叫调度总机则是采用定位受话方式即不需发送呼叫信号，通话与呼叫是在同一个通话电路中进行的。

在数字调度系统中，通话与呼叫是在不同的通道中进行，话音是在如前所述的“数字共线”通道中传送的，而呼叫信号是通过专用通信通道(一般占 3～4 个时隙)传送的。在总线型组网方式下，该专用通信通道自主系统贯穿所有分系统。可以看出，主系统和各分系统间通信为典型的总线式结构，以主系统为主导，其他分系统处于从属地位。主系统对各分系统采用分时轮询的访问方式，专用通信通道的管理权归主系统。通信由主系统发起，即主系统通过图中信令发端口发送各种消息，其中包含被访问分系统的地址信息，图中各分系统对应信令收端口为实线，表示所有的分系统的信令收端口均随时处于接收状态，并分析主系统是否访问自己。图中各分系统对应信令发端口为虚线，表示平常处于断开状态，当被访问分系统确认自己为被访问对象时，通过交换网络将该分系统的信令发端口连至主系统的信令收总线，从而实现主系统与该分系统间通信。

为保障通信信令的可靠传输，专用通信通道一般采用 HDLC 方式进行通信。通信信令采用数据包的格式，类似于 7 号传令系统。由于采用高性能处理器以及多条 HDLC 通道，并采用高效的专用信令，使主系统和各分系统间通信速度很快。一般的呼叫响应时间均在毫秒量级。从处理能力而讲，在总线型组网形式下，一个主系统在一个数字环内的分系统数可达 50 个。

由于各厂家数调系统的主系统和分系统间采用自己开发的专用信令，使不同厂家的主系统、分系统间无法采用专用通信通道直接进行通信，只能通过标准接口和信令(如用户/环路方式、中国 1 号信令系统等)进行通信。

3. 系统主要业务及功能

区段数字调度通信系统可以全面实现铁路各项专用通信业务，包括区段调度通信、站场通信、站间通信、区间通信、专用通信等;利用该系统可实现一系列扩展业务,包括为其他业务提供通道、自动电话放号等,还具有集中维护管理和自动通道保护等功能。

(1)区段调度通信

区段调度通信包括列车调度通信、货运调度通信、牵引供电调度通信。

区段数字调度通信系统可以实现铁路局或站段所有方向、所有区段的区段调度通信业务,并可以实现与局调、干线调度的多级联网。

调度通信方式为以调度员为中心的一点对多点的通信系统。区段调度员可按个别呼叫、组呼或全呼等方式呼叫调度辖区范围内所属用户并通话,接收用户的呼叫并通话。通话方式为全双工方式,也可根据需要设置为单工定位受话方式。

调度业务的通道组网方式有以下几种:星型、共线型、综合型(星型+共线型)、混合型(数字+模拟),组网方式的选择主要视区段数字调度通信系统的 2 M 通道组网方式和是否存在模拟分机而定。如在最常用的 2 M 环型组网方式下,可以用数字共线的方式;如果该调度区段的某些分机仍为模拟分机,则需用混合型组网方式。

调度员一般使用键控式操作台,通过 2B+D 接口接入主系统;调度分机一般采用键控式操作台(如车站值班台)或共电话机,通过 2B+D 接口或共电接口就近接入相应的分系统(也可能是主系统)。调度通信的实现需要区段数字调度通信系统的主系统和相关分系统协作完成。以 2 M 环型组网为例,如上面“系统的呼叫与通信方式”中所述,调度员和调度分机的话音通道为数字共线通道,呼叫信令则在专用通信时隙内传送。专用通信时隙为典型的总线式结构,以主系统为主导,其他分系统处于从属地位,主系统对各分系统采用分时轮询的访问方式。

调度员单呼某调度分机时,主系统向该分机所属分系统发出呼叫信号,该分系统收到呼叫后向被叫分机发出呼叫信号(值班台或话机振铃),调度员听回铃音,被叫分机摘机应答,该分系统向主系统发送被叫应答信号,然后主、分系统将网络接通,调度员和被叫分机通话;通话完毕一方挂机后,挂机方所属系统(主或分系统)向对方发挂机(拆线)信号,未挂机方所属系统收到该挂机信号后向未挂机终端送忙音。(注:上述发起呼叫或挂机过程中,如果调度员当前呼叫通道内有其他用户,则不向调度员送回铃音或忙音)。分机呼叫调度员过程与调度员单呼某调度分机过程相似。

调度员组呼或全呼时,主系统在专用通信通道上发组呼或全呼信号,相应用户对应的分系统收到该组呼或全呼信号后,向相应分机发出呼叫信号(值班台或话机振铃),调度员听回铃音;当某一被叫分机摘机应答后,其所属分系统向主系统发送被叫应答信号,然后主系统和该分系统将网络接通,调度员与之通话,其他用户陆续摘机后自动加入通话;部分分机挂机后,自动退出通话;当调度员或所有分机都挂机后,该呼叫拆除。

根据需要,调度操作台可具有台间联络功能。

在一个 2 M 环内,一个调度业务占用一个 64 kbit/s 通道共线时隙。

(2)专用通信

专用通信包括车务、工务、电务、机务、水电等专业调度通信。专用通信与调度通信只是业务性质的不同,从技术原理上,两者完全相同,系统可以实现铁路局或站段各方向的所有专用电话业务。

专用通信的通信方式、通道组网方式、呼叫方式和时隙占用情况与调度通信相同。

当某专用通信调度台与主系统不在一个地点时,该调度台可以通过就近的分系统接入,这种接入方式称为远程调度台。远程调度台一般有两种实现方式,第一种方式是在主系统和相应分系统间设置 3 条专用 64 kbit/s 通道，将该远程调度台的 2B+D 通道直接连接到主系统的 2B+D 接口，由主系统直接管理该远程调度台；第二种方式是由相应分系统直接管理该系统调度台，所有呼叫接续由该分系统经由主系统处理。第一种方式的优点是系统处理简单。缺点是需独占 3 条 64 kbit/s 通道，第二种方式正好相反，其优点是节省了 3 条 64 kbit/s 通道.但增加了呼叫处理的复杂性。

(3)站场通信

站场通信包括车站(场)集中电话、驼峰调车电话、平面调车电话、货运电话、列检电话、车号电话和商检电话等。站场通信是铁路专用通信的重要组成部分，它上与调度电话、专用电话联系，下与铁路车站站场内不同用户保持联系。

每个车站分系统都是一个独立的调度交换机，车站分系统可实现以一个或多个车站操作台为中心，接入各种站场电话，并保留原有通信方式的站场通信系统，以取代原有集中机等既有站场通信设备。

值班员使用键控式操作台，通过 2B+D 接口接到车站分系统；站场内的用户可以通过共电接口、共分接口、磁石接口等接入到车站分系统；站场广播系统通过共分接口接入到车站分系统；调度电话、专用电话除了可以从车站分系统的数字接入，还可以在没有数字通道时从选号接口、共分接口接入，通过车站分系统内部的全数字无阻塞时隙交换网络、多方会议电路方便灵活地组成了站场通信网，值班员可以通过操作台上的按键任意实现单呼.组呼、会议呼。

①单呼：按相应的键即可呼出对应的用户。

②组呼：按相应的键可呼出设定为同一组的用户。

③会议呼：值班员可利用该功能将多个临时用户召集起来开会。

车站操作台具有台间联络功能，可实现值班员之间的通信。

车站分系统同时支持拨号呼叫、出局呼叫等功能。

站场通信为分系统内部业务，不需占用 2 M 环内的时隙。

(4)站间通信

站间通信是指(相邻)两车站值班员之间进行话音联络的点对点通信业务。

车站值班员一般使用键控式操作台作为值班台，站间呼叫一般为单键操作，即一键直通。

如果不考虑跨站站间通信业务，站间通信一般占用 2 M 环中两个 64 kbit/s 通道时隙，其中一个时隙为主用站间时隙，另一个作为备用站间时隙。主用时隙处于分段复用状态，即任一车站与其上、下行车站的站间通话均使用该时隙，也就是说通过车站分系统的交叉连接功能实现了时隙的分段复用。当 2 M 环的通道出现一处断点(备用 2 M 通道除外)时，该断点两侧两个车站将无法利用主用站间时隙进行站间通话，这时候系统将自动启用备用站间时隙作为这两个站的站间通话通道。

实际应用中，站间通信在某些情况下被允许跨站使用(如高速铁路线中的行车站)。此时，只需再给一个时隙作这种站间通信用，同样这个时隙也可以被分段使用。

站间通信的呼叫信令一般有两种处理方式，其一是两个分系统通过主系统(经由专用通信通道)转发呼叫信息；其二是两分系统间建立直达信令通道，直接处理站间呼叫信令。两种处理方式中，前者站间呼叫依赖主系统，而后者站间呼叫与主系统无关。

区段数字调度通信系统可利用既有的站间模拟通道(模拟实回线或电缆)作为站间数字通道的备份，当某分系统无法通过数字通道与邻站通信时系统会自动将站间通信切换到模拟备用通道上进行。车站分系统一般采用磁石接口接入站间模拟通道。

(5)区间通信

①区间电话

车站分系统内设置了区转机功能。每个车站分系统均可设置一个或多个下行区间电话接口和上行区间电话接口,并通过这些接口接入区间通话柱。在通信上保留原区转机的工作方式。

区间电话业务分为区间专用自动和区间电调直通两种,在区间专用自动回线上,用户摘机后需拨号呼叫,由车站分系统根据所拨号码进行转接;在区间电调直通回线上,用户摘机后由车站分系统直接接入电调台。

区间专用自动的号码一般分配如下:

1—区间通话柱间互相呼叫;2—上行站;3—下行站;4—列调;5—电务;6—各站;7—养路;8—信号电力;9—备用;0—地区自动。

车站分系统具有将区间电调直通业务并入区间专用自动的能力,如专用自动的号码分配中,将“9”分配给电调,则区间专用自动的用户摘机拨“9”后将被转接到电调台。这种方式可以节省一对区间回线。

②区间应急抢险人工电话

铁路行车区间通话柱上的应急抢险人工电话回线可以接到数调系统中车站分系统的磁石接口或共电接口,由系统将其以数字共线或点对点方式转接至枢纽主系统,再由其转接至铁路人工长途台。

③区间应急抢险自动电话

通过数调系统与干调系统、局调系统的联网,可以将干调系统、局调系统中的调度网号码资源放号到数调系统中的各个车站分系统中,再由其引入到区间回线中,并且在同一调度区段内保持号码一致,以方便铁路应急抢险时,在区间可以直接拨号呼叫干调系统或局调系统的调度台。

(6)DXC功能

区段数字调度通信系统的主系统和分系统均具有全时隙交叉功能,故单个系统(主系统或分系统)和整个系统均具有完备的DXC功能。利用这一功能可以方便地为其他业务或应用提供点对点的(64 kbit/s或$n\times64$ kbit/s)通道,如站内、邻站间或任意两个站间的通道。同时,由于区段数字调度系统的主系统和分系统有丰富的会议资源,还可以为其他业务(如无线列调大三角)提供数字共线通道。系统支持各种复杂连接的调度业务、专用业务、各种复杂的数字共线业务以及点对点、点对多点、广播型的半固定接续等。

提供通道的业务接口可以是:音频2/4线接口、2B+D接口、64 kbit/s同向接口等。

(7)PBX和自动电话延伸功能

区段数字调度通信系统的各调度主机(主系统或分系统)均具有完备的PBX功能,通过用户/环路接口、2 M接口等与其他交换网(如铁路自动交接网、干调网)相连,支持内部拨号呼叫、出局和入局呼叫等。内部编号可采用短号码(不等位编号)或与其他交换网等位编号两种方式。采用不等位编号时,用户(非立接用户)内部呼叫拨短号码,出局、入局呼叫均采用二次拨号;采用等位编号时,用户内部呼叫和出局、入局呼叫均采用交换网的统一编号,无需二次拨号。

区段数字调度通信系统还具有将中心站自动网用户延伸到周边小站的功能。

中心站调度主机(主系统或分系统)通过2 M接口或用户环路接口与程控交换机(SPC)相

连,被延伸的用户直接接入相应的车站分系统。与接入网相比,该接入方案具有如下特点。

①对被延伸用户号码没有要求,可以特设有规律的号码下放到各小站利用号码资源。

②具有 1∶1 到 1∶4 连续可调的集线比。

③通道使用灵活高效:可利用数调系统 2 M 环中剩余通道,也可使用单独的放号通道;同一方向的小站通道可互相复用,即每站不需独占通道,从而提高通道使用率,降低呼损。

(8)集中维护管理功能

区段数字调度通信系统的集中维护管理系统参照电信管理网(TMN)标准,涵盖了配置管理、性能管理、故障管理、安全管理四大功能。

①性能管理:显示主系统和各车站分系统的网络拓扑结构;查看网络、主系统和各分系统的运行状况;查看各系统单板和接口的状态;查看各系统的程序和数据版本;加载程序和数据;主备切换等。

②配置管理:网络通道的配置;主系统和分系统的数据配置;各调度台数据的配置;多个网管终端权限和管理范围的配置等。

③故障管理:全系统所有告警、故障信息的收集、统计和分析,生成告警日志,告警信息的查看和打印。

④安全管理:控制各分维护管理终端的权限,控制各级管理员和操作员的操作权限和操作方式,确保网管系统的安全性。

(9)通道保护功能

区段数字调度通信系统具有如下道道保护功能:

①数字自愈环

在主系统和分系统的 2 M 组网中,采用数字自愈环的方式,保证数字环的任何一处断开都不会影响系统的正常运行,增加系统的安全可靠性。

②断点保护

某个车站分系统断电或维修或系统有严重故障时,该系统将自动从环上脱离,以保证数字环的完整性。

③利用模拟通道对数字通道进行备份

系统可利用备用的模拟通道对重点调度业务或站间业务的数字通道进行备份。

当某些分系统无法通过数字通道与主系统通信(如数字环中同时出现两个或两个以上断点)时,系统将自动利用备用的模拟调度回线实现调度员与相应调度分机之间的呼叫,以保证调度业务畅通。

同样,当两个分系统无法通过数字通道进行站间通信时利用站间备用模拟通道完成站间呼叫。

第四节 铁路移动通信

一、无线列调系统

随着我国铁路运输事业的发展,我国铁路运输正在不断提高列车运行速度、增加行车密度、延长机车运行区间,因此对行车组织和安全保障提出了更高的要求。调度员除了利用有线调度系统与车站值班员进行通信联络,在很多场合,尤其是紧急情况,还需要通过无线方式直接或经过车站值班员与运行中的列车通信,指挥调度列车的运行。行进中的列车也需要把运行中发生的情况通过无线通信及时向调度员和车站值班员报告。以铁路运输调度为目的，利用无线电波的传输，完成移动体与固定体之间或移动体之间信息通信的系统，称为列车无线调度通信系统，简称无线列调。这是一种专用的移动通信系统，在铁路上得到广泛的应用和普及，成为调度通信系统的重要组成部分。

1. 系统功能

无线列调从功能上可分为：调度员、车站值班员、机车司机之间的"大三角"通信，即调度员通过有线电路连接各车站的有线分机，再通过有线分机控制车站电台同列车车台建立通信，此时为全双工通信；车站值班员、机车司机、运转车长之间的"小三角"通信，即在调度员不使用车站台时，车站值班员可以通过车站台同司机或车长直接联系。通常采用同频单工模式。调度员可以通过这种"大、小三角"系统进行日常行车的调度指挥，车站值班员、调度员均可以向司机预告有关前方信号显示状态，以便控制速度或不停车通过等；司机发现进路不对或线路有异状时，也可通知车站值班员及时处理，运转车长可使用无线电话向司机通报列车尾部风压等状况，从而构成了以列车无线调度电话为基础的行车安全防护信息网络。

2. 系统组成与制式

铁路无线列车调度通信系统组成包括调度所设备、沿线地面设备、移动电台设备、传输设备。

调度所设备包括调度总机、调度控制台、录音机以及监控总机等部分，供调度员与机车司机、车站值班员进行通话，必要时还可以进行数据通信。

沿线地面设备包括与传输设备相连的控制转接部分、收信机、发信机、双工器、传输线和天线，以及调度分机等设备。

移动电台设备装载于运行列车上的无线通信设备，包括机车电台和车长电台。

传输设备用于把调度设备和沿线各地面固定电台连接起来，为信息传输提供音频通道。

无线列调系统按其组网方式和功能分为A、B、C三种制式，其中A制式功能最完善，组网要求最高；B制式次之；C制式功能简捷，组网要求低，投资少。除个别呼叫采用数字编码外，其他呼叫信令均为模拟信令方式。为了解决弱场强区段通信问题，采用异频无线中继器。为了解决隧道中通信问题，采用漏泄同轴电缆。

(1)A制式

①组网方式

A制式采用有、无线结合的组网方式组成无线列调网。车站台、机车台、便携台之间采用无线通信方式；调度总机到车站台的通信采用有线方式，其有线通道由数字电路或二/四线音频话路构成；调度总机和机车台的通话经有线通道到邻近车站无线转发至机车台完成。

②系统功能

a. 调度员按车次个别呼叫司机并通话，可以对调度区段内的所有机车全呼、通话、发布通告。

b. 司机呼叫调度员时，调度所设备应有显示和储存机车呼叫的功能。

c. 紧急情况下，机车可向调度员发出紧急呼叫并通话。

d. 调度员、车站值班员、司机间及与便携台用户间的通话分别由调度所、车站台和机车上的录音设备录音。

e. 调度员向司机送调度指令并显示，司机向调度员发送报告并显示，非话信息由调度所设备和机车设备分别记录。

f. 机车台、车站台、调度所设备之间应具有双向数据传输功能，具有实时数据、短数据和报文分包传送的功能。数据传输格式应符合有关规定。

g. 调度员与司机的通话应具有越区切换的功能。

h. 系统应具有远程集中监测车站台、调度所设备和区间中继设备的工作状态和参数设置的功能；具有机车出入库自动检测和配合场强测试启动车站台发射机的功能。

i. 调度所设备具有人工转接铁路有线、无线用户间通话的功能。

j. 有条件时，相邻车站值班员之间可以进行通话。

k. 系统应能够兼容 B、C 制式的无线列调。

(2)B 制式

B 制式又分为单、双工兼容四频组方式（通常称为 B1 制式）和同、异频独立同步半双工方式（通常称为 B2 制式）。

①组网方式

B 制式采用有、无线结合的组网方式组成无线列调网。车站台、机车台、便携台之间采用无线通信方式；调度总机到车站台的通信采用有线方式，其有线通道由数字电路或二/四线音频话路构成；调度总机和机车台的通话经有线通道到邻近车站无线转发至机车台完成。

②系统功能

a. 调度员可以对调度区段内的所有机车进行通话、呼叫、发布通告。

b. 调度员采用选站群呼方式呼叫司机并通话。车站台占用时，向调度台示忙。紧急情况下，调度员可以优先与司机通话。

c. 司机采用信令方式呼叫调度员并通话。

d. 车站台、机车台、便携台间采用信令方式呼叫，也可采用话音直接呼叫便携台。

e. 调度员、车站值班员、司机间及其与便携台用户间的通话分别由调度所、车站和机车上的录音设备录音。

f. 机车台、车站台、和调度设备之间应具有双向数据传输功能，数据的传输格式有专门的规定。

g. 调度员与司机的通话应具有越区切换的功能。

h. 系统应具有远程集中监测车站台、调度所设备和区间中继设备工作状态的功能；具有机车出入库自动检测和配合场强测试启动车站台发射机的功能。

i. 调度所设备具有人工转接铁路有线、无线用户间通话的功能。

g. 有条件时，相邻车站值班员之间可以进行通话。

k. 系统应能够兼容 C 制式的无线列调。

(3)C 制式

①组网方式

C 制式采用有、无线结合的组网方式组成无线列调网。车站台、机车台、便携台之间采用无线通信方式；调度总机到车站台的通信采用有线方式，其有线通道由数字电路或二/四线音频话路构成；调度总机和机车台的通话经有线通道到邻近车站无线转发至机车台完成。

②系统功能

a. 系统应满足列车调度员与司机及车站值班员、司机、助理值班员、运转车长间的通话。

b. 车站台、机车台、便携台之间采用信令呼叫方式，也可采用话音直接呼叫便携台。

c. 有条件时相邻车站值班员之间可进行通话。

d. 系统具有数据传输功能；数据传输格式应符合有关规定。

e. 系统应具有远程集中监测车站台、调度所设备和区间中继设备工作状态的功能；具有机车出入库自动检测和配合场强测试启动车站台发射机的功能。

f. 调度员、车站值班员、司机间及其与便携台用户间的通话分别由调度所、车站和机车上的录音设备录音。

③通信方式

调度员、车站值班员、助理值班员、司机、运转车长之间的通话采用单工方式；司机和调度员、车站值班员之间的数据传输采用单工方式。

电气化铁路目前使用的TG400-6机车电台是由400 MHZ与400 kHZ双频段合一的无线列调电台，可以实现大三角和小三角通信，彻底解决了电力区段400 MHZ弱场强区的通信问题，场强覆盖率达到100％。该机车电台可以与车站电台、车长电台、固态录音机、调度检测控制器等组成一个完整的通信系统，用于车站值班员、车站外勤、司机、运转车长以及调度员之间随时随地地通信联络。由于采用400 MHZ和400 kHZ双重覆盖，场强覆盖无盲区通信可靠性高。该电台具有美观大方、灵敏度高、性能稳定、话音清晰、操作简单、安装维修方便、投资小、见效快、使用组网灵活等特点，已成为保障铁路运输安全、正点必不可少的重要设备，现使用的无线电台为TG400-6机车电台。

二、其他无线通信系统

除了无线列调系统之外，在铁路的区段站、编组站还存在着包括平面调车等站场无线通信系统、集群移动通信系统，另外还有许多单位投资建设的各种独立的单工通信系统也广为使用。

平面无线调车系统解决峰头、峰尾之间编组场内的调车问题，以铁路调车标准为依据，提供了包括调车区长台、机车台、手持台的平面调车系统，不仅提供了语音通话功能，而且提供了包括信令传输、灯光显示、语音提示等一系列符合现场使用要求的专用功能，满足了调车指挥的需要，在全路得到了广泛的采用。

独立是为了满足其工种的作业通信要求和车站内部指挥的需要，由部门、单位自行投资建设的，如工务、公安、电力、水电、电务维修、列检、施工等专用单工通信系统。这部分系统均以同频或异频单工通信方式为主，独立使用，缺少统一的规划和集中管理，但同时又是不可缺少的部分。

集群移动通信系统是多个用户(部门、群体)公用一组无线电通道，并动态地使用这些专用通道，主要用于指挥调度通信的移动通信系统。从应用角度看，集群移动通信系统是多信道综合业务无线移动通信系统，可以为行车调度、客货站场调度指挥、公安保卫、施工维修等运输生产部门提供移动通信手段。

我国铁路既有无线列车调度通信制式已经历了数十年，其无线通信手段基本是模拟制式。目前我国铁路正在朝高速铁路、客运专线方向发展，既有无线通信提供的业务和功能与现代铁路运输需要之间的差距在不断扩大，这种差距主要体现在以下方面：

(1)模拟无线列调单信道制式严重制约铁路应用，枢纽地区同频干扰严重、信道接入困难，已经开始妨碍使用。

(2)铁路移动数据通信业务日益增多，无线车次号传输、尾部风压无线传输等都叠加在无线列调之列，造成本已紧张的无线列调信道更是不堪重负。

(3)铁路工种繁多，各部门无线移动通信自成体系，不能互联互通。

(4)模拟无线列调不能满足新一代基于通信的列车控制系统(CBTC)对车地间传输通道的要求。

(5)单信道无线列调不能满足客运专线和高速铁路等现代铁路运输的信息化和旅客服务对车地间传输提出的更高要求。

因此，现代铁路运输需要崭新的移动通信制式——GSM-R。

三、铁路移动通信的新制式——GSM-R

1. GSM-R 概述

(1)现代铁路运输对无线通信的要求

①铁路信息化

满足以旅客为主体的移动信息服务系统的需要，包括车票订票服务、电子移动商务、旅客移动增值服务等；满足铁路路网移动体(机车、车辆、集装箱等)实时动态跟踪信息传递的需要，为开展实时网上信息查询和各种管理信息系统提供移动传输通道。

②调度指挥和安全生产

作为无线列调的更新换代产品，同时能够满足区间公务移动、紧急救援、调车编组作业、站场无线等移动话音通信的需要；满足 DMIS 无线车次号传输、列车尾部风压、机车状态信息、车辆轴温监测、线桥隧道监护、铁路供电状态监视、道口防护等移动和固定无线数据传输的需要；满足以移动列车为主体的安全信息分发与预告系统的需要，确保沿铁路线的施工、轨道养护、平交道口与车辆、车站等人员及设备的安全，减少事故。

③高速铁路、客运专线需要

高速铁路和客运专线网络化、智能化、综合化的行车调度指挥系统需要高度可靠、高度安全、快速接入的综合移动通信系统以及透明、双向、大容量的车地间信息传输通道。

④技术发展

我国铁路移动通信从无到有，从模拟到数字，从单一业务到多业务再到综合业务，这一方面是铁路运输发展的需要，也是技术进步的趋势。IT 业在过去 20 年突飞猛进，表现在：微电子技术从微米向纳米技术过渡；交换网络已程控化，从单一业务向智能多业务交换发展；骨干传输网朝着全光网络方向发展；接入网出现三网融合(计算机、通信、广播)；蜂窝公众移动通信已经完成从模拟到数字的过渡，朝着宽带多媒体发展，无线局域网朝着广带数据业务发展，计算机网络 IP 化，移动 IP 和移动计算成为电子商务的关键技术。IT 业的这些技术进步必将推动铁路综合数字移动通信网络的发展。

(2)GSM-R 概述

GSM-R(GSM for Railway)中文全称为铁路移动通信系统，是一种基于目前世界最成熟、最通用的公共无线通信体系 GSM 平台上的，专门为满足铁路应用而发展的数字式的无线通信系统。其突出特点是将高速铁路列车自动控制信息的传输以语音通信为主的调度通信统一纳入到一个无线通信平台，在 GSM 标准上加入一些适合高速移动环境使用的要素，实现了通信信号的一体化。作为信号及列控系统的良好传输平台，GSM-R 能满足列车运行时速为 500 km以内的无线通信要求，安全性好。

GSM-R 通信网是手机的无线通信网络，能适时、安全地在调度、车站值班员和司机以及其他工作人员之间传递信息。我国获得自主知识产权的 GSM-R 系统已达到国际行业水平,具有适应我国铁路运输特点的功能优势,更符合通信信号一体化技术发展的需要。GSM-R 无线通信系统主要由交换机、基站、机车综合无线通信设备、手机等组成。交换机是 GSM-R 系统的核心,其主 CPU 处理器及各个功能模块的 CPU 处理器、交换矩阵、内部总线等都是双备份配置。这种双备份的硬件结构和完备的软件体系具有极高的可靠性。为铁路通信系统专门研制的基站,适应了沿铁路线覆盖的要求,特别是适应恶劣的自然环境和无人值守的环境要求。专门用于 GSM-R 网络的手机外观上与普通手机大同小异,这种手机除了能像普通 GSM 手机那样进行语音通话外,还增加了铁路运输专用的调度通信功能,甚至能够无线传输图像和数据信息。GSM-R 系统与 GPS 卫星定位技术相结合,实现了通信和信号技术的深度融合。它利用电子地图、卫星定位等技术实现对列车的控制,使远在千里之外的工作人员也能够对列车的运行位置和状态一目了然。GSM-R 系统采用了独特算法和小区规划,成功地克服了由于高速移动引起的信号失真,减少了信道切换,从而大大提高了通信系统的可靠性。GSM-R 的信号采取了双重覆盖,即类似于双备份,两套信号控制系统交错、重叠。一旦一套系统出现问题和故障,另一套系统仍然可以保持正常的通信。GSM-R 系统与 GPS 卫星定位系统、机车车载计算机结合后能够实现机车和地面之间列车控制信息的实时传送,达到控制列车运行,确保列车安全的目的。作为铁路运输指挥专用的调度通信系统,GSM-R 的网络和业务具有调度通信所要求的封闭性、安全性和实时性特征。第六次大提速将首次采用我国铁路新型的 GSM-R 机车综合无线通信设备,这为我们在提速干线进一步全面推广采用调度命令无线传送技术奠定了良好的基础。

2. GSM-R 技术

GSM-R 是从 GSM 网络上发展起来的,作为中国铁路新型的通信产品已经被广泛的应用于中国铁路通信系统中,比较典型的就是中国自主开发的青藏线铁路通信的应用,为中国铁路通信信号技术的发展提供了一个成功的范例。

(1)GSM-R 网络

GSM-R 技术在数字蜂窝移动通信系统(GSM)上增加了调度通信功能和适合高速环境下使用的要素,其工作频段为 900 MHz,移动端发送频率为 885～889 MHz(基站接收),基站发送频率为 930～934 MHz(移动端接收),信道间隔为 200 kHz,双工间隔为 45 MHz。GSM-R 陆地移动系统由若干个功能实体组成,这些功能实体所能实现的功能集合就是网络能够提供给用户的所有基本业务和补充业务以及对于用户数据和移动性的操作、管理。GSM-R 陆地移动网络由网络子系统(NSS)、操作和维护子系统(OSS)以及基站子系统(BSS)组成。任何 GSM-R 陆地移动通信网络都必须与固定网络连接,完成移动用户与固定用户、移动用户与移动用户之间的通信。GSM-R 可以构成既含有面状覆盖又含有链状覆盖的网络,既可用于地区性的覆盖也可用于全国性的覆盖。

(2)GSM-R 系统的特色应用和优势

GSM-R 除支持所有的 GSM 电信业务和承载业务以外,为满足铁路指挥调度和铁路的正常运营,增加了调度通信的功能和铁路特色应用。

①优先级业务

增强的多优先级与强拆(eMLPP)业务是一种电信补充。铁路紧急呼叫或列车自动控制等许多通信应用,都要求网络无论处于何种负载状况下均能迅速建立呼叫。eMLPP 业务,允许网络根据用户的不同优先级,在网络资源被占用的情况下,实施不同的策略。作为一种补充业务，既适用点对点话音或数据呼叫，也适用于广播呼叫和组呼。如果在一个无线电小区发生拥塞(所有无线电频率和业务信道均被占用)，eMLPP 可立即切断低优先权的呼叫而优先建立高优先权的呼叫。这种业务提供了一种强制接入能力，符合无线列调的特点。

②语音组呼业务

语音组呼业务(VGCS)是指一种由多方参加(GSM-R 移动台或固定网电话)的语音通信方式，其中一人讲话、多方聆听，工作于半双工模式下。发起 VGCS 呼叫时，可用一个组功能码(组 ID)来呼叫所有该组成员。一个特定的 VGCS 通信由组功能码(简称组 ID)和组呼区域唯一确定。组 ID 标志该组的功能，即由哪些身份的成员参加；组呼区域是指 VGCS 通信所覆盖的地理范围，以无线蜂窝小区为基本单位。组 ID 与组呼区域合起来称作组呼参考，即组呼参考唯一的确定一个 VGCS 通信。呼叫建立之后，讲话人可以改变，一旦 VGCS 发起人停止讲话，系统示意其释放上行信道，所有的组内成员都能接到通知，如果其他人想成为下一个讲话人，可使用 PTT 功能来申请上行信道。GVCS 业务突破了 GSM 网络点对点通信的局限性，能够以简捷的方式建立组呼叫，实现调度指挥、紧急通知等特定功能，尤其适用于铁路的行车指挥调度部门。

③语音广播呼叫

语音广播呼叫(VBS)允许一个业务用户，将话音或者其他用话音编码传输的信号发送到某一个预先定义的地理区域的所有用户或者用户组。显然，它工作于单工模式下。VBS 中的讲话者没有像 VGCS 中的角色转换，就是说，讲话者(发起者)只能讲，听话者(接收者)只能听，因而可以看做是 VGCS 的最简单形式。它也是用组功能码(组 ID)来呼叫所有该组成员。同 VGCS 一样，语音广播呼叫也提供了点对多点呼叫的功能，适用于铁路的行车调度。

④功能寻址

功能寻址：便于固定(移动)用户拨号呼叫列车上移动用户的一种方式。功能号码用来表示一个工作岗位(如火车司机)，调度台通过呼叫功能号码对当前在岗的真实用户进行调度和指挥。功能寻址业务分为语音呼叫功能寻址和短消息功能寻址，便于固定/移动用户拨号呼叫列车上的移动用户。

功能寻址是指用户可以由它们当时所担当的功能角色，而不是它们所使用的终端设备的号码来寻址。在同一时刻，至少可以为一个用户分配若干功能地址，但只能将一个功能地址分配给一个用户。用户可以向网络注册和注销功能地址。例如，可以给每列正在运行的列车司机分配一个功能号，结构为车次号＋司机功能代码(设为 01)。于是，T13 次列车司机的功能号为 T1301。当某位司机驾驶 T13 次列车从起点站出发时，他都必须向网络注册该功能号，网络负责将该功能号与他当时使用的机车电台的真实号码对应起来。当调度员或者是车站值班员要呼叫 T13 次列车的司机时，可以不必知道该司机姓名，也不必知道该司机使用的机台号码，只要向网络请求“我要呼叫 T1301”网络查询其数据库，将 T1301 对应到一个真实的电话号码，并建立该呼叫。这种功能简化了呼叫的操作，能够提高铁路工作人员的工作效率。

⑤基于位置寻址

基于位置的寻址(LDA)：便于列车上移动用户(如火车司机)呼叫固定用户(调度员)的一种方式。例如当火车司机呼叫固定用户(调度员)时，系统依据移动用户(火车司机)的当前位置(所在控制区/小区)对固定用户(调度员)进行寻址，自动地将呼叫转接到列车当前所在控制区的调度员。

基于位置的寻址是指网络将移动用户发起的用于特定功能的呼叫，转接到一个与该用户当前所处位置相关的目的地址，正确的调度员或车站值班员由主叫移动用户当时所处的位置来决定。如列车调度中的“大三角”通信，移动台要呼叫的调度员取决于移动用户当前所处的位置。以北京调度所为例，当列车运行到北京调度所管辖车站范围内的时候，司机需要呼叫北京站调度员时，他并不需要知道调度员的完整电话号码，只需要呼叫代表调度员身份的短号码如1200向网络发起呼叫请求。网络识别该短号码，并将其转接到北京调度所的调度员。这种功能用于移动用户呼叫特定的固定用户（调度员和车站值班员）。

GSM-R系统相对于传统模拟无线列调方式来讲，有着无可比拟的优势：

a GSM-R系统适应高速铁路环境，可以在高速行驶下实现无线列调功能。

b GSM-R是数字系统，可以利用纠错、检错及话音编码等手段提高话音质量，抗干扰能力强，可以利用加密机制使系统的保密性更好，可靠性更高。

c 采用蜂窝机制，可以有效利用无线频率资源，提高系统容量。

d 可以采用灵活设置完成双工和半双工通信，使得实现大三角和小三角通信更容易。

(3)GSM-R功能在铁路的应用

①调度通信

调度通信系统业务包括列车调度通信、货运调度通信、牵引变电调度通信、其他调度及专用通信、站场通信、应急通信、施工养护通信和道口通信等。

利用GSM-R进行调度通信系统组网，既可以完全利用无线方式，也可以同有线方式结合起来，共同完成通信任务。事实上，在铁路上的有线通信已经比较完善，因此完全可以利用现有的有线资源，构成GSM-R＋FAS(固定用户接入交换机)的无线/有线混合网络。

列车调度通信是重要的铁路行车通信系统，负责列车的位置和运行方向，其主要用户包括列车调度员、车站(场)值班员、机车司机、运转车长、助理值班员、机务段(折返段)调度员、列车段(车务段、客运段)值班员、机车调度员、电力牵引变电所值班员、机车司机和运转车长之间的通信。

列车调度的语音通信需求可以归结为：点对点通信，多方通信，语音组呼，语音广播呼叫。点对点通信，移动台呼叫固定台，即从移动台到固定台的寻址，由于固定台位置是不动的，故可以采用基于位置的寻址；固定台到移动台，移动台处于不断移动的状态，故不能采用基于位置的寻址，而采用功能寻址。

②车次号传输与列车停稳信息的传送

GSM-R车次号传输与列车停稳信息对铁路运输管理和行车安全具有重要的意义，它可以通过基于GSM-R电路交换技术的数据采集传输应用系统来实现数据传输，也可以采用GPRS(通用分组无线业务)方式(用户数据报UDP协议)来实现。系统由GSM-R网络(叠加GPRS)、监控数据采集处理装置(以下简称采集处理装置)、GSM-R机车综合通信设备、TDCS(列车调度指挥系统)/CTC(调度集中)设备等组成。

当通信方式为GPRS方式时，该系统可实现车次号传送的目的IP地址自动更新，按要求进行车次号信息和列车停稳信息传送，能对发送的车次号信息、列车停稳信息进行储存，TDCS/CTC可向采集处理装置查询车次号信息。

通信过程如下：采集处理装置在安装前需要进行归属目的IP地址的设置。采集处理装置开机后与GSM-R机车通信设备握手，按照设置的归属目的IP地址向TDCS/CTC申请车次号传送的当前目的IP地址。当TDCS判断运行列车即将离开管辖区时，将接管辖区的目的IP地址发送给运行列车的采集处理装置，采集处理装置则根据该信息进行目的IP地址的更新。采集处理装置接收机车安全信息综合监测装置(以下简称监测装置)广播的信息并对信息进行实时的分析,数据内容符合以下条件之一时:

a. 列车进入新的闭塞分区、进站、出站。

b. 在非监控状态下速度由 0 变为 5 km/h。

c. 司机操作运行记录器"开车"键时。

则通过 GSM-R 机车综合通信设备发送一次车次号信息。列车停稳时采集处理装置向 CTC 发送一次列车停稳信息。发送车次号或列车停稳信息的同时向操作显示终端发送一次相同信息。TDCS/CTC 根据需要可向运行列车上的采集处理装置查询车次号信息。需要查寻机车 IP 地址时,TDCS 可以利用机车号向网络 GSM-R 网络的域名服务器(DNS)进行域名查询获得对应关系。采集处理装置根据需要向 GSM-R 机车综合通信设备查询有关位置信息(GPS 信息等)。

③调度命令传送

铁路的调度命令是调度所里的调度员向司机下达的书面命令,它是列车行车安全的重要保障。调度员通过向列车司机发出调度命令对行车、调度和事故进行指挥控制,是实施铁路运输管理的重要手段。

调度命令子系统包括列车调度的机车台和列车调度调度台以及它们各自连接的用于打印调度命令的打印机设备。

调度命令数据传输也可以采用 GPRS 分组交换通信方式(UDP 协议)。系统由 GSM-R 网络(叠加 GPRS)、GSM-R 机车综合通信设备(含操作显示终端、打印终端)、TDCS 设备等组成。

通信过程如下:TDCS 通过车次号信息建立运行区段机车号对应的 IP 地址档案,列车离开本区段时将档案拆除。调度员和车站值班员可在终端上编辑调度命令(系统根据车次号自动将相应的机车号填入),当按下调度命令发送键,TDCS 根据调度命令中的机车号查找相对应的目的 IP 地址并将调度命令发送。司机可通过操作显示终端接收并处理调度命令。TDCS 收到确认信息要在调度命令发送方显示。

④列尾装置信息传送

将尾部风压数据反馈传输通道纳入 GSM-R,可避免单独投资及单独组网建设,同时利用 GSM-R 强大的网络功能,克服了原有的抗干性差、信息无法共享等各种缺点。它具有以下优势:

a. 尾部风压状态随时通过车尾装置传输。

b. 机车司机随时可以查询、反馈车尾工作状态。

c. 在复线区段或临线,追踪列车之间不会互相干扰。

d. 在隧道内也能传输。

利用 GSM-R 网络电路交换的数据通信功能,可以方便地解决尾部风压数据传输问题。

在车头的司机查询器和车尾的风压检测器上分别安装 GSM-R 通信模块,两者就可以利用 GSM-R 的电路数据功能传输风压数据。当司机查询尾部风压时,车头通信模块首先与车尾通信模块建立电路连接,然后向车尾的模块发送查询数据包,在收到该数据包后,车尾模块检测风压并封装在数据包中发送给车头装置。同时,若风压超过告警界限,车尾模块也将首先与车头模块建立数据链路,然后向车头显示器发送数据包以报告险情。

概括起来,无论是司机主动查询风压,还是车尾自动报警,本方的通信模块都要首先与对方建立通信电路，然后再进行数据包的交互，待所有的事务都结束后，再挂断通信连接。一般情况下，通信电路连接的建立时间为 5 s 左右。

与前面所述的几种数据传输类似，列尾装置信息也可以通过 GPRS 方式进行传输，此时，列尾主机要注册其 IP 地址，并建立列尾主机与机车综合通信设备唯一对应关系。

⑤调车机车信号和监控信息系统传输

调车机车信号和监控信息传送系统主要功能是提供调车机车信号和监控信息传输通道，实现地面设备和多台车载设备间的数据传输，并能够存储进入和退出调车模式的有关信息。多台调车机车同时作业时，地面设备使用连选功能，与每台车载设备分别建立电路连接。

GSM-R 调车机车信号与监控系统包括调车机车信号和监控车载设备(简称车载设备)、调车机车信号和监控地面(简称地面)设备、GSM-R 网络和 GSM-R 机车综合通信设备。

为保证可靠性，系统通信方式采用点对点电路连接，当 GSM-R 机车综合通信设备接收到车载设备发送的进入调车监控模式命令时，自动按分配给地面设备的功能号进行基于位置的呼叫，GSM-R 网络接收到功能号呼叫后将路由指向对应的地面设置，在地面设备与车载设备之间建立一条电路链路，同时操作显示终端提示处于调车监控模式。地面设备发送数据时根据信息内容中的机车号选择对应的端口码转发给车载设备。车载设备将数据通过建立的数据链路发送到地面设备。当 GSM-R 机车综合通信设备接收到车载设备发送的退出调车监控模式命令时，GSM-R 机车综合通信链路设备则释放电路链路。

⑥机车同步控制传输

铁路运输需要采用多机车牵引模式时，机车间的同步操作格外重要，如各机车的同时启动、加速、减速、制动等。如果牵引机车操作不同步，就会造成车厢间的挤压或者拉钩现象，影响运输安全，降低运输效率。为了保证操作的可靠性，可以利用 GSM-R 网络提供可靠的数据传输通道，采用无线通信方式来实现机车间的同步操作控制。

机车同步操作控制系统由地面设备和机车车载设备组成，其中，地面设备由 Locotrol 应用节点(以下简称应用节点)组成，与外部 GSM-R 网络采用标准的 PRI(30B+D)接口相连；机车车载设备包括 Locotrol 车载控制模块(简称 Locotrol)和 GSM-R 车载通信单元(简称通信单元)。Locotrol 与通信单元采用 RS-232 或 RS-422 接口方式。

Locotrol 的功能包括：主控机车分别连接从控机车，主控机车断开连接，排风和紧急制动操作，制动缓解指令发布，制动管路测试，状态检测和查询，从控机车确认收到操作指令等。通信单元的功能包括：通信链路建立，通信链路保持，通信链路监视，数据传送等。地面应用节点的功能包括：通信链路连接控制，通信链路保持，通信链路监视，数据转发，数据记录和查询等。

⑦CTCS3 级/CTCS4 级

中国列车控制系统(CTCS)是在采用传统的闭塞系统和移动闭塞系统的条件下，增强列车自动控制功能的超速防护系统。同时，它也是一个驾驶辅助系统，帮助司机以安全的方式驾驶列车。根据国情路情实际出发，CTCS 划分为 5 级。其中 CTCS3 级(基于轨道电路和无线通信的固定闭塞系统)和 CTCS4 级(完全基于无线通信的移动闭塞系统)与 GSM-R 存在密切关联。

基于 GSM-R 传输平台，实现车地间双向无线数据传输，代替目前的用轨道电路来传输色灯信号的指令，具有无盲区、设备冗余、加密、满足列车控制响应时间的要求等明显优势，是基于通信技术的列车控制系统的关键技术。

⑧区间移动公(工)务通信

在区间作业的水电、工务、信号、通信、供电、桥梁守护等部门内部的通信，均可使用GSM-R作业手持台，作业人员在需要时可与车站值班员、各部门调度员或自动电话用户联系。紧急情况下，作业人员还可呼叫司机，与司机建立通话联系。

⑨应急指挥通信话音和数据业务

基于GSM-R移动通信的应急通信系统话音业务包括铁路紧急呼叫和eMLPP业务。铁路紧急呼叫是指具有“铁路紧急优先级”的呼叫，用于通知司机、调度员和其他处于危险级别的相关人员，要求停止在预先指定地区内的所有活动。所有铁路紧急呼叫都应使用GSM语音组呼规范。eMLPP业务规定了在呼叫建立时的不同优先级以及资源不足时的资源抢占能力。对于应急指挥话音业务，可为其设置高优先级，以保障通信的快捷畅通。

⑩旅客列车移动信息服务通道

旅客列车移动信息服务可包括移动售票和旅客列车移动互联网等服务。

(4)GSM-R调度通信网络内的通信过程

GSM-R调度通信网络的用户，除原有的有线用户之外，还包含了移动终端，具体的用户有机车台、运转车长手持台、车站助理值班员手持台等，而移动终端属于不断移动状态，除了车站助理值班员之外其他移动终端的位置随时变更，不仅地理位置变化，由一个调度区段到另一个调度区段，接受调度指挥的对象也发生变化，因此对移动终端的电话号码，除了用户的真实号码MSISDN号之外，还要赋予一个功能号。所谓功能号就是能表明用户身份特征的号码，有车次功能号、机车功能号、车号功能号之分，每个功能号都有统一规定的号码结构。例如车次功能号，除了表明某趟列车的车次之外，还要表明使用者的身份(职务)，车次功能号的号码结构为“CT CH ×××××× FC”，举例如表7-4所示。

表7-4　车次功能号号码结构举例

CT	CH	××××××	FC
呼叫类型	车次号字母	车次号中的数字位	功能码
呼叫车次 CT=2	如:Z=90 T=84 K=75 N=78 … 无字母为00	不足6位时，高位填0补齐	如:本列车司机=01 运转车长=08 列车长1=10 列检人员=29 乘警长=31 …

用户呼叫Z19次列车司机，可直接拨打车次功能码2Z1901，由终端(或调度交换机)翻译成11位的车次功能码为29000001901。

按调度通信业务流程，可归纳为四类通信过程，即点对点个别呼叫、组呼、会议呼(临时组呼)、广播呼叫。

①点对点个别呼叫

a. 固定终端呼叫移动终端

方式一:按MSISDN号码呼叫，调度交换机收到MSISDN号码，进行号码分析后，判断是移动终端MSISDN号码，把呼叫路由连到GSM-R网络，并把MSISDN号码发给GSM-R网络;GSM-R网络根据MSISDN号码呼叫移动终端，双方建立通信;通话完毕，任意一方挂机，呼叫拆除。

方式二:基于功能寻址呼叫移动终端，用户直接拨打功能码(如2Z1901)由终端(或调度交换机)翻译成11位的车次功能码29000001901,调度交换机收到呼叫,进行号码分析(翻译),判断是移动终端功能号,会把呼叫路由连到GSM-R网络;GSM-R网络将移动终端功能号转换成被叫移动终端的MSISDN号,并以MSISDN号呼叫移动终端,双方建立通信;通话完毕,任一方挂机,呼叫拆除。

b. 移动终端呼叫固定终端

方式一:按ISDN号码呼叫,GSM-R网络收到ISDN号码,进行号码分析后,把呼叫路由到相应的调度交换机,并向调度交换机发送被叫固定终端ISDN号码;调度交换机根据ISDN号码呼叫固定终端,双方建立通信;通话完毕,任一方挂机,呼叫拆除。

方式二:基于位置寻址呼叫固定终端,移动终端使用标准短号码发起呼叫,短号码由4位数组成,并有统一的定义,例如1200为连接到最适当的列车调度员、1300为连接到最适当的车站值班员等,GSM-R网络收到呼叫,对短号码进行分析,根据移动终端所在位置把短号码转换为被叫固定终端的ISDN号码,并将呼叫路由到相应的调度交换机;调度交换机根据ISDN号码呼叫固定终端,双方建立通信;通话完毕,任一方挂机,呼叫拆除。

按上述方式能完成呼叫连接,但是对车站值班台都设定了一个ISDN号,不仅无线终端可以呼入,调度电路以外的固定终端也可以呼入,会造成该电路经常繁忙,虽然调度台有强插强拆功能来保障调度通信畅通,但是不符合调度电路相对封闭独立和无阻塞通信的要求。关于这个问题,如果采用现有数字调度通信系统共线组网方式就不难解决了,有线调度仍用固定的共线时隙,占用操作键盘上的一个键位,当有呼入呼出时,键位上部指示灯有显示,并且还有屏幕显示;对于GSM-R网络内统一编号的ISDN号占用操作键盘上另一个键位,电路使用调度共线时隙以外的其他时隙,相当于无线列调时隙和各站电话时隙。当然,对于时隙运用不能一个站安排1～2个时隙按星型组网,仍然采用共线时隙动态分派占用,工程设计时,根据话务量测算,采用集线比压缩的办法来确定时隙的数量。

此外,车站台与调度交换机的接口为2B+D,有两个B通道,可是车站值班员的通信业务有接受调度员指令型的通信、接受站场内部用户请示汇报形的通信、接受GSM-R网络内无线通信等多种情况,当两个B通道都占用后,高优先级用户呼入可插入主用通道,同级别用户呼入时排队等候并有语音提示或遇忙转移等,低级别用户呼入时遇忙送忙音,对于这些补充业务,数字调度设备完全可以通过软件编程来解决。

②组呼(VGCS)和广播呼叫(VBS)

有线调度通信的组呼是在工程开局时,根据调度台(车站台)组呼通信业务的要求,编数据时事先设定好组呼群,操作者只要按组呼键,便可完成组呼通信过程。如果需要临时组织组呼群,操作者先按会议键,再按组呼成员的呼叫键,最后按确认,便可完成会议呼的通信过程。

在GSM-R调度通信网络内的组呼,由于移动用户的位置随时处于动态范围,在操作台上没有固定的键位,所以必须以组地址发起组呼,下面先介绍一下组地址的含义。

组地址包括了业务区号SA和功能代码FC(或组ID)。

业务区号SA(5位数字)用以确保和广播的有效区域,各个服务区域按调度区号、车站位置号全路统一分配。

功能代码FC(又称为组ID),由三位数字组成,在编号方案中全路将统一规定,每个组ID代码都表示了呼叫优先级别、组呼区域、组呼发起方和组呼成员。

a. 移动终端发起组呼

移动终端根据组呼区域和组呼成员，选择组和 ID 的代码，以组 ID 向 GSM-R 网络发起组呼；GSM-R 网络根据主呼叫移动终端所在小区选择相应的组呼区域，并按组 ID 定义好的组呼成员移动终端发起 GSM-R 组呼，使处于组呼区域内的移动终端进入 GSM-R 组呼状态；对组呼成员中的固定用户，GSM-R 网络同时把呼叫转接到调度交换机，并把组呼参考号(虚拟组呼号)发送到调度交换机；调度交换机根据组呼参考号组织有线组呼，各固定终端进入有线组呼状态。移动终端越出 GSM-R 组呼区域，自动退出组呼；移动终端进入组呼区域，自动加入组呼。通话完毕，组呼发起挂机，组呼拆除。

b. 固定终端发起组呼

固定终端根据组呼区域和组呼成员，选择组地址，一组地址向调度交换机发起组呼；调度交换机收到组地址，进行号码分析后，组织组呼成员中的各固定终端进入有线组呼状态，对组呼成员中的移动终端，调度交换机将呼叫转接到 MSC，并以对应的虚拟组呼号码作为主叫号，以组地址作为被叫号码发送给 MSC；MSC 根据组地址预定义组呼成员中的移动终端发起 GSM-R 组呼，使处于区域内的移动终端进入组呼状态。

移动终端越出 GSM-R 组呼区域，自动退出 GSM-R 组呼。通话完毕，发起组呼的固定终端挂机，组呼拆除，不允许其他组成员拆除组呼。

c. GSM-R 广播呼叫(VBS)

GSM-R 广播呼叫(VBS)与 VGCS 类同，只是呼叫类型 CT 不同，GSM-R 组呼 CT＝50，GSM-R 广播 CT＝51，另外所不同的只是组呼成员只能听，不能讲话。

③会议呼(临时组呼)

会议呼是由一方发起多方参加的会议型通信方式，在 GSM-R 网络内提供多方通信(MPTY)的补充业务，实现会议呼。

通过以上叙述可以说明铁路数字专用通信系统与 GSM-R 互联互通，使有线调度与无线调度融为一体，两者是相辅相成的，也可以说调度交换机系统是 GSM 网络的补充和一个不可缺少的组成部分。当然，目前的数字调度通信设备需要增加与 MSC 互联互通的接口条件，还要增加一些符合《GSM-R 调度通信系统主要技术条件》规定的补充业务，软件要升级，操作台键盘要重新考虑，显示屏要加大；对存在的一些问题有待试验中不断完善；机车台、车站台、调度台的使用是否能让用户满意，也需要通过实践来改进。

(5)GSM-R 在我国铁路中的应用

GSM-R 是崭新可靠的铁路无线通信系统，在欧洲得到了较好的广泛应用，同时也在我国铁路发展中体现了重要的作用。目前我国的青藏铁路、大秦铁路、胶济铁路以及合宁客运专线等相继采用了 GSM-R 系统。

青藏铁路北起青海格尔木市，至西藏拉萨市，总长 1 142 km。海拔高于 4 000 m 地段有 965 km，占全长的 84%；多年冻土地段有 547 km，占全长 48%。在青藏高原铁路上首次采用 GSM-R 替代轨道电路，传输增强型列车控制系统(ITCS)数据，解决了冻土地带信号传输问题，减少了维护工作量，创造性地采用双交换机、同站址双基站无线覆盖方式，使 GSM-R 网络达到了可靠性、有效性、可维护性、安全性等技术指标要求。

在青藏线主要应用调度通信、调度命令和车次号传输、区间公务通信以及其他铁路信息化应用。采用同站址双基站冗余覆盖结构，同站址的两个基站同时工作，分为上层网和下层网。GSM-R 系统使用频率段：885～889 MHz/930～934 MHz。青藏铁路 GSM-R 工程对全路 GSM-R 网络的建设以及标准完善具有重要的指导意义。

四、机车综合无线通信设备(CIR)简介

1. 概述

机车综合无线通信设备(CIR)综合了现在铁路上使用的所有无线通信设备的功能,它是随着 GSM-R 的广泛使用和动车组的开通而研发生产的. 它的使用将逐步取代现有的无线通信设备,解决一台车安装多部无线电台(由于列车跑的线路不同,每条线使用的无线通信设备制式不同,所以要装多种无线电台在列车上)的问题。

CIR 是为了适应铁路 GSM-R 的建设和发展,按照统一设备功能、统一接口条件、统一物理结构、统一通信协议、统一操作显示的要求,从统一规划机车无线通信设备的目标出发,以整体规划、综合利用、预留发展、分期建设的思路构建的新型铁路专用无线通信设备。具有话音通信和数据通信、调度命令传输、车次号数据传送、列车尾部风压数据传输、800 MHz 列车尾部数据传输和列车防护、GPS 定位等功能,还能支持复合通信格式的用户自定义业务的通用数据传输功能。机车综合移动无线通信设备既能应用在装备 450 MHz 无线列调系统的线路,又能应用在 GSM-R 铁路综合移动通信系统的线路,能满足铁路运输信息化发展的需求。

2. 系统构成

机车综合无线通信设备(CIR)由主机、操作显示器终端(MMI)、打印终端、扬声器、送受话器、连接电缆、天馈线等构成。机车综合无线通信设备(CIR)构成如图 7-15 所示。

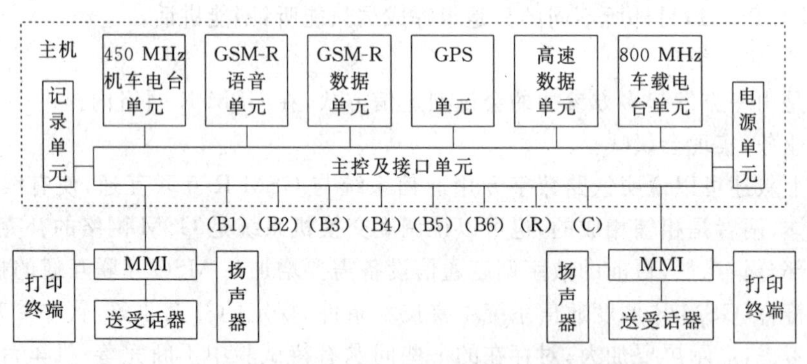

图 7-15 机车综合无线通信设备(CIR)构成

3. 设备功能

(1)具有 450 MHz 机车电台承载的列车尾部风压、无线车次号、调度命令等数据信息的传输功能。

(2)具有 GSM-R 调度通信功能。

(3)具有 GSM-R 通用数据传输功能,并应根据承载业务的需要提供 GPRS 或电路方式数据传输链路。

(4)具有《800 MHz 列尾和列车安全预警系统主要技术条件(暂行)》规定中车载电台的功能。

(5)具有 GSM-R 工作模式与 450 MHz 工作模式自动切换和手动切换功能。

(6)具有向用户提供 GPS 原始信息、公用位置信息的功能。

(7)操作显示终端具有 GSM-R 调度通信、通用数据传输、应用的操作、状态显示以及语音提示的功能。

(8)具有主、副 MMI 之间通话功能。

(9)主机具备信息存储和导出功能。

第五节　高速铁路专用通信系统技术

随着客运专线和高速铁路发展,为适应高速铁路的运营要求,需要先进的专用通信系统对运营提供技术支持,保证信息快捷畅通。

一、高速铁路对通信系统的要求

1.信息管理要求

高速铁路行车、旅客服务的数据与信息,采用计算机网络输送和交换,保证运营高效,使高速铁路的运营纳入信息化管理。

2.调度控制要求

传统铁路的运营调度方式,是以下达话音指令为主实施行车指挥。随着列车运行速度提高,要求行车指挥采用计算机管理、传输指令数据为主的调度方式,控制列车运行的系统也采用计算机和数据控制。

3.通信技术要求

高速铁路要求以数字网络承载综合调度系统,站间引入区间接入技术,列车运行控制系统的信息通过光纤网络传输,车—地之间采用综合无线通信系统,且传递信息从运营调度指挥扩大到客运服务、动车组数据与信息,无线通信系统要适应 300 km/h 以上的运营速度。

4.通信业务需求

通信系统要为高速铁路信号、综合调度、信息化系统提供安全、可靠、高效的通信网络以及调度通信、旅客服务、会议电视和移动通信。

从上述业务需求出发,高速铁路专用通信网应由统一专用的综合业务承载平台、综合业务接入网、通信业务系统及通信支撑系统构成,具体如下:

(1)综合业务传输平台采用光纤传输及用户接入系统。

(2)通信业务分为调度及公务话音通信、综合移动通信、数据通信、应急通信。

(3)通信支撑系统包括数字同步、通信网管系统。

二、高速铁路通信系统技术分析

1.通信传输线路

为了保证各种行车安全及控制信息不间断可靠传输,同时兼顾高速铁路多种业务需要,光缆中光纤配置应满足列控光纤局域网、光纤传输系统、区间信息接入、无线光纤直放站的需要,并兼顾远期发展。通常,沿客运专线/高速铁路两侧的槽道内分别敷设 1 条 20 芯光缆,利用 2 条光缆中的各 2 芯,开通 2.5 G 光同步数字传输系统;利用 2 芯光纤开设区间信息接入系统(另一条光缆的 2 芯备用),2 纤为区间无线通信直放站预留,2 芯用于牵引自动化的远控。利用 2 条光缆中的各 4 芯组成环状光纤局域网,传送列控信息。

由于高速铁路通信系统设计通过光缆将区间的 ATC 信号和联锁设备连接在一起,因此,需要利用独立的光纤设置故障—安全型光纤局域网,专门用于传输列车控制、联锁等信号设备的安全型信息。

2.综合业务承载平台

通信系统采用基于 SDH 体制的 2.5 Gbit/s 多业务传输平台(MSTP),以利于同时实现 TDM、ATM、IP 等多种业务的接入、处理和传输。

MSTP 多业务的接入、综合处理和系统特性,可实现调度及公务电话、调度集中、电力远动等数据与图像信息由区间接入系统传送到车站。

根据高速铁路业务容量及种类的需求,承载平台按照 2 层结构设计:在各站建设 2.5 Gbit/s 的多业务传输系统,主要解决车站 2 Mbit/s 及以上多业务通道的需求,并为下层提供通道保护;下层建设 622 Mbit/s 接入网系统,主要解决 2 Mbit/s 以下各种通道需求以及区间内各信息采集点的信息接入与传送。

3.综合业务接入系统

MSTP 虽能提供一些宽带业务,但对用户需求的窄带业务(话音等)不能满足要求,须使用 ONU 来完成低速数据和话音的接入,ONU 可提供 64 k 或低于 64 k 的低速数据接口。

高速铁路传输系统除提供标准的业务接口外,还要为高速车站旅客服务系统提供专用的音频、视频等接口,将各旅客服务业务纳入传输系统。在区间信息采集点采集的信息,利用设在区间适当地点的 622 Mbit/s 光接入传输设备,构成区间信息接入系统,将信息从区间传送到车站,再通过 MSTP 系统传送到综合调度中心。在站内、动车段、综合维修段以及沿线区间信息接入点等地设置具备多种业务接口的光网络单元(ONU),在部分车站设置局端 OLT 设备,构成一体化综合业务接入网络。工程中,采用 MSTP+ONU 方式组织区间用户接入网和站内通信网,统称为多业务接入网系统。分为区间用户接入和站内用户接入两部分。区间采用链形组网,同时利用铁路两侧光缆中的 2 芯光纤作环回保护,组成通道保护环或复用段保护环,提高系统可靠性。

4.专用调度通信系统

高速铁路专用调度通信系统是高速铁路调度、车站运营部门及维修单位进行行车指挥和业务联系的专用通信系统。除具有话音功能外,还应具有数据和图像等多媒体通信功能,满足多种调度信息的可靠传送。

接入调度专用交换机的设备包括数字话机、G4 传真机,基于 PC 的多功能终端,可在 1 台终端上提供话音、数据、图像等多种业务。采用 G4 传真,用数字信号传输,速度快(小于 10 s),不仅满足电话业务,也满足数据(传真)通信等功能,是高速铁路现代化通信的重要保证。

5.数据通信系统

高速铁路数据通信网采用分层结构,网络划分为 2 层。

①核心层:采用核心路由器,主要提供高速路由及交换功能,并作为区域层之间的连接和网间出口,核心层构成网络信息交换和传输的平台。

②接入层:采用接入路由器,为所在车站提供接入业务,根据实际链路情况,采用双星或环形方式连接到区域层节点。接入层与核心层之间采用 N×2 M 中继速率。

高速数据通信网设立独置的 OSPF 自治域,整个骨干承载网使用独立的路由设备,路由器间形成部分网状连接,兼顾路由冗余与合理利用传输带宽,管理区(NOC)直接接入核心路由器。

6.GSM-R 数字移动通信网

高速列车运行速度 300 km/h 时,每分钟运行速度达到 5 km。按照常规,2 个无线通信基地台沿铁路线的间隔距离较近,这就意味着移动车载台、手持台要频繁进行越区切换。频繁的越区切换处理、高速移动条件下的多普勒频移对通话和数据传输的稳定性和可靠性都有很大影响，综合无线通信 GSM-R 系统能解决高速铁路运行的这一问题。

第六节　铁路应急通信

一、铁路突发事件应急体系与应急通信的概念

1. 应急事件与应急通信的概念

(1)基本概念

突然发生并要求立即处理的事件称为应急事件。我国把突发事件分为 4 类，即自然灾害、事故灾难、公共卫生事件和社会安全事件。支持应对突发事件的通信就是应急通信。

现代意义的应急通信，一般指在出现自然的或人为的突发性紧急情况时，综合利用各种通信资源，保障救援、紧急救助和必要通信所需的通信手段和方法，是一种具有暂时性的，为应对自然或人为紧急情况而提供的特殊通信机制。在不同的紧急情况下，对应急通信的需求不同，使用的技术手段也不相同。

应急通信突出体现在“应急”二字上，在面对公共安全、紧急事件处理、大型集会活动、救助自然灾害、抵御敌对势力攻击、预防恐怖袭击和众多突发情况的应急反应，均可以纳入应急通信的范畴。应急通信所涉及的紧急情况包括个人紧急情况以及公众紧急情况。

(2)应急通信系统的特点

应急通信系统应该能做到迅速布设网络，保障重要信息的传输，快速有效地指挥发令。可以应对基础设施遭受严重破坏时的重大突发事件，能快速完成应急联动网络的组建，确保指挥调度有效，维护政务通信畅通。应急通信具有随机性、不确定性、紧急性、灵活性、安全性等特点。

①需要应急通信的时间一般不确定，如人们往往无法事先确定海啸、地震、火灾、飓风等突发事件。

②需要应急通信的地点一般不确定。

③某些突发事件产生时，通信量急剧增加，但无法预知增量会有多大。

④某些事件发生前，需要什么类型的网络提供应急通信并不确定。

⑤应急通信系统需要考虑应急设备与传输通道的备用问题，以保证系统的安全，使信息传输保持畅通。

(3)对应急通信的要求

①由于各种原因发生突发话务高峰时，应急通信要避免网络拥塞或阻断，保证用户正常使用通信业务。通信网络可以通过增开中继、应急通信车、交换机的过负荷控制等技术手段扩容或减轻网络负荷。并且无论什么时候，都要能保证调度指挥部门的正常调度指挥等通信。

②当发生交通运输事故、环境污染等事故灾难或者传染病疫情、食品安全等公共卫生事件时，通信网络首先要通过应急手段保障重要通信和指挥通信。另外，由于环境污染、生态破坏等事件的传染性，还需要对现场进行监测，及时向指挥中心通报监测结果。

③当发生恐怖袭击、经济安全等社会安全事件时，一方面要利用应急手段保证重要通信和指挥通信。另一方面，要防止恐怖分子或其他非法分子利用通信网络进行恐怖活动或其他危害社会安全的活动，可通过通信网络跟踪或抑制恐怖分子的通信活动，防止其利用通信网络进行破坏。

④当发生水灾、旱灾、地震、森林草原火灾等自然灾害时，可能出现因自然灾害引发通信网

络本身出现故障造成通信中断,需立即进行网络灾后重建,利用各种管理和技术手段尽快恢复通信,通过应急手段保障重要通信和指挥通信。

(4)铁路应急事件

作为国家的重要基础设施和国民经济的大动脉,铁路在我国的交通运输系统中起着举足轻重的作用,其旅客和货物的运输量大大超过了其他运输方式。因此,为了确保铁路运输安全畅通,在交通事故、突发治安事件、特别是自然灾害等事故不可避免的情况下,建立应对突发事件的应急机制显得尤为重要。

根据行业特点,铁路制定的突发事件应急预案主要针对以下5类突发事件:突发公共卫生事件、突发铁路治安事件、重大自然灾害及火灾事故、重大铁路交通安全事故、其他影响铁路运输安全和畅通的突发性事件。

突发公共卫生事件,是指突然发生,造成或可能造成社会公众健康严重损害的重大传染病疫情、群体性不明原因疾病、重大食物和职业中毒以及其他严重影响公众健康的事件。

突发铁路治安事件,主要是指在铁路管辖范围内发生的爆炸、涉枪、杀人、抢劫、重大盗窃等危害铁路安全的重大治安事件和冲击铁路、拦截列车、聚众哄抢铁路运输物资等群体性治安事件。

自然灾害是以自然变异为主因产生的,表现为自然形态的灾害。如:地震、洪水、雨雪、泥石流等。重大自然灾害事故是指造成一定人员伤亡和财产损失的灾害性事故。重大自然灾害往往造成大量人员伤亡和重大经济损失,对人类安全构成严重威胁。

铁路交通事故,是指铁路在运营过程中发生的各种事故,包括铁路行车事故、路外伤亡事故以及其他运营事故。

铁路系统紧急预案其实就是紧急救援预案,是针对可能发生的危及铁路运输安全和畅通的一些突发事件,事先制订的紧急应对处理方案、计划、措施等。建立预案制度的目的是为加强重大突发危机事件处理的综合指挥能力,提高紧急救援反应速度和协调水平,确保迅速有效地处理各类重大突发危机事件,将突发事件对人员、财产和环境造成的损失降至最低程度,最大限度地保障人民群众的生命财产安全。

2. 铁路应急救援指挥体系

铁路应急救援指挥体系是铁路运输部门对铁路突发性公共事件进行指挥救援的联动系统。

根据铁路系统的机构设置和管理模式,铁路救援指挥中心可分为铁道部救援指挥中心、铁路局或集团公司(以下简称为铁路局或局)/客运公司应急救援指挥中心和现场救援指挥部三级指挥机构。各级指挥机构有着不同的职责和权限,如图7-16所示。

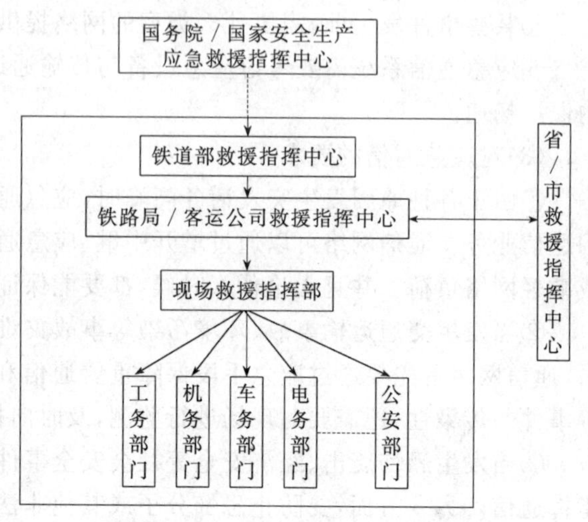

图7-16 铁路应急救援指挥体系

铁道部救援指挥中心是铁路应急救援的最高指挥机构,在铁路发生各类重大事件及社会性的重大突发事件时启动,也是对社会发布信息的窗口。在国家的应急联动系统中,铁道部救援指挥中心接受国务院/国家安全生产应急救援指挥中心的领导和指挥。

铁路局/客运公司救援指挥中心直接接受铁道部救援指挥中心的领导，负责指挥、处理局管内/客运公司的突发事件，必要时协助处理相关局的应急事件。当需要当地政府部门援助或协助时，铁路局/客运公司救援指挥中心负责与有关省/市救援指挥中心联动。

现场救援指挥部是设在应急抢险现场的临时指挥部，可根据突发事件的大小、重要程度及时间长短等因素确定其规模。现场救援指挥部直接指挥应急现场的抢险活动，同时把应急现场的情况通过各种应急通信手段及时向上级负责救援指挥的领导汇报，为救援指挥中心的领导提供决策支持；把各级领导的指挥命令传达给现场抢险人员。在应急抢险活动中，现场救援指挥部的作用最直接、最有效。

显然，当各类应急事件发生时，应急预案中的预防预警和应急响应都离不开通信。因此，应急通信是应急响应保障体系的重要组成部分，是应急预案能够顺利实施的基础设施和必须的保障条件。铁道部要求各级通信部门都要制订周密、切合实际、行之有效的应急通信保障预案，并对应急通信设备的运用情况进行定期的检查考核和演练。

二、铁路应急通信的管理

1. 铁路通信维修规则的一般规定

(1)铁路应急通信系统(以下简称应急通信)是当发生自然灾害或突发事件等紧急情况时，为确保铁路运输实时救援指挥的需要，在突发事件救援现场内部、现场与救援指挥中心之间以及各相关救援中心之间建立的语音、图像等通信系统。

(2)铁路应急通信设备

①应急抢险电话设备：电话机、区间复用设备、汇接设备、区间适配设备、区间引入线缆等抢险设备器材。

②应急中心通信设备：中心主设备、应急指挥台、应急值班台、各种服务器、音视频终端、显示设备、网管以及路由器等网络接入设备。

③应急现场设备：现场通信平台、移动通信终端、摄像机；静图传送终端(笔记本电脑、数码相机、手机)等。

④卫星及海事卫星设备。

(3)在各铁路局所在地电话所建立“117”立接制事故救援台，拨打“117”不加长途区号，均指向铁路局所在地电话所。有权使用立接台的用户按照铁道部和铁路局的相关规定执行。

(4)图像传送设备的配备地点和管辖范围，应根据管内铁路线路和交通情况，按照铁道部32号令《铁路交通事故应急救援规则》规定的各项时限要求来确定。当事故发生在站内时，应当在30分钟内开通电话、一小时内开通图像；事故发生在区间时，应在一小时内开通电话、两小时内开通图像。

(5)当铁路发生突发事件时，应急通信传输通道实行统一调度，多段管理，密切协作，树立全程全网观念。当需要跨车间、跨路局建立应急通信时，配合单位必须全力支持，不得拖延、推诿。

接到命令时，各级应急通信抢险队伍应利用最快捷的交通方式到达事件现场，在事件现场安装和开通应急通信系统。

(6)应急通信系统执行铁道部、铁路局、通信段(电务段)三级管理，各级相应成立应急通信指挥领导小组，贯彻铁道部关于应急通信的有关规定，制定本部门的应急通信保障预案，组织和落实应急通信保障工作，并负责应急通信的日常管理。

2. 应急通信的设备管理

应急通信系统的主要设备应符合铁道部相关技术规范，经铁道部质检中心检测合格后方可入网使用。

应急通信系统（包括图像传送设备、应急抢险电话设备等）属抢险设备，应有专人负责维护、管理，建立严格的维护、检修制度，并列入计表。应急通信抢险的物资、器材、工具等，应储备足够数量并固定存放地点，设专人保管并列有清单，应保证良好使用状态随时可投入使用。

应急通信设备不得挪作他用。

应急通信图像传送设备的配置地点，由通信段（电务段）根据实际需要提出申请，铁路局审核批准，并报铁道部备案。

各单位应为应急通信配备交通工具，并建立相应的管理制度。

电缆区段的区间回线数量，必须满足同时开放 4 台电话业务（行调、抢险直通、两台自动电话）的需要，当达不到要求时，应有相应保障措施。

应急通信技术资料应指定专人负责保管，发生变化时应及时更新，每年修订一次。

3. 应急通信的资料管理

各级通信管理部门应建立以下资料：

(1)管内铁路线路示意图（行政区划图）、行车调度区段示意图、管内区间通话柱（或 GSM-R 基站）的编号示意图（表）及到达方式。

(2)本部门及相关部门的应急通信预案。

(3)区间运用回线台账、接续方式、芯线色别等图纸。

(4)管内及各区段的应急通信设备配置一览表。

(5)区间自动电话号码表、管内重要地段的看守电话号码表。

(6)本单位救援指挥系统组成人员名单和电话，各级值班电话。

(7)应急通信保障部门、行政部门的组织机构、主要成员名单和电话。

电话所应掌握有权使用 117 立接台的用户电话台账，并及时更新，同时严格保密。铁道部、铁路局图像服务器管理人员在每次事件救援、抢险演练后进行图像整理归档，清空图库，以便保证下一次突发事件的使用。图像保留时限：事故救援图像保留一年，演练图像保留三个月。

三、对铁路应急通信系统的要求

当铁路沿线出现列车事故、火灾、人为破坏、恐怖事件、紧急救助等紧急状况时，救援人员必须迅速进入现场实施救助和处理，但铁路沿线空间广阔多样而且某些援助行动存在极大的危险性，致使大批抢险人员不能及时进入，此时，最重要的是将现场的真实情况（视频图像和语音）第一时间实时传送给应急救援中心，以便救援中心全面、真实地了解现场情况，做出准确判断和评估，制定出有效的救援措施，并指挥现场救援人员快速有序的实施救助，最大限度地降低人身和财产损失。

铁路通信网是我国规模最大的专用通信网，铁路应急通信也已有较长的历史。由于通信技术和设备的限制，过去沿线各站只能提供有线的 2/4 线音频通道，故铁路应急通信基本上依赖于沿线的区间通话柱，只能提供话音业务和静止图像业务。随着我国铁路事业的飞速发展，特别是随着全国铁路多次大提速和时速 300 公里以上高速动车组的开行，标志着铁路运输装备、技术水平已经产生质的飞跃。在故障处理时，静态图像的局限性日渐突出，为使各级应急指挥中心全面实时地掌握现场情况、及时调整救援方案，迅速恢复行车秩序，减少经济损失和社会影响，局指挥中心迫切要求了解现场音视频信息，对铁路应急抢险通信系统也提出了新的要求。因此，急需建设能使指挥中心直视、直控事件现场的铁路应急通信系统。此外，光纤数字传输和无线传输技术在铁路通信中得到迅速普及、多媒体技术的发展，也为发展智能化的铁路应急通信系统提供了良好的支持条件。

在实际应用中，铁路应急通信系统除预防预警中信息的监视、监测之外，事件现场与救援指挥中心之间根据事件需要可构建语音、图像、数据通信。它可随时、随地启用，并且因地制宜和根据事件性质开放相应的通信设施。由于事件现场地点是随机的，事件现场的通信设备往往有多种型号、多种连接方式，这些应该均能接入救援中心，所以必须具有兼容性。铁路应急通信不仅具有快速响应的特点，也不同于常规的公务通信，属于指挥性质，所以要求通信设备操作简单快捷，指挥员能单键直拨、随时沟通与现场的通信联络，人机界面要求直观、人性化。

由于铁路应急通信系统的特点，对铁路应急通信系统的要求主要有以下几个方面：

(1)接续开通迅速

设备连接简单、使用方便，自动化程度高。无需调试、开机即可接入网络并实时传输信息。

(2)接入手段丰富

可提供实回线、2 M 数字中继、光纤、无线等多种物理接口。同时支持 SS1、SS7、DSS1 等多种信令。在既有铁路线路(具备通话柱条件)可以使用电缆双绞线传输方式；在新建高速铁路(GSM-R)区段时可以使用 5.8 GHz 宽带无线接入设备，在天气恶劣(雷雨、大风、暴雪)，地理环境复杂(丘陵、山区、隧道)等地区可以使用野战光缆进行传输。

(3)兼容性强

视频图像业务、语音指挥、数据业务均兼容主流厂家设备，对铁路行业内所有通过质检中心测试的其他厂家现场设备均可以兼容接入。

(4)业务功能强

全面提供视频图像业务、数据通信业务、语音指挥的各种基本业务和补充业务。符合《铁路应急中心设备技术条件》要求。

(5)人机界面良好

指挥操作台采用触摸屏设计，人机界面良好，操作快捷、方便，符合铁路行业的应用习惯。

(6)可靠性高

环境适应性强、系统可支持加密系统，系统掉电后再来电或网络传输中断后，能迅速重启，故障率低，维护方便。

(7)先进性

符合国际标准和国内外有关的规范要求，系统设计水平先进，采用国际或国内先进的技术标准。

(8)实用与经济性好

系统设计应符合工程的实际需要，系统的性价比高

(9)集成度高

设备应集成较高，体积小，重量轻，移动方便，功耗低。

(10)可扩展性

系统设计要考虑今后的发展，留有扩充余地，支持电路、IP 包连接。如终端设备应既能支持 H.320 电路交换网视频会议标准，又能支持基于 H.323 的 IP 宽带网视讯标准。

四、铁路应急通信系统的组成

1. 铁路应急通信系统的网络结构

铁路应急通信系统主要由应急救援指挥中心、传输网络、应急通信现场接入设备(以下也简称为应急接入设备)三个部分组成。应急救援指挥中心包括铁道部应急中心和铁路局/客专调度所应急指挥分中心。应急指挥中心包括中心控制平台和显示、记录设备等。传输网络可利用电缆、光缆、GSM-R 系统、互联网及海事卫星等网络资源。应急接入系统包括现场接入设备和终端设备以及车站/区间接入点应急接入设备。

当铁路沿线某段出现事故时,根据现场不同情况,可通过传输网络提供的多种传输手段,实现现场与指挥中心设备之间的互通,将现场采集到的事故静图、动图、语音等信息上传到指挥中心,以便对现场进行指挥调度。铁路应急通信系统的网络结构如图 7-17 所示。

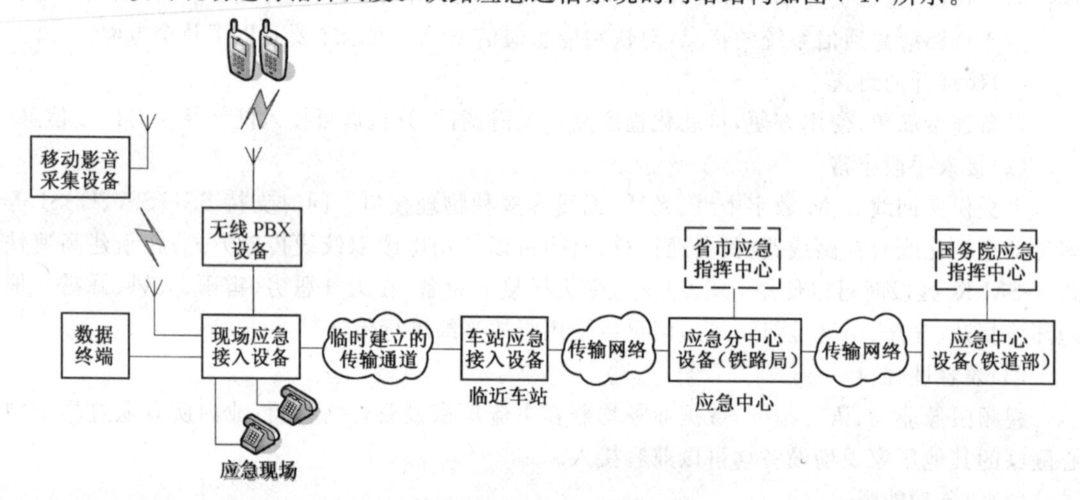

图 7-17　铁路应急通信系统的网络结构

采用有线或无线方式传输时,现场信息先传送至邻近车站/区间光接入点,通过既有传输网络资源,传送至应急分中心和应急中心;采用卫星传输方式时,突发事件现场信息通过卫星传输通道、既有传输网络传送至应急分中心/应急中心。应急中心(分中心)到现场的信息传送与上述过程相反。应急中心对现场上传的图像和语音进行解码、显示、记录、控制等,实现中心对现场实时监控与指挥的功能。

2. 现场应急通信接入系统

(1)应急通信抢险现场设备

应急通信抢险现场设备主要包括现场影音采集设备、现场无线 PBX 设备、现场应急接入设备及电源。

移动影音采集设备(俗称单兵设备)主要由摄像机、视频编码器、无线发射机、蓄电池等组成。摄像机实现视频图像的采集功能,由视频编码器对所采集的图像进行压缩,再由无线发射机将压缩后的图像数据发送至现场接入设备。影音采集设备一般在与现场接入设备距离 1 km 范围内可以有效地传输。

现场无线 PBX 设备在事故现场能够提供数部无线专用手机,在以基站为中心、半径 1 km 范围内互相拨打,保证事故现场人员的内部通信,加强了抢险工作人员的内部协作。

现场应急接入设备一般安装在事故现场指挥中心,它主要由通道接入设备、各类终端、蓄电池、油机等组成，实现将现场信息实时传送至应急指挥分中心/中心的功能。实时业务信息主要包括语音、视频及数据。

现场应急通信接入设备是现场的图像、电话、数据等各类业务提供承载平台，是事故现场的核心通信设备。它用来完成现场与救援中心的通信联络，在现场能够提供少量电话，电话之间不经外线可相互拨打，不占用现场至应急指挥中心的通道，是一个独立的通信系统。

现场应急接入设备能提供有线、无线话音通道，还能提供 V. 24、V. 35 数据接口及 10 M/100 M 以太网接口。作为无线射频基站的角色，它是无线网络与固定网络相连接转换的关键设备。除了可接收移动影音采集设备传来的视频数据、实现移动宽带无线通信网络多媒体应用接入外，也可以通过应急通信系统和交换机直接拨打公网或铁路电话网的任意一部自动电话。现场接入设备将应急抢险的动态图像信号、无线及有线语音信号、数据信号复用成一个 2 M信号，然后利用现场接入设备内置的复用设备通过有线或无线的传输方式发送至车站侧的接入设备，利用铁路传输接入网把现场信息传至应急指挥中心侧的应急通信设备。现场侧应急通信设备的供电方式有电池供电、便携发电机供电或通过车站设备进行远供。

(2)接入方式

①有线接入方式

铁路应急通信现场有线接入方式如图 7.18 所示。铁路应急通信现场有线接入方式分为数字用户线设备的接入方式、光缆接入方式等。前者是利用现有铁路沿线各区间中通话柱内预留的对绞线路，通过数字调制技术将模拟信号转化成 IP 数据包，将现场信息发送至车站，再由车站接入设备转发到应急指挥中心。要求应急现场接入设备至应急车站接入设备间通道可用带宽不小于 1 Mbit/s，以满足实时图像以及多路语音通信的传送。后者是在事故现场与邻近车站通信机械室之间临时敷设战备光缆，以满足现场与指挥中心之间通信的需要。

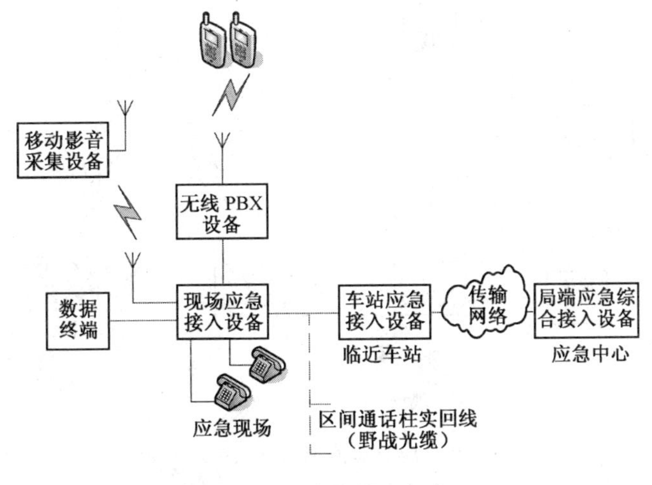

图 7-18　有线接入方式

②无线接入方式

铁路应急通信现场无线接入方式如图 7-19 所示。

铁路应急通信现场无线接入方式有宽带无线接入方式、宽带卫星系统接入方式、海事卫星系统接入方式等。宽带无线接入技术当前主要有 WLAN、MESH、WiMAX、CANOPY 等，主要使用频段在 2.4 GHz、5.8 GHz。由于铁路沿线环境比较复杂，障碍物较多，要求应急现场宽带无线接入与车站无线接入设备距离不大于 3 km，其通道可用带宽不小于 1 Mbit/s，以满

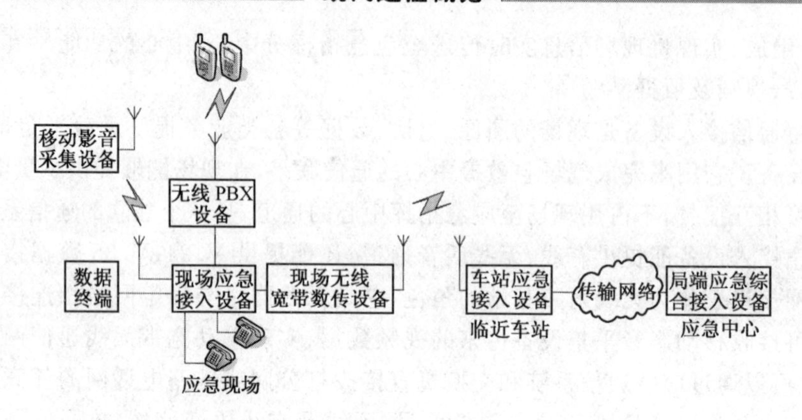

图 7-19　无线接入方式

足 CIF 分辨率实时图像及多路语音通信的传送。

由于卫星通信覆盖广,在遇到突发性、严重的自然灾害,而其他所有通信手段都失效时,通过卫星传送将应急现场信息发送至指挥中心就是一条有效途径。宽带卫星系统现场接入方式分为车载型和便携型,可以根据管内区段交通便利条件进行配置。根据现场卫星接入设备的对星调试方式又分为自动对星和手动对星,由于自动对星调试方式操作简单,比较适合于铁路应急通信技术人员使用。其通道质量要求与宽带无线接入方式一致,但由于卫星通信的特殊性,其通道时延要求有所不同。海事卫星系统接入技术发展较早,已在国内外广泛运用,接入设备和终端都比较完善。但其成本较高,并且语音通信属于国际业务,视频通信受带宽限制,图像质量不高。

铁路应急通信现场卫星接入方式如图 7-20 所示。

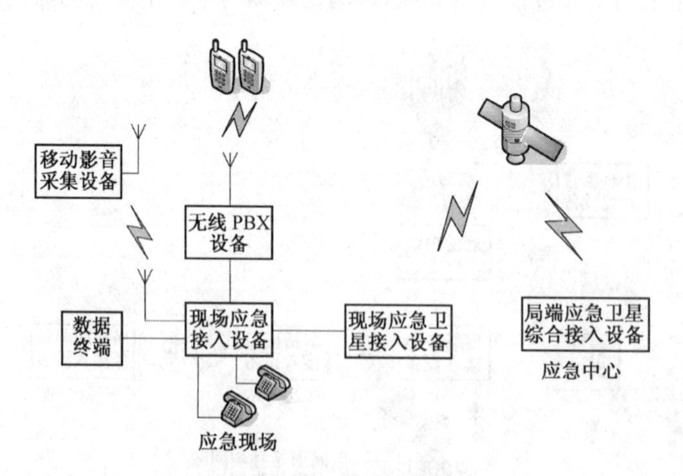

图 7-20　应急通信现场卫星接入方式

铁路应急通信宽带卫星地面接收站的设置有三种方案:

①将地面接收站设置在各路局应急中心,再通过地面有线传输网络将现场信息发送至铁道部应急指挥中心。该方案的优点是各路局应急指挥中心可以快速掌握应急现场情况。

②将地面接收站设置在铁道部应急中心,再通过地面有线传输网络将现场信息发送至各路局应急指挥中心。该方案的优点是只需要在铁道部设立一个卫星地面接收设备,充分利用现有的传输网络资源。

③各路局应急中心和铁道部应急中心均设置接收站。该方案的优点是如果发生严重自然

灾害，导致路局和铁道部的有线传输通道中断，那么可以通过卫星链路让路局应急中心与铁道部应急中心都能及时掌握应急现场的情况。

(3)各种接入方式的讨论

要同时实现应急抢险现场与应急指挥中心的多路语音、数据、静图、动图、视频会议等多种综合业务，必须有较高的传输带宽。要在不同的现场环境下，保证较高的传输速度以及较好的传输质量，必须选取技术先进、合理的传输手段。

采用基于通话柱的实回线链路传输方式，适应于区间电缆传输质量较好，并且沿线各车站均有2 M数据传输通道情况下应急抢险通信接入。基于通话柱的有线接入方案通常采用HDSL技术。在区间通话柱与临近的车站的双绞线两端各连接一个HDSL收发器，利用HDSL进行通信，实现无中继地传输E1业务，提供高达2 M的传输。从用户使用的角度来看，HDSL技术所提供的E1服务，对用户是透明的。优点是传输信号稳定，接通快速，操作简单、方便，不受地理和天气情况的影响。缺点是数据传输带宽低。

光纤接入方式是有线接入方式中的一种，只是传输媒介由电缆替换为光缆。将现场的动图、语音、数据等业务复用成一个数字信号，通过野战光缆连接至临近的车站机房的传输设备，通过该设备再将现场信息经传输网络发送到应急指挥中心。光纤链路的优点是传输信号稳定，不受地理环境和天气环境的影响。缺点是设备缆线敷设连通时间较长，且有时敷设战备光缆难度大。

无线宽带传输方案适应于区间电缆传输质量差，但沿线各车站都有2 M数据传输通道时应急抢险通信接入。其优点是连通使用快捷，节省时间、人力。缺点是穿透能力弱，受气候、地理环境影响严重。适用于开阔的野外地理环境中，通过两个定向天线进行无线信号传输。

卫星传输方案适应于区间电缆传输质量差或者沿线各车站没有2 M数据传输通道、临近车站光机室停电的情况下应急抢险通信接入。卫星通信系统的优点是可以在全路任何地点快速建立起连接，不需要地面线路和网络的支持，同时大多数卫星通信设备终端都比较小巧，便于携带，又具备IP语音、图像传输和数据传输等功能，缺点是通信费用较高、对通信人员的技术要求较高，不适合应用于隧道，受天气影响较为严重。

铁路应急通信主要目的是将事故现场语音、数据、动态图像上传，将应急指挥中心指令下达。其采用的传输手段有多种：区间电缆＋车站2 Mbit/s通道方式、野战光缆＋GSM-R基站2 Mbit/s通道方式、无线5.8 GHz＋GSM-R基站2 Mbit/s通道方式、宽带卫星方式、窄带卫星方式等。各地段情况不同，采用的方式应不同，可采用一种或多种综合方式。一般铁路区间沿线铺设有区间电缆和区间通话柱(间隔距离通常为1.5 km)，可以采用区间电缆的有线方式；在地理条件复杂、没有区间电缆的地段，可采用宽带卫星的方式；而新修建的铁路客运专线，没有铺设区间电缆的情况，需要采用无线或野战光缆，并借助于GSM-R网络。在山区，可采用区间电缆和宽带卫星相结合的方式。新修的客运专线车站间相距较远，铁路沿线没有铺设区间电缆但构建了GSM-R的铁路网，一般5 km设置1个基站；客运专线的应急通信可采用5.8 GHz宽带无线接入方式和野战光缆有线相结合的方式。

5.8 GHz宽带无线接入方式主要有点对点和点对多点两种。在客运专线中采用点对点传送方式，即在基站接入点与现场综合接入设备间通过5.8 GHz宽带无线接入设备连接，有效传输距离2～3 km。基站接入点处的无线接收基站提供2 MHz接口与传输设备连接，从而实现与指挥中心应急设备的连接，建立起事故现场到指挥中心的通信通道，还可以通过野战光缆实现基站侧传输设备与现场综合接入设备之间的连接。

总之，应充分考虑铁路现场应用情况的复杂性、事故发生的多样性及应急通信的多种需求，使铁路应急通信系统更好的发挥作用，为铁路的安全运输提供有力的保证。

3. 车站侧应急接入设备

车站侧应急接入设备一般安装在临近事故现场的车站通信机械室，用于解决区间“最后 1 公里”的接入问题。是现场到邻近的车站通信机房之间通过区间通话柱实回线、5.8 GHz 宽带无线接入设备、野战光纤进行传输的应急通信设备，该设备也是现场应急设备与铁路干线光传输网络实现汇接的关键设备。

4. 应急通信中心设备

铁路救援指挥中心的应急系统是基于计算机、有线通信、无线通信、网络、软件、数据库等技术构建而成的。从系统结构上可分为：语音通信系统、视频信息系统、多媒体显示及控制系统、过程记录及数据处理系统、网络管理与信息安全防护系统、监控与预警系统及配套辅助系统。一般包括综合视讯平台、用于应急指挥和应急值班的音视频终端、显示设备、网管以及路由器等网络接入设备等。用以实现救援指挥中心对应急现场的监控和指挥。此外，当采用卫星接入方式时，还需在加装局端卫星接入设备。

应急通信指挥中心通信系统组成如图 7-21 所示。

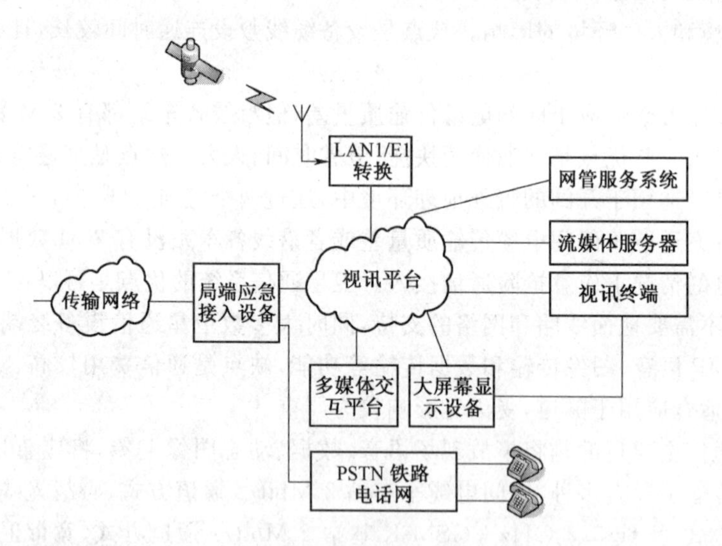

图 7-21　应急通信指挥中心通信系统组成示意图

一个完整统一的应急通信中心系统应兼容不同厂家、不同技术的应急现场设备，从而实现应急现场与应急中心间语音、图像、数据的实时通信。

应急现场上传的都是实时压缩图像，当前视频图像压缩技术种类较多，在铁路应急通信中主要使用的是 MPEG4、H.264 两种压缩技术。由于 MPEG4、H.264 的视频图像标准规范仅对技术框架作了要求，对细节参数没有具体规定，所以不同厂家的视频编码方式不同。为了建立一套完整的铁路应急通信系统，应急中心系统应采用软解码方式，将不同厂家的编码器的解码库作为插件并入其中，实现对不同厂家的视频编码器的压缩图像进行解码和播放，以实现视频兼容功能。

应急通信中心系统的语音通信技术实现方式主要有分组网络电路仿真业务（CESoP）和 VoIP 技术。应急现场可以实现与应急中心间语音通信的要求，并可与铁路调度专网、GSM-R 网络、公网 PSTN、117、114 等用户进行实时通信，而且可以由同一的应急号码进行管理和维护。

局端应急综合接入设备将从现场传送过来的语音业务解码，接入 PSTN 铁路电话网；视频解码器完成现场传来的数字图像信号的解码和解压缩，转换为模拟 AV 信号后送出；现场图像以及数据业务接入网络交换机，实现与事故现场话音、数据和动图的实时交互传递；视讯会议平台包含多媒体交互平台及多个视讯终端等设备，可组建应急抢险会议，抢险现场的动态图像通过多媒体交互平台传送到各个视讯终端。帮助各级领导及时掌握事故现场动态，准确做出决策；流媒体服务器可以将应急抢险会议以及事故现场的动态图像以流媒体的格式存储起来，记录应急抢险会议以及事故场情况，以便将来可以查询和分析事故原因，更好组织事故抢险。局端应急综合接入设备支持各种外部通信接口的物理层、物理链路层、网络层接入服务，包括与事发现场侧的 2 M 数字电路、光纤、Ethernet 相连的各种通信接入端口，以及与其他信息系统、卫星系统等各种通信接入端口。

总之，无论采用有线或无线方式传输方式，现场信息通过邻近车站/区间光接入点，再经既有传输网络资源，传送至铁路局应急分中心和铁道部应急中心；采用卫星传输方式，突发事件现场信息通过卫星传输通道、既有传输网络传送至应急分中心/应急中心。应急中心（分中心）到现场的信息传送与上述过程相反。应急中心（分中心）对现场上传的图像和语音进行解码、显示、记录、控制等，实现对现场实时监控与指挥的功能。

1. 简述铁路专用通信的特点、业务种类。
2. 解释干线调度通信、局线调度通信、区段调度通信的含义。
3. 简述站场通信的组成及用途。
4. 简述车站集中机的组成及所接用户种类、工作过程。
5. 简述干线调度通信网、局线调度通信网组成、网络编号、呼叫方式。
6. 简述区段调度通信网的特点、网络组成。
7. 简述区段数字调度通信系统的组成、系统运用、系统主要业务和功能。
8. 简述无线列调三种制式的区别。
9. 简述 GSM-R 的调度通信功能和铁路特色应用。
10. 简述 GSM-R 在铁路运输中的十大功能。
11. 简述高铁专用通信的特点。
12. 什么叫应急通信？
13. 铁路应急救援指挥体系是怎样构成的？
14. 对铁路应急通信系统的主要要求是什么？
15. 叙述系统的网络结构。
16. 铁路应急通信现场设备有哪些？
17. 铁路应急通信现场接入方式有哪几种？

第八章

支 撑 网

【学习目标】

1. 了解支撑网的概念；
2. 理解 No.7 信令系统的结构和基本功能；
3. 掌握我国 No.7 信令网的结构；
4. 了解同步网的基本概念和同步方式；
5. 了解我国数字同步网的结构；
6. 掌握电信管理网的概念和基本功能；
7. 了解几种主要的电信网络管理系统。

支撑网是现代电信网运行的支撑系统。一个完整的电信网除有以传递电信业务为主的业务网之外，还需有若干个用来保障业务网正常运行、增强网路功能、提高网路服务质量的支撑网路。建设支撑网的目的是利用先进的科学技术手段全面提高全网的运行效率。支撑网包括同步网、公共信道信令网、传输监控和网路管理网等。本章主要介绍这三种网络的概念、功能、体系结构等。

第一节 信 令 网

信令系统是通信网的重要组成部分。信令是终端和交换机之间以及交换机和交换机之间传递的一种信息，用来指导终端、交换系统、传输系统协同运行，在指定的终端间建立和拆除临时的通信通道，并维护网路本身正常运行。

由本书第二章可知，按信令信道与用户信息传送信道的关系划分，信令可分为随路信令和公共信道信令两类。我国电信网中采用的随路信令和公共信道信令分别是中国 1 号信令和 7 号信令。特别是 7 号信令网已成为现代电信网运行的重要支撑系统，本节仅对 7 号信令网进行讨论。

一、NO.7 信令概述

NO.7 是七号信令的简称。NO.7 信令方式是国际化、标准化的通用公共信道信令系统，具有信道利用率高、信令传送速度快、信令容量大的特点，它不但可以传送传统的中继线路接续信令，还可以传送各种与电路无关的管理、维护、信息查询等消息，而且任何消息都可以在业务通信过程中传送，可支持 ISDN、移动通信、智能网等业务的需要，其信令网与通信网分离，便于运行维护和管理，可方便地扩充新的信令规范，适应未来信息技术和各种业务发展的需要，是现代通信的三大支撑网之一。随着通信的飞速发展、数字传输和数字交换网的不断发展健全、移动通信和智能网的建立、建设和发展，NO.7 信令网已成为通信网向综合化、智能化发展的不可缺少的基础支撑。

1. NO.7 信令系统基本特征

(1)独立的通道:信令采用独立的通道,依靠消息标记方式,利用独立信道传送大量的与话路相关的信令信息或其他网络维护管理信息。

(2)层次化功能结构:信令采用层次化的功能结构,使通信网的功能描述标准化和规范化,便于通信网的通用性和相互兼容性。

(3)专门的信令链路:各信令点之间使用专门的信令链路,每一条信令链路均能纠错和检错,使系统具有很高的可靠性。系统正常应用时,有冗余的信令链路,并能在链路出现故障时,将信令业务切换到另外的链路上去。

(4)可变长度的信令单元:采用可变长度的信令单元($n\times 8$ bit)传送消息,可适合不同业务的需要。

(5)标志码同步:信令采用标志码同步方式,比六号信令系统中采用的同步信令单元方式简单。差错校正为 16 bit 的循环冗余校验(CRC)校验方式,有基本差错校正方式和预防性循环重发校正方式(PCR)。

2. NO.7 信令方式的优点

(1)增加了信令系统的灵活性。

(2)信令在信令链路上传送速度快,呼叫建立时间大为缩短。

(3)具有提供大量信令的潜力,便于增加新的网络管理信令和维护信令。

(4)利于向综合业务数字网过渡。

二、NO.7 信令系统结构

随着 ISDN 和 IN 的发展,不仅需要传送与电路接续有关的消息,而且需要传送与电路无关的端到端的信息,原来的四级结构已不能满足要求,需要对 NO.7 信令功能级结构做些调整,调整后的 NO.7 信令结构对四个功能级以及与 OSI 七层模型的关系都提出了要求。NO.7 信令系统结构如图 8-1 所示。

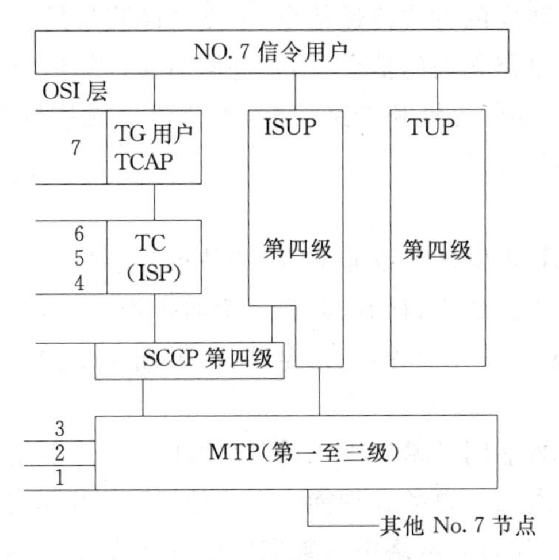

图 8-1　NO.7 信令系统结构

1. TUP

TUP 是 ITU-T 最早研究提出的用户部分之一。它规定了电话通信呼叫接续处理中所需的各种信令信息格式、编码及功能程序。

常用 TUP 信令消息有如下几种。

(1)初始地址消息(IAM)

初始地址消息是为建立呼叫发出的第一个消息,消息中含有下一个交换局为建立呼叫、确定路由所需的全部或部分地址信息。

(2)带附加信息的初始地址消息(IAI)

带附加信息的初始地址消息为建立呼叫发出的第一个前向信令,除含有 IAM 的全部内容外,还附加主叫用户的信息。

(3)后续地址消息(SAM)

后续地址消息是在 IAM 后发送的地址消息,用来传送剩余被叫电话号码。

(4)地址全消息(ACM)

地址全消息表示收端局已收全呼叫至被叫用户所需的信息,消息中还可以含有被叫空闲和计费等附加信息。

(5)应答信令(ANC)

应答信令表示被叫摘机应答,并且是计费应答。

(6)前向拆线信令(CLF)

前向拆线信令是发端局发出的前向释放电路信令。

(7)释放监护信令(RLG)

释放监护信令是收端局对 CLF 的响应。

2. SCCP

在四级结构中,SCCP 是用户部分之一。SCCP 的主要目标是要适配上层应用需求与 MTP-3 提供的服务之间不匹配的问题。

MTP 存在如下缺陷:

(1)MTP 只使用目的信令点编码 DPC 进行寻址,DPC 的编码在一个信令网内有效。

(2)MTP 最多只支持 16 个用户部分。

(3)MTP 只能以逐段转发的方式传递信令,不支持端到端的信令传递。

(4)MTP 不能传递与电路无关的信令,不支持面向连接的信令业务。

SCCP 为 MTP 提供附加的寻址和选路功能,支持建立无连接和面向连接的信令服务,其功能和过程由消息传递部分传递。

3. ISUP

在 ISDN 环境中,ISUP 提供话音或非话音(如数据)交换所需的功能和程序。ISUP 定义了在 N-ISDN 或数字电话网上建立、释放、监视一个话音呼叫及数据呼叫所需的信令消息和协议,以支持基本的承载业务和补充业务,包括全部 TUP 所实现的功能。

4. TCAP

随着移动通信技术和智能网技术的引入,网络中建立了许多独立于交换系统的数据库,在交换局与数据库之间需要通信。事务处理能力 TC 是指网络中分散的一系列应用在相互通信时采用的一组规约和功能,为访问网络中的数据库提供标准接口,是目前电信网提供智能网业务、支持移动通信和信令网的运行管理和维护等功能的基础。目前 TC 用户有操作、维护和管理部分(OMAP),移动应用部分(MAP)和智能网应用部分(INAP)。TCAP 具有管理事务处理的能力,通过标准的对话过程实现的。OMAP、MAP 等都利用 TCAP 来转移与应用有关的事务处理。当传送数据业务量较小而实时性很强的信息时采用 SCCP 无连接服务；当信息的数据量很大但无实时性要求时采用 SCCP 面向连接服务。SCCP 消息在 MSU 中的 SIF 字段中传送；TCAP 消息在 SCCP 无连接消息 UDT 的用户数据字段中传送；MTP 的第一级完成 OSI 第一层物理层的功能；MTP 的第二级完成 OSI 第二层数据链路层的功能；MTP 第三级信令网功能级和 SCCP 完成 OSI 第三层网络层功能；TC 完成 OSI 第四层至第七层的功能（TCAP 完成第七层应用层功能，中间业务部分 ISP 完成第四至六层，这部分协议 ITU-T 还在研究之中）。

三、NO.7 信令网

NO.7 信令网由信令点(SP)、信令转接点(STP)和连接信令点及信令转接点间的信令链路(SL)组成。

(1)信令点 SP：信令网中既发送又接收信令消息的节点，如交换局、操作管理和维护中心、服务控制点等。可分为源信令点和目的地信令点。

(2)信令转接点 STP：将信令消息从一条信令链路转到另一条信令链路的信令点。

信令转接点 STP 有两种：一种是专用信令转接点，它只具有信令消息的转送功能，也称为独立的信令转接点；另一种是综合式信令转接点，与交换局合并在一起，是具有信令点功能的转接点。

(3)信令链路 SL：是传送信令的通道。

1. 信令工作方式

按照通话电路与信令链路的关系，信令工作方式可分为对应工作方式和准对应工作方式。

(1)对应工作方式(直联方式)

两个相邻信令点之间的信令消息通过直接连接的信令链路组传送，如图 8.2(a)所示。该两个交换局的信令消息通过一段直达的公共信道信令链路来传送，而且该信令链路是专为连接两个交换局的电路群服务的。

(2)准对应工作方式(准直联方式)

两个交换局之间的信令消息通过两段或两段以上串联的信令链路传送，并且只允许通过预先确定的路径和信令转接点，如图 8-2(b)所示。

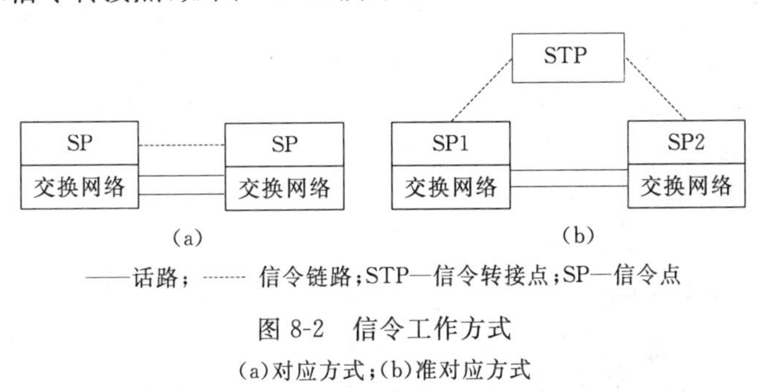

图 8-2 信令工作方式

(a)对应方式；(b)准对应方式

信令网采用哪种信令方式，要依据信令网和话路网的实际情况来确定：当局间的话路群足够大，可以采用对应工作方式设置直达的信令链路；当两个交换局之间的话路群较少，则可以采用准对应工作方式。

2. 信令网的结构

按网络结构的等级，信令网可分为无级信令网和分级信令网两类。

(1)无级信令网:是未引入信令转接点的信令网。

在无级网中信令点间都采用直联方式,所有的信令点均处于同一等级。适合于地理覆盖范围小、交换局少的国家或地区使用。

(2)分级信令网:引入信令转接点的信令网。

按照需要可以分成二级信令网和三级信令网(最多三级)。每个信令点发出的信令消息一般需要经过一级或 n 级信令转接点的转接,只有当信令点之间的信令业务量足够大时,才设置直达信令链路。该种信令网容纳信令点多,增加信令点容易,信令路由多,容量大。适合运地理覆盖范围大的国家使用,对于地理覆盖范围较大的本地网,可以使用二级信令网。

信令网结构示意图如图 8-3 所示。

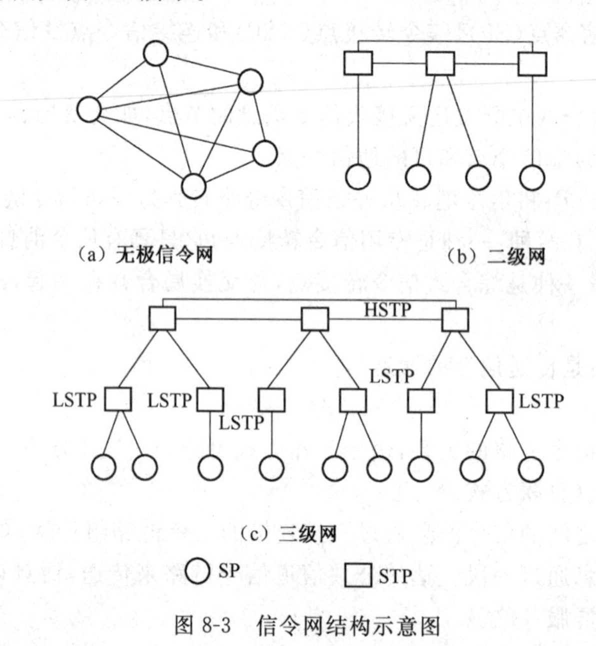

图 8-3　信令网结构示意图

3. 我国信令网的基本结构

我国信令网采用三级结构。第一级是信令网的最高级,称为高级信令转接点 HSTP,设在各省、自治区及直辖市,成对设置;第二级是低级信令转接点 LSTP,设在地级市,成对设置;第三级为信令点 SP,SP 是信令网传送各种信令消息的源点或目的地点,各级交换局、运营维护中心、网管中心和单独设置的数据库均分配一个信令点编码。第一级 HSTP 间采用 AB 平面连接方式。如图 8-4 所示。

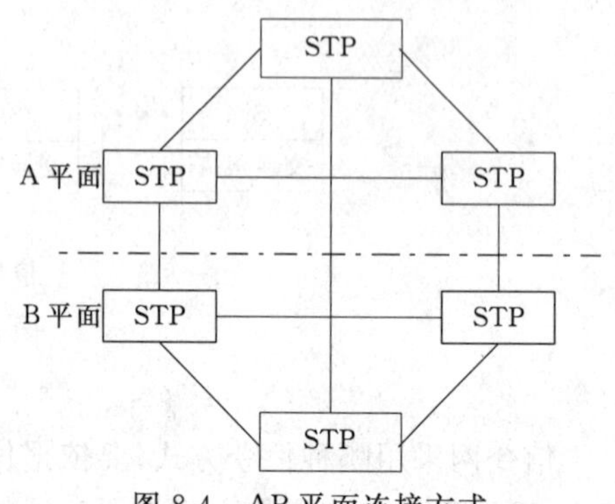

图 8-4　AB 平面连接方式

A 和 B 平面内部各个 HSTP 网状相连,A 和 B 平面间成对的 HSTP 相连。从第一水平级的整体来说,可靠性比网状连接时略有降低,但只要采取一定的冗余措施,也是完全可以的。第二级 LSTP 至 LSTP 和未采用二级信令网的中心城市本地网中的第三级 SP 至 LSTP 间的连接方式采用分区固定连接方式。分区固定连接方式指本信令区内的信令点必须连接至本信令区的两个信令转接点,采用准直联工作方式。大、中城市两级本地信令网的 SP 至 LSTP 可采用按信令业务量大小连接的自由连接方式,也可采用分区固定连接方式。自由连接方式是指随机地按信令业务量大小自由连接的方式。本信令区内的信令点可以根据它至各个信令点的业务量的大小自由连至两个信令转接点(本信令区的或另外信令区的)。近年来随着信令技术的发展,不少国家在建造本国信令网时,大多采用了自由连接方式。

第二节 同 步 网

同步在通信系统中占有十分重要的地位。一个通信系统能否有效而可靠的工作,在很大程度上取决于同步系统是否良好。所以同步系统的性能好坏将直接影响通信质量的高低,直至影响通信能否正常进行。

一、同步基本概念

数据从发送端到接收端必须保持双方步调一致,这就是同步。同步的目的是使接收端与发送端在时间基准上一致(包括开始时间、位边界、重复频率等)。目前主要有三种同步方式:位同步、字符同步和帧同步。

1. 位同步

位同步又称码元同步。不管是基带传输还是频带传输(相干或非相干解调),都需要位同步。位同步的目的是使接收端接收的每一位信息都与发送端保持同步,它又分外同步和自同步两种方式。

(1)外同步:发送端发送数据同时发送同步时钟信号,接收方用同步信号来锁定自己的时钟脉冲频率。

(2)自同步:通过特殊编码(如曼彻斯特编码),这些数据编码信号包含同步信号,接收方从中提取同步信号来锁定自己的时钟脉冲频率。

2. 字符同步

字符同步是以字符为边界实现字符的同步接收的,也称为“起止式”或“异步制”。每个字符的传输需要:1 个起始位、5~8 个数据位和 2 个停止位。

3. 帧同步

帧同步是以识别一个帧的起始和结束来同步的。帧是数据链路中的传输单位,包含数据和控制信息的数据块。其中又分“面向字符的帧同步方式”和“面向比特的帧频同步方式”两种。面向字符的帧同步方式是以同步字符(SYN,16H)来标志一个帧的开始,适用于数据为字符类型的帧。面向比特的帧同步方式是以特殊位序列(7EH,即 01111110)来标志一个帧的开始,适用于任意数据类型的帧。

二、滑码的影响

1. 滑码的产生

数字网内任何两个数字交换设备的时钟速率差超过一定数值时,会使接收信号交换机的缓冲存储器读、写时钟有速率差,当这个差值超过某一定值时就会产生滑码,这一滑码就会造成接收数字流的误码或失步。

2. 滑码的影响

对于传统的电话业务，单一滑码会造成嚓嗒声，每分钟 7 次滑码用户是可以接受的，每分钟 5 次滑码对电话质量不会造成恶化，滑码门限为 2 次/分钟。对于第三类传真业务，单一滑码会造成传真业务若干行的丢失和失真，一次滑码最大可造成 8 个水平扫描行的丢失，相应垂直方向丢失 0.08 inch 的信息，在标准的打字页上，一次滑码会丢失半行字。如果滑码连续发生，受影响的页就需重发，无差错处理系统的传真滑码门限为 1 次/6 小时，对有差错处理系统的传真来说 48 kbit/s 的传真系统在 64 kbit/s 的数字信道上传输时，如果信道误码率为 10^{-6}，那么在 16 s 内才出现一位误码。假设滑码引起的扫描线错误是误码的十分之一，则滑码门限应为 1 次/160 s。

对于数据业务，一次滑码将造成突发误码，其结果用户必需重发数据。对 64 kbit/s 的固定长度分组数据来说，当滑码损伤的时间百分数为 5×10^{-4}时，其滑码门限约为 1 次/h；对可变长度分组数据来说，如果最坏情况下一次滑码丢失时间约 2 s，平均需要再传输时间为 4 s，当滑码损伤的时间百分数为 5×10^{-4}时，则其滑码门限约为 0.3 次/h。

对于图像业务，例如数字视频传输中的电视会议业务，一次滑码通常造成某些段图像的失真或冻结，可持续 6 s。图像失真的严重性和时长与所采用的编码技术有关，当采用压缩编码技术时，这种损伤最严重。对于数字保密话音业务，一次滑码可造成密匙丢失，造成传送的数据无法破译，直到密匙重发和通信重新建立，这相当于一次通话中断，其滑码门限应达 1 次/nh，甚至更大。

3. 滑码率的分配

ITU-T 对于 64 kb/s 的国际数字连接的滑码率的指标如表 8-1 所示。表中所列的滑码率性能考虑了 ISDN 中一个 64 kb/s 数字连接上的电话及非话业务的要求，而且参照长度为 27 500 km 的标准数字假想参考链接的规定。长度为 27 500 km 的标准数字假想参考连接包括 5 个国际局、6 个国内长途局和 2 个市话局。

表 8-1 中的滑动性能级别分为 a、b、c 三个级别。要求一年内绝大多数时间(98.9%)都工作在 a 级范围内，此时各种业务的质量可以得到保证。工作在 b 级范围时，某些业务质量将变劣，但可勉强工作。在 c 级范围内，虽然业务仍可保持，但质量严重下降，认为这是不允许的。

表 8-1 滑码率的指标

性能级别	平均滑码率(h)	一年中的时间比率(%)
a 级	24	>98.9
b 级	24 1	<1.0
c 级	1	<0.1

表 8-1 给出的是滑码率的全程性能指标。必须把指标分配给每一部分，在分配时，考虑到一个 64 kbit/s 的数字连接中，不同部分的链路出现滑码时造成的影响是不同的，因此，分配给国际中继链路的滑码指标要少，分配给国内部分链路的为其次，而分配给本地链路的为最多，因为本地链路上的滑码只带有局部性的影响。

三、同步网组网方式

组建同步网的最终目标是实现网络中滑动与漂移指标的合理分配，使其达到满足高通信质量的要求。数字同步网组网主要分为主从同步、准同步和混合同步。其中主从同步采用分级网络结构，在同步网中设置一至两个主基准钟，其余时钟分级通过时钟链路逐级锁定主基准钟，具有网络总体投资省、可靠性高的特点。但由于网络传输时钟信号时有漂移的累积，因此主要适合于地域面积比较小的同步区；准同步组网是在网络每个局点设置高级别的时钟，每个时钟连接与自己相连的业务设备，具有漂移低，组网简单的特点，但可靠性较低，网上有不可消除的周期性滑动，适合于地域面积较大的同步区；混合同步是结合两者优势的一种组网方式，即把网络划分成几个同步区，在同步区之间采用准同步，在每个同步区内采用主从同步，是一种投资省，安全性高、稳定性好，且滑动指标分配与漂移指标分配都能满足的组网方式。我国数字同步网是采用等级主从同步方式，按照时钟性能可划分为四级，其等级主从同步方式示意图如图 8-5 所示。

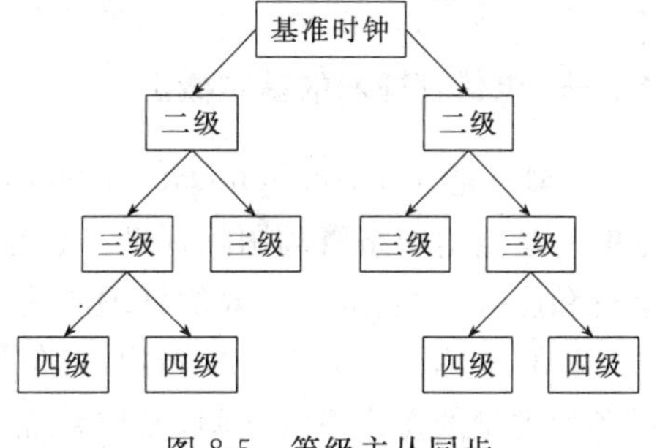

图 8-5 等级主从同步

四、同步网的等级结构及时钟等级

同步网由各节点时钟和传递同步定时信号的同步链路构成。同步网的功能是准确地将同步定时信号从基准时钟传送给同步网的各节点，从而调整网中的各时钟以建立并保持信号同步，满足通信网传递各种通信业务信息所需的传输性的需要，因此基准时钟在同步网中至关重要。

现阶段，我国同步网采用混合同步方式，它是一个由多个基准时钟控制的网络，严格来讲，各基准时钟之间以准同步运行，今后将向全同步运行过渡，每个基准时钟控制的同步网内同步方法采用等级主从同步，国际通信以准同步运行。按照时钟的性能，同步网的时钟等级分为四级。如表 8-2 所示。

第一级为基准时钟，它使用铯原子钟，对于同步网的全部时钟而言，它是最高基准源，可设置在指定的一级交换中心（C1 和国际局所在地），应设主、备用。

第二级为有记忆功能的高稳晶体时钟，可设置在国际局和各长途交换中心。

第三级为有记忆功能的高稳晶体时钟，它受第二级时钟或第三级时钟控制，可设置在本地网中的汇接局、端局。

表 8-2 数字同步网等级划分

<table>
<tr><td>类型</td><td colspan="2">第一级</td><td colspan="2">基准时钟</td></tr>
<tr><td rowspan="2">长途网</td><td rowspan="2">第二级</td><td>A类</td><td>一级和二级长途交换中心，国际局的局内综合定时供给设备时钟和交换设备时钟</td><td rowspan="2">在大城市内有多个长途交换中心时，应按它们在网内的等级相应的设置时钟</td></tr>
<tr><td>B类</td><td>三级和四级长途交换中心的局内综合定时供给设备时钟和交换设备时钟</td></tr>
<tr><td rowspan="2">本地网</td><td colspan="2">第三级</td><td colspan="2">汇接局时钟和端局的局内综合定时供给设备时钟和交换设备时钟</td></tr>
<tr><td colspan="2">第四级</td><td colspan="2">远端模块、数字用户交换设备、数字终端设备时钟</td></tr>
</table>

第四级为一般晶体时钟，它受第三级时钟控制，设置在本地网中的远端模块、数字终端设备和数字用户交换设备。

第三节 电信管理网

一、电信管理网的基本概念

TMN 是 Telecommunication Management Network 的简称，是 ITU-T 从 1985 年开始制定的一套电信网络管理国际标准。它是现代电信网运行的支撑系统之一。为保持电信网正常运行和服务，对它进行有效的管理所建立的软、硬件系统和组织体系的总称。

ITU 在 M. 3010 建议中指出：电信管理网的基本概念是提供一个有组织的网络结构，以取得各种类型的操作系统之间、操作系统与电信设备之间的互联。电信管理网主要包括网路管理系统、维护监控系统等。电信管理网的主要功能是根据各局间的业务流向、流量统计数据有效地组织网路流量分配；根据网路状态，经过分析判断进行调度电路、组织迂回和流量控制等，以避免网路过负荷和阻塞扩散；在出现故障时根据告警信号和异常数据采取封闭、启动、倒换和更换故障部件等，尽可能使通信及相关设备恢复和保持良好运行状态。随着网路不断地扩大和设备更新，维护管理的软硬件系统将进一步加强、完善和集中，从而使维护管理更加机动、灵活、适时、有效。

与 TMN 相关的功能通常分为一般功能和应用功能两部分。

1. TMN 的一般功能

TMN 的一般功能是传送、存储、安全、恢复、处理及用户终端支持等，是对 TMN 应用功能的支持。

2. TMN 的应用功能

TMN 的应用功能是指 TMN 为电信网及电信业务提供的一系列管理功能，主要划分为以下五种功能。

(1)性能管理

性能管理是提供对电信设备的性能和网路或网路单元的有效性进行评价，并提出评价报告的一组功能，网路单元是指由电信设备和支持网路单元功能的支持设备组成，并有标准接口。典型的网路单元是交换设备、传输设备、复用器、信令终端等。

ITU-T 对性能管理有定义的功能包括以下三个方面：

①性能监测管理

性能检测是指连续收集有关网路单元性能的数据。

②负荷管理和网路管理功能

TMN 从各网路单元收集负荷数据，并在需要时发送命令到各网路单元重新组合电信网或修改操作，以调节异常的负荷。

③服务质量观察功能

TMN 从各网路单元收集服务质量数据并支持服务质量的改进。服务质量的监测内容包括下述参数：

a. 连接建立（例如呼叫建立时延、接通次数和呼叫次数）。

b. 连接保持。

c. 连接质量。

d. 记账完整性。

e. 系统状态工作日记的保持和检查。

f. 与故障(或维护)管理合作来建立可能的资源失效,与配置管理合作来改变链路的路由选择和负荷控制参数和限值等。

g. 启动测试呼叫来检测服务质量参数。

(2)故障(或维护)管理

故障管理是对电信网的运行情况异常和设备安装环境异常进行监测,隔离和校正的一组功能。ITU-T 对故障(或维护)管理已经定义的功能包括以下三个方面。

①告警监视功能

TMN 以近实时的方式监测网路单元的失效情况。当这种失效发生时,网路单元给出提示,TMN 确定故障性质和严重的程度。

②故障定位功能

当初始失效信息对故障定位不够用时,就必须扩大信息内容,由失效定位例行程序利用测试系统获得需要的信息。

③测试功能

这项功能是在需要时、提出要求时或例行测试时进行。

(3)配置管理功能

配置管理功能包括提供状态和控制及安装功能。对网路单元的配置、业务的投入、开/停业务等进行管理,对网路的状态进行管理。

配置管理功能包括以下三个方面:

①保障功能

保障功能包括设备投入业务所必需的程序,但是它不包括设备安装。一旦设备准备好,投入业务,TMN 中就应该有它的信息。保障功能可以控制设备的状态,例如收发业务、停开业务、处于备用状态或者回复等。

②状况和控制功能

TMN 能够在需要时立即监测网路单元的状况并实行控制,例如,校核网路单元的服务状态,改变网路单元的服务状况,启动网路单元内的诊断测试等。

③安装功能

这项功能对电信网中设备的安装起支持作用。如增加或减少各种电信设备时,TMN 内的数据库要及时把设备信息装入或更新。

(4)计费管理功能

计费功能可以测量网路中各种业务的使用情况和使用的费用,并对电信业务的收费过程提供支持。

计费功能是 TMN 内的操作系统能从网路单元收集用户的资费数据,以便形成用户账单。这项功能要求数据传送非常有效,而且要有冗余数据传送能力,以便保持记账信息的准确。对大多数用户而言,必须经常地以近实时方式进行处理。

(5)安全管理功能

安全管理主要提供对网络及网路设备进行安全保护的能力。主要有接入及用户权限的管理,安全审查及安全告警处理。

二、TMN 与电信网的关系

TMN 为电信网提供管理功能并具有与电信网进行通信的能力。TMN 的基本思想是提供一个有组织的体系结构，实现各种运营系统(OS)以及电信设备之间的互联，利用标准接口所支持的体系结构交换管理信息，从而为管理部门和厂商在开发设备以及设计管理电信网络和业务的基础结构时提供参考。TMN 的目标是在电信网的管理方面支持主管部门，提供一大批电信网的管理功能，并提供它本身与电信网之间的通信。

TMN 的结构组成以及它与被管理的电信网之间的关系如图 8-6 所示，图中虚线框内就是电信管理网，它由一个数据通信网、电信网设备一部分、电信网操作系统和网络管理工作站组成。TMN 与它所管理的电信网是紧密耦合的，但它在概念上又是一个分离的网络，它在若干点与电信网连接，另外 TMN 有可能利用电信网的一部分来实现它的通信能力。

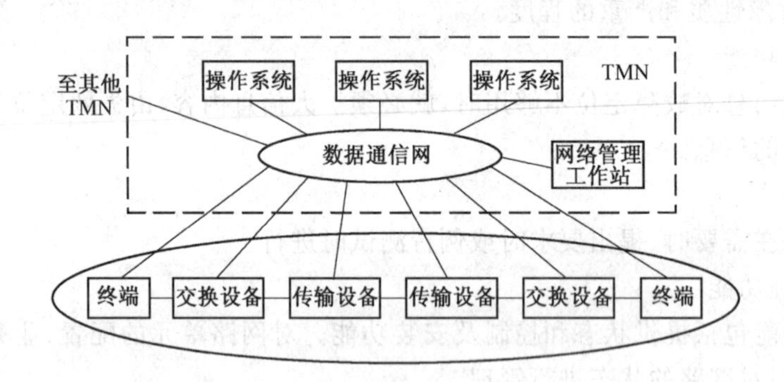

图 8-6　TMN 与电信网的关系

各组成部分的功能如下：TMN 中的电信网设备部分是电信网状态数据的收集和网管指令的执行设施，如交换机的网管接口(可接本地管理终端，也可作为 TMN 接口)、传输设备的监控设施等。它们负责从电信网的设备中收集相应设备的网管信息或执行网管中心的指令，对交换系统或传输设备的状态和参数进行控制，有的是电信网设备的一部分，有的是在电信网设备外附加的。操作系统可以有一至多个，每个操作系统通常都是一组计算机，负责处理电信网的网管数据，发送对电信网设备的控制指令。这是电信网及其 TMN 的“大脑”或“指挥中心”，电信网的操作人员则通过操作系统对电信网进行管理和控制，所以操作系统一般都具有良好的人机接口，包括网络信息的显示输出、控制指令和参数的输入。数据通信网则负责在运营系统之间、运营系统与电信网之间传递信息，是一个可靠的专用数据网，并且具有多层次的体系结构。网络管理工作站则可以认为是网络操作系统的本地或远程操作终端。电信网的操作人员只要在这些工作站上操作就能实现对电信网的管理。网管操作终端通过 TMN 与各个运营系统相连。

TMN 的复杂度是可变的，从一个运营系统与一个电信设备的简单连接到多种运营系统和电信设备互连的复杂网络。TMN 在概念上是一个单独的网络，在一些点上与电信网相通，以发送和接收管理信息，控制它的运营。TMN 可以利用电信网的一部分来提供它所需要的通信。

三、TMN 体系结构

TMN 结构构成的目标是使运营者对网路事件反应所需的时间达到最短，优化管理信息流，充分考虑控制的区域分布，以及强化对业务运营的支撑力度和提高服务质量。

TMN 体系结构包括三个方面，即 TMN 功能体系结构、TMN 信息体系结构和 TMN 物理体系结构。

1. TMN 功能体系结构

TMN 功能体系结构是从逻辑上描述 TMN 内部功能分布，使得任意复杂的 TMN 通过各种功能块的有机组合实现其管理目标。在 TMN 功能体系结构中，引入了一组标准的功能块和有可能发生信息交换的参考点。这种功能块与参考点的连接就构成了 TMN 的功能体系结构，如图所示。TMN 功能体系结构中包括操作系统功能(OSF)、中介功能(MF)、数据通信功能，也部分地包含网元功能(NEF)、工作站功能(WSF)以及 Q 适配器功能(QAF)。TMN 中的参考点是非覆盖的管理功能块之间概念上的信息交换点。参考点在两个管理功能块之间定义服务边界，确定它们之间的关系，目的是规范功能块之间交换的信息。每个参考点需要不同的信息交换接口特性。在 TMN 中，为了描述个功能块之间的关系，引入了 q、f、x 三类参考点，另外与 TMN 关系密切的还有在其他标准中定义的 g 和 m 两类参考点。各参考点的位置如图 8.7 所示。

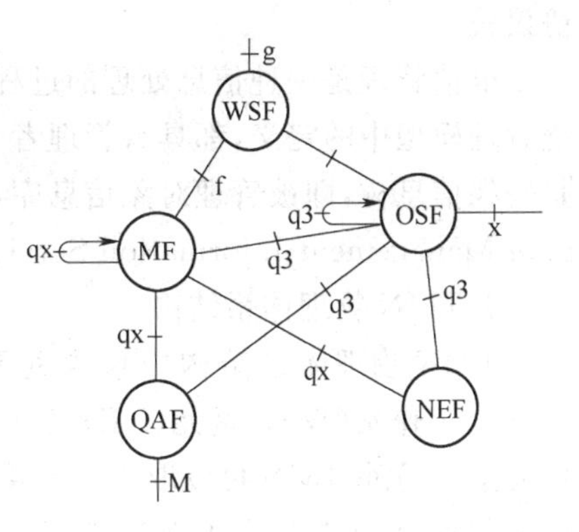

图 8-7 TMN 功能体系结构图

(1)q 参考点

q 参考点按照各个功能共同支持的信息模型的定义，对功能块之间所交换的一部分信息进行描述。通过 q 参考点通信的功能块可以不支持信息模型的所有范围。当参考点两侧所支持的信息模型有差异时，需要利用中介功能进行补偿。

q 参考点被直接或通过 DCF 置于功能块 NEF 与 OSF、NEF 与 MF、MF 与 MF、QAF 与 MF、MF 与 OSF、QAF 与 OSF、OSF 与 OSF 之间。在 q 类参考点中：qx 参考点被置于功能块 NEF 与 MF、QAF 与 MF、MF 与 MF 之间；q3 参考点被置于功能块 NEF 与 OSF、QAF 与 OSF、MF 与 OSF、OSF 与 OSF 之间。

(2)f 参考点

f 参考点被置于功能块 WSF 与 OSF、WSF 和 MF 之间。

(3)x 参考点

x 参考点被置于不同的 TMN 中的 OSF 功能块之间。x 参考点外侧的实体可以是另一 TMN(OSF)的一部分，也可以是非 TMN 环境(类 OSF)。

(4)g 参考点

g 参考点被置于 TMN 之外的人与 WSF 功能块之间。尽管 g 参考点上传送 TMN 信息，但它不被看做是 TMN 的一部分。

(5)m 参考点

m 参考点被置于 TMN 之外的 QAF 功能块和非 TMN 被管实体之间。

2. TMN 信息体系结构

TMN 的信息体系结构是以面向目标的方法为基础的，主要用来描述功能块之间交换的管理信息的特性。应用 OSI 系统管理的原则，TMN 引入了管理者和代理者的概念，强调在面向事物处理的信息交换中采用面向对象的技术，主要包括管理信息模型及管理信息交换两个方面。

管理信息模型是对网络资源及其所支持的管理活动的抽象表示，在信息模型中，网络资源被抽象为被管理的对象。模型决定了以标准方式进行信息交换的范围，模型中的活动实现了

TMN 的各种管理操作,如信息的存储、提取与处理。

管理信息交换涉及 TMN 的数据通信功能 DCF、消息传递功能 MCF,主要是接口规范及协议栈。

电信管理是一种信息处理的过程,每一种特定的管理应用,按照 ITU-T X.701 建议中系统管理模型中的定义,都具有管理者/代理者两方面的作用。在管理者/代理者面前,网络资源是一棵信息树,即被管理对象信息库,代理者直接操作被管理资源,管理者通过 CMISE(Common Management Information Service)实施管理操纵。

3. TMN 物理体系结构

TMN 物理体系结构中包含的元素有:运营系统(OS)、数据通信网(DCN)、中介装置(MD)、工作站(WS)、网元(NE)以及 Q 适配器(QA)。其中 MD 和 QA 不是所有 TMN 的必要元素。另外,DCN 可以取 1 对 1 接续形态,也可以采用分组交换网。如果将相互接续功能嵌入装置中,则参考点表现为 Q、F、G、X 接口。

(1)运营系统(OS)

OS 是完成 OSF 的系统。OS 可以选择性地提供 MF、QAF 和 WSF。

OS 物理体系结构中包括:

①应用层支持程序。

②数据库功能。

③用户终端支持。

④分析程序。

⑤数据格式化和报表。

OS 的体系结构可以是集中式,也可以采取分布式。

(2)中介设备(MD)

MD 是完成 MF 的设备。MD 也可以选择性地提供 OSF、QAF 和 WSF。

当用独立的 MD 实现 MF 的情况下,MD 对 NE、QA 和 OS 的接口都是一个或多个标准接口(Qx 和 Q3)。当 MF 被集成在 NE 中时,只有对 OS 的接口被指定为一个或多个标准接口(Qx 和 Q3)。

(3)Q 适配器(QA)

QA 是将具有非 TMN 兼容接口的 NE 或 OS 连接到 Qx 或 Q3 接口上的设备。一个 Q 适配器可以包含一个或多个 QAF。Q 适配器可以支持 Q3 或 Qx 接口。

(4)数据通信网(DCN)

DCN 实现 OSI 的 1 到 3 层的功能,是 TMN 中支持 DCF 的通信网。

在 TMN 中,需要的物理连接可以由所有类型的网络,如专线、分组交换数据网、ISDN、公共信道信令网、公众交换电话网、局域网等提供。

DCN 通过标准 Q3 接口将 NE、QA 和 MD 与 OS 连接。另外,DCN 通过 Qx 接口实现 MD 与 NE 或 QA 的连接。

DCN 可以由点对点电路、电路交换网或分组交换网实现。设备可以是 DCN 专用的,也可以是共用的(例如,利用 CCSS No.7 或某个现有的分组交换网络)。

(5)网元(NE)

NE 由电信设备构成,支持设备完成 NEF。根据具体实现的要求,NE 可以包含任何 TMN 的其他功能块。NE 具有一个或多个 Q 接口,并可以选择 F 接口。当 NE 包含 OSF 功能时，还可以具有 X 接口。一个 NE 的不同部分不一定处在同一地理位置。例如，各部分可以在传输系统中分布。

(6)工作站(WS)

WS 是完成 WSF 的系统。WS 可以通过通信链路访问任何适当的 TMN 组件，并且在能力和容量方面是不同的。然而，在 TMN 中，WS 被看做是通过 DCN 与 OS 实现连接的终端，或者是一个具有 MF 的装置。这种终端对数据存储、数据处理以及接口具有足够的支持，以便将 TMN 信息模型中具有的并在 f 参考点可利用的信息转换为 g 参考点的显示给用户的格式。这种终端还为用户配备数据输入和编辑设备，以便管理 TMN 中的对象。

在 TMN 中，WS 中不包含 OSF。如果一个实体中同时包含 OSF 和 WSF，则这个实体被看做是 OS。

四、几种主要的网络管理系统

1. 传输网络管理

传输监控网的应用目标是对数字传输设备进行集中监控。传输网的监控与管理的主要功能是：

①性能监视与控制：对传输链路及传输设备性能进行检测，如光纤传输系统的运行状况、误码秒、严重误码秒、光中继器复用设备的运行状况等进行监测，根据监测结果进行性能控制，如进行业务量及业务流量的控制，DXC、ADM 通路倒换的控制等。

②故障管理：对告警信息的收集、处理、显示以及故障定位等。

③配置管理：在传输网中撤除或增加某一设备时，自动配置传输电路，设置设备初始数据，进行保护倒换。

对应我国长途传输网的线路设置，即国家一级干线和省内二级干线，故传输监控网也分二级，即全国监控中心和省监控中心，其具体物理配置及结构如图 8-8 所示。

(1)网管网络安全需求

根据电信管理网分层原则，传输网网管系统从结构上可大致分为 3 层，分别是网元设备管理层、网元级管理层和网络级管理层。传输网网管系统的各管理层之间，以及相同管理层中各系统之间均会采用一定协议和接口进行连接，各类接口用于网管系统相互之间管理信息数据的传送。接口连接的安全性，直接关系到网管系统是否能够正常运行，是网管网络所要面对的重要的安全问题。

(2)网管硬件及软件安全需求

网管系统是一个由包含软件和硬件的复杂系统。由于是 24 小时不间断的为网络的运行和维护服务，所以其软件和硬件要求具备长期无故障工作的能力。但现实情况是，无论是硬件还是软件都不可能达到 100%的无故障率，即便是在无故障的时候，也可能会因为维护的原因，对网管系统进行

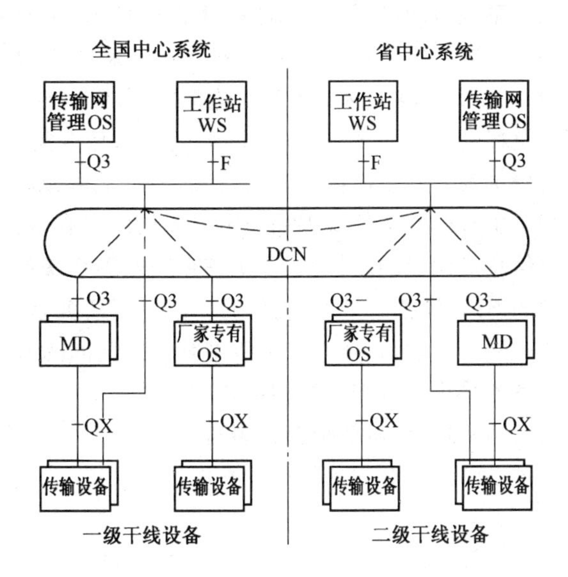

图 8-8 传输监控系统的物理配置及结构

软件和硬件的升级，所以如何解决网管系统在出现软件和硬件故障以及在网管系统升级时保持对网络的监控和管理也是网管系统的安全性所要面临的问题。

2. 信令网的监控与管理

随着近几年中国通信业的快速发展，各个运营商都得到迅猛发展，各种业务增长得非常迅速，通信行业呈现百花齐放的景象，同时市场的竞争也越来越激烈，网络质量、服务质量成为市场竞争取胜的法宝。信令网作为电信网的支撑网，目前已不仅仅只是提供支持话音业务所需的信令功能和程序，在新的业务，如智能网和移动网迅速发展下，信令网的负荷呈非线性增加，信令网的维护、优化在网络优化中已占据最重要的地位，信令网正逐步从以前的分散管理、维护走向集中监控、维护。

信令网的安全、稳定、高效关系着整个电信网的网络质量。以往信令维护一般都是通过设备自身和仪表仪器完成，手段落后，一般都是等到出现问题才进行测试，维护处于被动。随着信令网变得越来越复杂，以往的被动维护已不能满足需要，迫切需要能够对信令网进行集中管理和实时监测的工具。目前，大部分电信运营商都采用信令监测系统对信令网进行管理。

典型的信令监测系统一般采用分布式处理结构，分为中心站、远端站和广域网三部分。其中远端站一般设在信令比较集中的地方，如交换机房，可以节省投资；中心站由图形工作站和中心服务器组成局域网，一般设在维护人员集中的网管中心，可以实现集中维护、集中管理；广域网一般利用已有的广域网或 2 Mbit/s 专线，由于广域网主要传送原始数据和 CDR，通过估算，需要 1 M 多的带宽，因此采用 2 Mbit/s 专线。系统通过高阻适配器在 7 号信令链路的 2 Mbit/s 口上直接采集数据，高阻适配器采用高阻技术、隔离技术、适配技术，使数据采集时不会影响到信令链路工作，又能远距离传输。数据通过长距离测试线送到远端站，远端站完成数据的采集和预处理，形成 CDR(呼叫详细记录)，生成的数据报告送到远端站服务器，并通过广域网送到中心站服务器数据库。

目前许多电信运营商在各地主要的网络结构只有远端站，没有中心站，中心站设立在一个重要的中心城市。典型的主要配置建议是前端机采用 DCM100-P 采集数据，可同时处理 64 条 NO. 7 信令链路；采用 SUN Netra X1 作为服务器，处理采集的数据；采用 GPS 授时系统，保证系统时间同步；路由器采用 CISCO-2610，连接远端站和中心站。

全国 NO. 7 信令网也是一个多厂家设备的网络，除了一级信令网上的 STP 统一选型为 S1240-STP，信令网的监控系统采用阿尔卡特的 ALMA-CCS#7 系统外，各省内 No. 7 信令网以及移动网上的 STP 仍然是多厂家的，信令网监控系统则依靠国内力量自主开发。目前电信总局推荐了两个国内开发的系统，一个是由天津电信管理局与北京中创公司合作开发的，另一个是由贵州省电信管理局与中讯通信发展有限公司合作开发的。这两个系统的开发都遵循了电信总局制定的《省内 NO. 7 信令网网管系统技术规范书》的要求，可以兼容管理各种准许入网的 STP 设备。另外，当前的一个主要任务是要消化吸收引进网管系统的技术，掌握版本功能改进的主动权，实现上下级网管系统之间的联网。对应我国的三级信令网结构，信令网的管理系统采用二级与三级相结合的方式，基本上分为全国监控中心和省中心二级。但考虑在通信发达的地市，可能会存在多对 LSTP，为了满足本地集中操作维护的需求，有可能设置地市级的 NO. 7 信令设备的集中操作维护系统(可视为第三级)。NO. 7 信令网的监控网结构如图 8-9 所示。

NO. 7 信令网的监控与管理主要包括：

①故障管理：包括实时显示网上当前的告警信息，对告警信息进行处理。

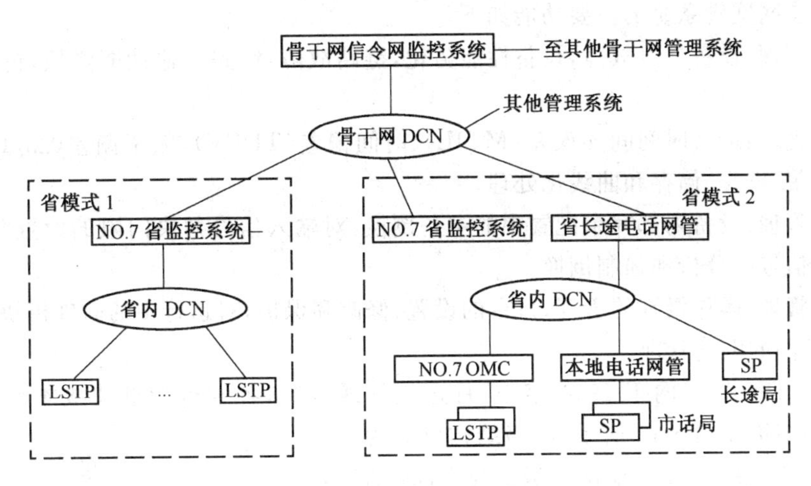

图 8-9　NO. 7 信令网的监控网结构

②配置管理:包括创建/删除信令链路、信令链路组,创建/删除信令路由、信令路由组,闭塞/解闭信令链路、信令链路组,闭塞/解闭信令路由,改变信令路由的优先级,显示信令网资源信息。

③性能管理:性能管理是指信令点产生的性能计数器的信息,以图形和文本方式显示信令网的话务负荷情况,对各种门限值进行检测。

3. 数字同步网的网络监管系统

数字同步网的网管系统对支撑数字同步网的正常运行起着重要作用。对网络的运行及网中设备起检测和控制作用,如 BITS 设备、GPS 设备、被同步的设备及定时链路等进行监测和控制,以保证网路的正常运行;对整个网路的同步性能进行定量测试和评估;对每一条同步传输链路的可靠性和质量进行测试和定量评估。

数字同步网集中监控系统是一个面向全国范围的数字同步网监控管理软件,它不仅适用于全国数字同步骨干网,而且适用于省内数字同步网以及本地数字同步网。该系统的主要功能有:通过人机界面和菜单,管理员可及时了解、掌握同步网的运行情况,随时查看同步设备,并对其故障进行处理。通过各级数据库管理系统,可以对各同步设备的告警信息、状态信息和性能信息进行统计、汇总、分析,为设备维护人员实时进行设备集中监控,尽快查找故障原因,保障同步网正常运行,提高工作效率,提供了先进的手段。目前该系统已在网上推广使用。

数字同步网网管系统结构如图 8-10 所示。

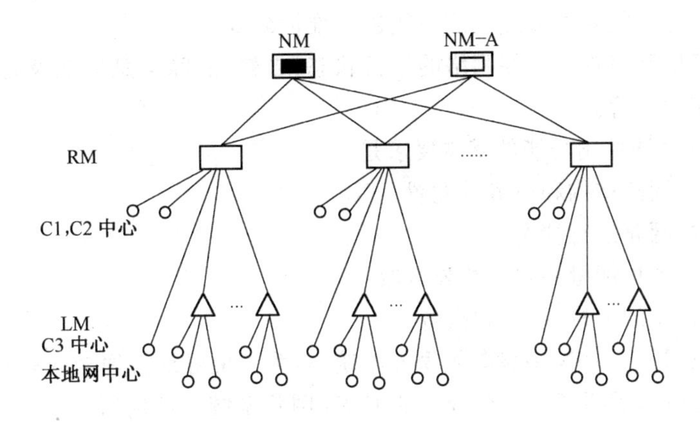

图 8-10　数字同步网网管系统结构

数字同步网网管系统的主要功能如下。

①故障管理:设备自身故障,设备性能劣化,链路故障,链路传输性能降质,链路定时性能降级。

②性能管理:最大时间间隔误差(MTIE)、时间偏差(TDEV)、频率偏差(Δf/f)、原始相位等数据的收集、整理、储存和曲线化处理。

③配置管理:设备内部冗余配置中的主备倒换,对输入信号判决门限的设置和修改,对定时参考输入信号的分析和强制倒换。

④安全管理:操作级别的管理,口令的设置、修改和保护,对运行中的软件模块设防。

4. DDN 网的网络管理

我国的 DDN 骨干网于 1994 年 10 月正式开通运行,各省也相继建成本地 DDN,我国 DDN 的网路结构如图 8-11 所示,网路结构可分为一级干线网、二级干线网和本地网三级。与 DDN 的三级网结构相对应,DDN 的管理网分为二级,即全国网管控制中心和省网管控制中心。全国网管控制中心负责本省、直辖市或自治区网路的管理和控制。对较大的本地网可设 DDN 本地网网管中心。

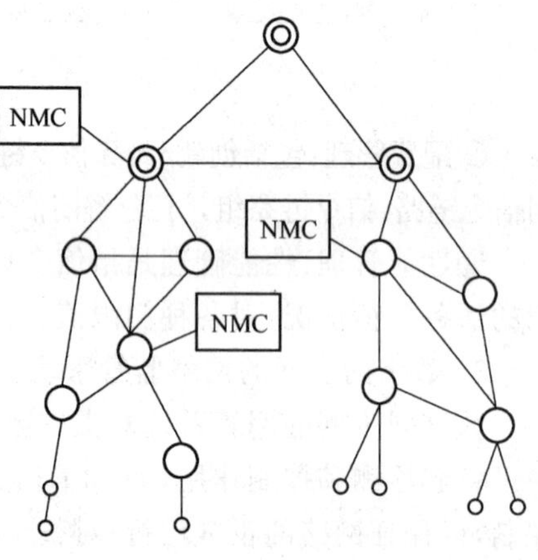

图 8-11　DDN 网络结构

(1)全国和各省网管控制中心

DDN 网络上设置全国和各省两级网管控制中心(NMC),全国 NMC 负责一级干线网的管理和控制,省 NMC 负责本省、直辖市或自治区网络的管理和控制。在节点数量多、网络结构复杂的本地网上,也可以设置本地网管控制中心,负责本地网的管理和控制。

(2)网管控制终端(NMT)

根据网络管理和控制的需要以及业务组织和管理的需要,可以分别在一级干线网上和二级干线网上设置若干网管控制终端(NMT)。NMT 应能与所属的 NMC 交换网络信息和业务信息,并在 NMC 的允许范围内进行管理和控制。NMT 可分配给虚拟专用网(VPN)的责任用户使用。

(3)节点管理维护终端

DDN 各节点应能配置本节点的管理维护终端,负责本节点的配置、运行状态的控制、业务情况的监视指示,并应能对本节点的用户线进行维护测量。

(4)上级网管能逐级观察下级网络的运行状态,告警、故障信息应能及时反映到上级网管中心,以便实现统一网管。

对 DDN 网管系统控制功能的基本要求是:

①方便地进行网路结构和业务的配置。

②实时地监控网路运行情况。

③对网路进行维护测量并定位故障区段。

④进行网路信息的手机、统计和报告。

在我国现已运行的 DDN 中设备类型并不统一,为了更好地管理全国的 DDN,保证先进的业务功能和业务互通,需要建立一个统一的 DDN 网管系统。此网管系统的主要功能应包括:网路拓扑、配置和维护三个方面。

5. 移动电话网网管系统

中国电信的数字移动电话网(GSM)上已有7个厂家的6种交换设备和7种基站设备,设备的供应厂商为:诺基亚、摩托罗拉、爱立信、北电、意达太尔、阿尔卡特和西门子。这些GSM系统中,有些厂家提供了集中式的操作维护中心系统,统一管理移动交换机、基站控制器和位置寄存器;有些采用分散管理方式,由OMC-R管理基站设备(包括BSC、TRAU、BTS),由OMC-S管理交换设备。

现有的模拟移动网(TACS)分为A网和B网,A网由摩托罗拉公司的设备构成,B网由爱立信公司的设备构成。移动网上的独立汇接局覆盖了所有的省会城市,交换设备是西门子公司的EWSD,而移动网上的独立STP设备由上海贝尔和华为公司两家提供。

全国移动电话网管系统实行三级管理体制,如图8-12所示。第一级为全国移动网网管系统,其网管中心设在电信总局移动通信局;第二级为省移动电话网管理中心,每省一个;第三级为操作维护中心(OMC)系统,设在省内适当的城市,其数量根据省内移动交换网的规模而定。

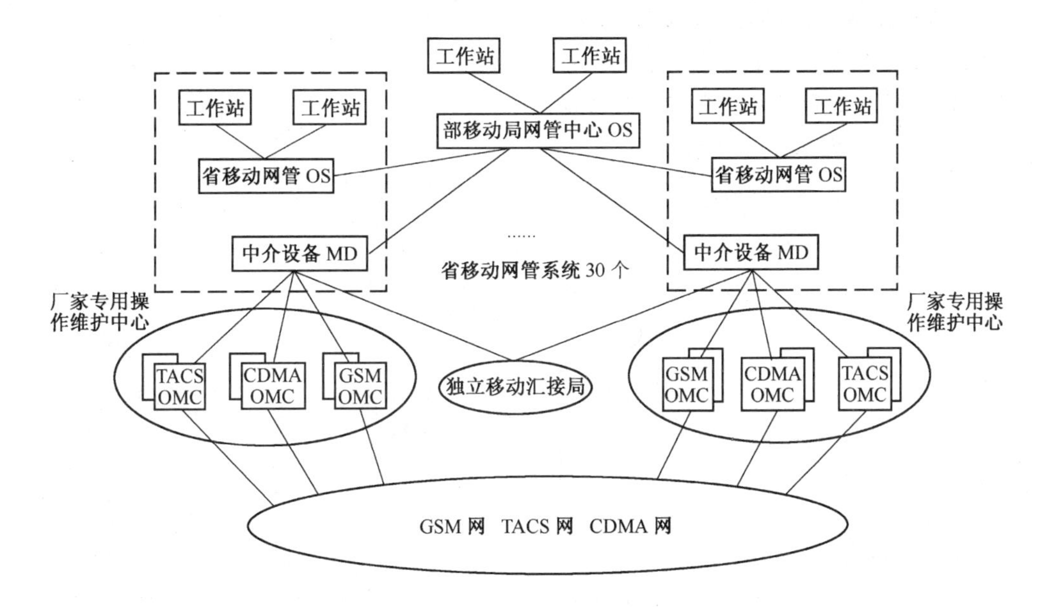

图8-12 全国移动电话网网管系统示意图

OMC操作维护系统的主要功能是对所辖移动交换设备和基站设备进行集中监控、测试、修改局数据,并完成故障的修复。

省移动网管系统上连全国移动网管系统,下接省内各操作维护中心,监视全省移动电话网的运行状态,对话务数据进行处理,形成业务报表,对网路故障告警数据进行采集、显示、定位。

全国移动电话网管中心监视全国移动电话网的运行状态,完成最高层网路协调工作、实时接收各省管理系统处理后的各种数据、网管参数、质量参数信息,处理生成全国话务分析报告,对全网基站、交换机、OMC、省管理系统的布局集中显示,并通过该系统对全网的电路进行调配,对各种数据进行修改,充分发挥全网的综合通信能力。

对于电信网络管理系统而言,体系结构是形式,管理应用软件是内容。采用什么形式的体系结构,是实现管理应用的手段,而不是目的。每一种需要管理的网络都有其特殊的要求,因此不可能存在一种通用的解决方案而使所有的实际问题得到解决。纵观我国电信网和电信管理技术的发展,在高起点上开发国产的管理系统,不但是可行的而且是必要的。

复习思考题

1. 什么是信令？按照工作区域信令分为哪两类？
2. 什么是随路信令？什么是公共信道信令？
3. No. 7 信令单元有几种？它们是怎样组成的？
4. 简述 No. 7 信令的功能级结构和各级功能。
5. 信令网由哪几部分组成？各部分的功能是什么？
6. 信令网有哪几种工作方式？
7. 画图说明我国信令网的等级结构。
8. 什么叫同步？同步有几种方式？
9. 什么叫滑码？滑码对通信有何影响？
10. 我国同步网采用什么同步方式？分为几级？
11. 什么叫电信管理网？它有什么功能？
12. TMN 分为哪几个体系结构？

参考文献

[1] 穆维新.现代通信网技术.北京:人民邮电出版社,2006.

[2] 秦国.现代通信网概论.北京:人民邮电出版社,2004.

[3] 孙青华.现代通信技术.北京:人民邮电出版社,2005.

[4] 蒋清泉.交换技术.北京:高等教育出版社,2003.

[5] 桂海源.现代交换原理.北京:人民邮电出版社,2006.

[6] 姚仲敏,姚志强,陈国通.程控交换原理与软硬件设计.哈尔滨:东北林业大学出版社,2003.

[7] 穆维新,靳婷.现代通信交换技术.北京:人民邮电出版社,2005.

[8] 詹若涛.电信网与电信技术.北京:人民邮电出版社,1999.

[9] 乔桂红.数据通信.北京:人民邮电出版社,2005.

[10] 刘宝玲,付长冬,张轶凡,等.3G移动通信系统概述.北京:人民邮电出版社,2008.

[11] 林达权.光纤通信.北京:高等教育出版社,2003.

[12] 乔桂红.光纤通信.北京:人民邮电出版社,2005.

[13] 孙学康,张政.微波与卫星通信.北京:人民邮电出版社,2003.

[14] 沈庆国,周卫东,等.现代电信网络.北京:人民邮电出版社,2004.

[15] 毕厚杰.多业务宽带IP通信网络.北京:人民邮电出版社,2005.

[16] 余浩,张欢,宋锐,等.下一代网络原理与技术.北京:电子工业出版社,2007.

[17] 邵汝峰,卜爱琴.现代通信网.北京:北京师范大学出版社,2009.

[18] 田裳,沈尧星.铁路应急通信. 北京:中国铁道出版社,2008.

[19] 杨元挺.通信网基础.北京:机械工业出版社, 2007.

[20] 李文海.现代通信网.北京:北京邮电大学出版社,2007.

[21] 徐文燕.通信原理.北京:北京邮电大学出版社, 2008.

[22] 郑志航.数字电视原理与应用.北京:中国广播电视出版社, 2001.

[23] 毕厚杰.新一代视频压缩编码标准——H.264/AVC.北京:人民邮电出版社,2005.

[24] 许志详.数字电视与图像通信.上海:上海大学出版社,2000.

[25] 唐纯贞,严建民.现代电信网.北京:人民邮电出版社,2009.

[26] 卜爱琴.光纤通信.北京:北京师范大学出版社,2008.

[27] 魏红.移动通信技术.北京:人民邮电出版社,2005.

[28] 钱伟勇.中国铁路新一代应急通信系统技术发展分析.[J].移动通信,2009:33(8).

[29] 朱峻锋.铁路应急通信系统的研究应用[J].中国新技术新产品,2009(20).

[30] 刘金虎.铁路专用通信.北京:中国铁道出版社,2005.

[31] 朱惠忠,张亚平,等.GSM-R通信技术与应用.北京:中国铁道出版社,2008.

[32] 沈尧星.铁路数字调度通信.北京:中国铁道出版社,2006.

[33] 王维汉.铁路专用通信.北京:中国铁道出版社,1995.

[34] 钟章队.GSM-R铁路综合数字移动通信系统.北京:中国铁道出版社,2003.

[35] 武晓明,田裳.铁路运输通信网络的建设与发展.北京:中国铁道出版社,2004.

[36] 中华人民共和国铁道部.铁路技术管理规程.北京:中国铁道出版社,1999.

[37] 寇福山.铁路综合移动通信系统的发展前景[J].铁道通信信号 1997:33(7).

[38] 张金安.专用移动通信系统展望〔J〕.移动通信 1998:(6).
[39] 尹福康.积极发展集群移动通信为铁路运输现代化服务〔J〕.铁道通信信号 1999:35(9).
[40] 钟章队.集群通信移动性管理与无线列调大小三角通信〔J〕.铁道通信信号 1997:(6).
[41] 冯锡生.集群通信系统简述〔J〕.铁道通信信号 1997:(2).
[42] 李承恕.高速铁路无线通信系统与 GSM-R〔J〕.铁道通信信号 1999(7).
[43] 卢乃宽.赵洪军.新一代欧洲铁路无线通信——GSM-R〔J〕.铁道通信信号 1999:35(12).
[44] 徐淑鹏.高速铁路专用通信系统技术介绍〔J〕.铁路通信信号工程技术,2010(2).
[45] 徐文燕.浅谈我国铁路通信中 GSM-R 的应用及发展〔J〕.湖南工业职业技术学院学报,2009(4).
[46] 邢红霞.GSM-R 技术在我国铁路通信中的应用和发展〔J〕.现代电子技术,2009(23).
[47] 陈志杰.徐钧,郑敏.机车综合无线通信设备(CIR)的技术方案〔J〕.铁道通信信号,2006:42(5).
[48] 李斯伟.雷新生.数据通信技术.北京:人民邮电出版社,2004.
[49] 陈启美.李嘉,王健,等.现代数据通信教程,3 版.南京:南京大学出版社,2008.